金堂奖 2014
中国室内设计年鉴

主编：李有为 / 执行主编：殷玉梅
策划：金堂奖出版中心

中国林业出版社
China Forestry Publishing House

造价值

辛卯冬月
第四章书

創 計 設

目录
CONTENTS

上

餐饮空间
CATERING

购物空间
SHOPPING

公共空间
PUBLIC

目录
CONTENTS

下

序

"金堂奖·中国室内设计年度评选"五年记
"JINTANG AWARD, ANNUAL CHINESE INTERIOR DESIGN AWARD" FIVE YEARS

文／谢海涛　收稿日期：2014.11.28

两千多位设计师、3153套作品参评，"金堂奖·2014中国室内设计年度评选"以其中481套年度优秀作品当选收官。其中广东省、台湾地区、北京是年度优秀作品最多的三个地区，台湾地区以62套作品当选成为醒目亮点，国外和港台获奖作品总量占比近20%，内蒙古、云南、贵州、甘肃、宁夏、海南等地区也都有获奖作品涌现。

五年来，"金堂奖"已经成为展示中国室内设计年度发展水平的宏大舞台，呈现出令人瞩目的成果——

The event of JINTANG PRIZE - CHINA INTERIOR DESIGN AWARDS 2014 involving more than two thousand designers with 3153 entries ended with 481 designs of the year. Guangdong, Taiwan, and Beijing were the largest contributors to the designs of the year, of which Taiwan caught eye with 62 prize-winning works. While 20% of the total winning entries were from Hong Kong, Taiwan and abroad, some are from Inner Mongolia, Yunnan, Guizhou, Gansu Ningxia, Hainan and other regions.

It only took five years for Jintang Prize to become the annual grand showcase of the development of China Interior Designs and make remarkable achievements .

一、"金堂奖"的设计观、评价标准和方法论

1.Design concept, evaluation criteria and methodology of Jintang Prize:

立足于在中国境内年度竣工作品，"金堂奖"2010年创立之初就提出"设计创造价值"的评选主题，并按照生活、城市、商业三个价值方向全新划分十类空间，确立了独有的设计观和作品分类体系；2012年提出"空间眷恋指数"——以提升用户体验、寻求可持续发展为作品评价标准。眷恋指内心的愉悦，指数是驻留在空间的时间长度，以此刻画用户愉悦的程度。五年来，在"金堂奖"全新设计观、评价标准的推动下，从2014年481件获奖作品中，我们欣喜地看到设计师正在以更加自觉的意识探索设计创造价值的多元手段，既不呆板泥古、也不盲目崇洋，具有东方特色的设计方法论正在逐步形成之中。

Open to designs completed every year in China, Jintang Prize was founded in 2010 under the appraisal theme of Design Is Value at its every outset. It follows three value orientations: life, city, and business, which are divided into ten categories, and has established a unique design concept and a classification system for works; in 2012, it proposed the "spatial attachment index "- an evaluation criterion developed to enhance the user experience and pursue sustainable development. Attachment refers to inner joy, and the index is the length of time sprend lingering in a space to measure the joy felt by users. It is pleasant to see from the 481 winning entries in 2014 that as efforts have been made by the whole new design concepts and evaluation criteria of Jintang Prize for five years, designers are more conscious in exploring diversified means to achieve what is meant by Design Is Value, and an oriental design methodology neither rigidly clinging to tradition nor blindly worshiping foreign styles is taking shape.

2014 金堂奖年度优秀作品空间类型分布
Distribution of space types of good design of the year of Jintang Prize 2014

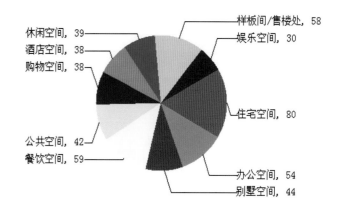

休闲空间，39
酒店空间，38
购物空间，38
公共空间，42
餐饮空间，59
样板间/售楼处，58
娱乐空间，30
住宅空间，80
办公空间，54
别墅空间，44

二、落地全国、通联全球的运营系统

　　五年来，"金堂奖"已经发展成为在全国近 40 个省市拥有战略合作伙伴、规模近千人的庞大服务团队，构建出"金堂奖"和"中国（区域）室内设计总评榜"从地方到全国互相衔接的两个评审系统。全国各地数百家媒体、甲方等行业机构的参与、年度逾千万元的传播投入，推动着活动、展览、报刊、图书、视频、互联网六大传播体系扎根区域、全年无休地运转，把"为百万设计师呐喊、向千万业主传播"的使命落在实处。

　　2014 年，近 40 个城市全年 200 逾场活动密集开展的同时，"金堂奖"全球巡回推广的脚步还遍及欧亚：4 月初受米兰家具展之邀组成中国商务贵宾团观展；4 月下旬参会 IFI 纽约设计与区域经济发展国际研讨会；5 月初参加在吉隆坡举办的第 26 届国际室内建筑师设计师团体联盟(IFI)全球会员大会，金堂奖组织机构负责人、中国室内装饰协会常务理事、广州国际设计周执行总监张宏毅当选 IFI 增选常务委员。

三、"金堂奖"的互联网思维

　　依托中国建筑与室内设计师网和其遍布全国近 40 个省市的地方网站，在各类奖项中，金堂奖首次把作品征集、评审、投票、获奖展示的全过程透明呈现在互联网平台上，聚集全球 50 名评委和近 30 万网站会员设计师的参与关注，令公开、公平、公正不再是一句空话。

　　金堂奖步入第五个年头之际，以开放的互联网思维迎接了"inguangzhou 2014 世界室内设计大会"首次在中国的举办，并且与一年一度的金堂奖盛典在广州国际设计周同期举行。而每年的金堂奖盛典，全面覆盖了颁奖典礼、作品展览、专业研讨、设计管理、地产运营、软装风向、选材交流乃至设计师春晚等与设计师切身能力与利益相关的各领域内容，成为中国设计向世界展示全新面貌的盛大舞台。"自我的尊严，世界的尊重"也由此成为中国设计首次以主场身份面对世界的信念与姿态。

2. An operational system in place in China and across the globe:

In five years, Jintang Prize has grown into a large-scale service team with strategic partners in nearly 40 provinces and cities and more than one thousand workers which have develop two interlinked appraisal systems: the local "Jintang Prize" and the nationwide "China (Area) Interior Design Billboard". Thanks to the involvement of hundreds of media, Party A's and other industrial organizations and the annual investment over ten million into communication, six communication systems: events, exhibitions, newspapers, books, videos, and the Internet regions work all year round to give effect to the mission of " For Public Awareness of Design" .

In 2014, while more than 200 activities were carried out intensively in nearly 40 cities throughout the year, Jintang Prize world tour for promotion reached as far as Europe and Asia: in early April it took a Chinese Business VIP group to the Milan Furniture Fair by invitation; and in late April, it attended the IFI international symposium on design and regional economic development in New York ; in early May it attended The 26 th IFI General Assemblyheld in Kuala Lumpur (IFI) , at which Zhang Hongyi, principal of the institutional framework of Jintang Prize, standing committee member and ambassador of China National Interior Decoration Association, and Event Director of the Guangzhou Design Week, was elected an IFI co-opted Board Memeber.

3. The Internet mindset of "Jintang Prize":

Relying on CHINA-DESIGNER.COM and its local websites in nearly 40 cities throughout the country, Jintang Prize people for the first time presented the entire process from for all kinds of award categories, entry solicitation, review, vote, and awarding in a transparent way on the Internet platform under the attention of 50 judges and nearly 300,000 designer members of the website. To Jintang Prize, Openness, Fairness and Impartiality is no longer an empty slogan.

The fifth year saw Jintang Prize, Internet minded, embrace the inguangzhou World Interiors Meeting 2014 for the first time convened in China, and the annual awarding ceremony of Jintang Prize be held at the same time of Guangzhou International Design Week. The annual awarding ceremony of Jintang Prize, covering every area related to the capacity and interest of designers, from awarding ceremony, works exhibition, professional seminar, design management, real estate operation, soft decoration direction, exchanges in material selection, to the China - designer Gala, has become a grand stage where Chinese designs show their new look to the world. Dignity for Ego, and Respect for the World also thus has become the belief and attitude assumed by the Chinese designers in this home game facing the world.

四、"金堂奖"的社会担当与责任

　　理论体系、运营系统、新思维的建立,使得"金堂奖"不仅推动了设计产业的迅猛发展,同时担当起更多的社会责任。在 2014 年 7 月开播的东方卫视《梦想改造家》栏目中,多名"金堂奖"获奖设计师为平民做公益设计,引起社会广泛关注;2014 年 6 月在各地设计师参与的"金堂奖"湘西公益行倡导下,湘西吉首"齐心村小"整修工程获得全国各地和海外 64 位爱心人士、2 家机构共计 162705.85 元捐款,11 月工程竣工后,极大的改善了苗族穷困山区孩子们的就学条件。

　　"金堂奖"对设计公益的倡导,已经成为推动中国设计师用设计改善民生、回报社会的重要力量。

4.The Social Responsibilities of Jintang Prize:

By establishing the theoretical system, operating system, and new mindset, Jintang Prizes not only have promoted the rapid development of the design industry but also assumed more social responsibilities. Widespread attention has been aroused when, in the Dream Retrofitter launched on Dragon TV in July 2014, a number of "Jintang Prize" winning designers made public service designs for the poor; in June 2014 in the "Jintang Prize" Public Welfare Journey to Xiangxi, the participating designers from different places raised 162,705.85 yuan donation in total from 64 philanthropic people and 2 institutions home and abroad for the Renovation of Qixin Village Primary School, Jishou, Xiangxi. Upon the completion of the project in November, school conditions were greatly improved for the Miao boys and girls in the poor mountainous area.

"Jintang Prize" with its designs in public interest has become an important force for Chinese designers to improve people's livelihood and pay back the community.

2010-2014 金堂奖参评作品总数变化
Changes in the total number of entries into 2010-2014 Jintang Prizes

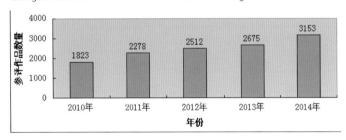

2014 年金堂奖全球巡回活动
In 2014 the Jintang prize global tour

时间	城市	活动主题	地点
4月10-13日	意大利米兰等	2014金堂奖国际交流考察(意大利)	米兰家具展
4月15日	深圳	2014金堂奖· 中国室内设计年度评选启动礼	华侨城OCT创意产业园派意馆
4月17日	南宁	2014金堂奖全球巡回推广活动(广西站)	广西南宁国际会展中心
4月19日	青岛	2014金堂奖全球巡回推广活动(青岛站)	青岛国际会展中心6号馆
5月22日	南京	2014金堂奖全球巡回推广活动(南京站)	南京金奥费尔蒙酒店二楼金奥大厅
5月27日	南昌	2014金堂奖全球巡回推广活动(江西站)	南昌喜盈门家居建材广场
6月5日	苏州、无锡、常州	2014金堂奖全球巡回推广活动(苏锡常站)	无锡凯莱大酒店二楼天一阁
6月23日	长沙	2014金堂奖全球巡回推广活动(湖南站)	湖南长沙婚庆公园小天鹅会馆
6月24日	呼和浩特	2014金堂奖全球巡回推广活动(内蒙站)	内蒙古呼和浩特市博物馆乌兰恰特剧院
6月25日	济南	2014金堂奖全球巡回推广活动(济南站)	济南历下区马鞍山路2-1号山东大厦金色大厅
7月06-13日	土耳其、 意大利	2014金堂奖国际交流考察 (土耳其、意大利)	安塔利亚、那不勒斯
8月2日	昆明	2014金堂奖全球巡回推广活动(云南站)	昆明滇池湖畔高尔夫球会会所
8月16日	海南	2014金堂奖全球巡回推广活动(海南站)	海口市新埠岛海岛雨林多功能厅
9月16日	银川	2014金堂奖全球巡回推广活动(宁夏站)	宁夏国际交流中心酒店二楼银川厅
9月22日	河南	2014金堂奖全球巡回推广活动(河南站)	河南洛阳钼都利豪国际酒店
9月25日	宁波	2014金堂奖全球巡回推广活动(宁波站)	浙江宁波和丰创意广场花园酒店
10月18日	大连	2014金堂奖全球巡回推广活动(大连站)	大连金三角居然之家国际馆

2014 金堂奖年度优秀作品地域分布
Geographical distribution of good design of the year of Jintang Prize 2014

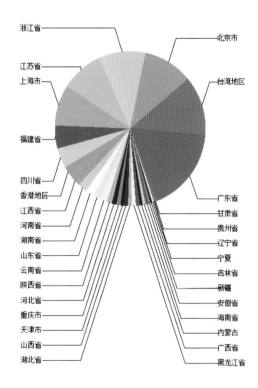

五、"金堂奖"的下一个五年

第一个五年，"金堂奖"从对竣工作品的拍摄存档、总结分析入手，以提升用户体验、寻求可持续发展为评价标准，总结不同空间类别、不同空间部位生成"空间眷恋指数"的设计规律和辩证方法，探索"设计创造价值"的操作路径，打造出业主寻找年度优秀作品的"搜索引擎"。

第二个五年，"金堂奖"将着力倡导以IT手段、大数据思维把个案经验汇聚为行业共享数据，初步完成构筑中国室内设计"操作系统"的艰巨使命，令设计理论不再只是书中之物，更成为真正指导并参与设计实践的"导航仪"和可用工具，把发展设计产业与提升用户体验紧密关联起来。

在两个五年的基础上，互联网将把经验高度离散碎片的室内设计产业整合为一个互通互联的整体，令每一位设计师不再是"信息孤岛"，帮助中国设计师与全球同行携手探索提升"空间眷恋指数"的设计方法与规律，分享天人合一的东方智慧和文化意境，以全新的设计思维共同塑造更具幸福感、可持续发展的人居环境。

5.The next five years of "Jintang Prize":

In the first five years, Jintang Prize people photographed the completed works for archiving, made analyses and summaries, upheld the evaluation criteria of Enhance User Experience ad Pursue Sustainable Development, summed up the design laws and dialectical methods for different spatial categories and different spatial parts to generate the "spatial attachment index" , and explored the operation path of Designed Is Value. Their efforts turned into a searching engine for annual excellent design.

And in the second five years, Jintang Prizes people will focus on the advocacy for conversion, by IT means and in big data mindset, from experiences in individual cases into data shared by the industry, initially created an operating system for Chinese interior designs, an arduous mission which will turn design theories on paper into a "navigator" and useful tools for design practice, and closely link the development of the design industry with the enhancement of user experience.

It can be expected that the efforts made and to be made in the double five years that the Internet will change the highly discrete and fragmented interior design industry into an interconnected integrity which frees every designer from the island of information, help Chinese designers and global peers jointly explore design methods and laws for the increase of "spatial attachment index", share oriental wisdom and cultural realm of Syncretism between Heaven and Man, and follow the new design mindset in co-creating a human settlement with greater happiness and sustainable development .

谢海涛
Xie Haitao

金堂奖　发起人
FOUNDER□JINTANG PRIZE

中国建筑建筑与室内设计师网　董事长
PRESIDENT□CHINA - DESIGNER COM.

广州国际设计周"设计＋选材博览会"　策展人
CURATOR□THE B 2 B DESIGN &BRANDS EXPO

关于金堂奖

金堂奖使命	"为百万设计师呐喊，向千万业主传播。"
联合发起机构	广州国际设计周、中国建筑与室内设计师网、中国房地产业协会商业和旅游地产委员会
联合推广机构	《缤纷 space》、《芭莎·艺术》、《时尚家居》、《美好家园》、《美国室内（中文版）》、《楼市》传媒、《insider 社交商圈》、《FRAME 中文版》《透视杂志》（香港）、《漂亮家居》（台湾） 新浪家居、搜狐焦点家居、搜房网、网易家居、凤凰网家居、太平洋家居网、腾讯亚太家居、中国网、ABBS 建筑论坛、中国建筑新闻网 中国林业出版社、朗道文化

金堂奖·中国室内设计年度评选（www.jtprize.com）由中国建筑与室内设计师网、广州国际设计周于2010年联合发起，IFI国际室内建筑师与设计师联盟认证，以"设计创造价值"为评审主题，以"为百万设计师呐喊、向千万业主传播"为使命，以"空间眷恋指数"为作品评审标准，通过IFI多个成员机构、全国近四十个省市千人团队联合推动，建立了全球巡回活动推广、展览、互联网、报刊、图书出版、视频六大传播体系，打造出业主搜索年度优秀竣工作品的快捷引擎。

金堂奖评选范围涵盖中国境内年度最具代表性的数千件室内设计竣工作品，最具影响力的中外设计人物和机构，评审委员会包括何镜堂院士、意大利卢卡·罗西等国内外最具知名度的设计学界专家、媒体主编以及业主机构代表，并有超过30万专业设计师通过网络参与投票，是最具国际影响力、公信力和公益性的中国室内设计年度评选。

奖项设置

最具商业价值作品

年度十佳酒店空间设计	年度优秀酒店空间设计
年度十佳办公空间设计	年度优秀办公空间设计
年度十佳购物空间设计	年度优秀购物空间设计
年度十佳餐饮空间设计	年度优秀餐饮空间设计
年度十佳娱乐空间设计	年度优秀娱乐空间设计
年度十佳休闲空间设计	年度优秀休闲空间设计
年度十佳样板间/售楼处设计	年度优秀样板间/售楼处设计

最具生活价值作品

年度十佳住宅公寓设计	年度优秀住宅公寓设计
年度十佳别墅设计	年度优秀别墅设计

最具城市价值作品

年度十佳公共空间设计
（含交通、文博、教育、医疗、工厂、展览等公共空间类别）
年度优秀公共空间设计
（含交通、文博、教育、医疗、工厂、展览等公共空间类别）

联合组织机构

大师工作营| Mentor Workshop	意大利| Virgnia Busato	丹麦| Johan Adam Linneballe	荷兰| Jorg vanden Hoven

上海站 郭元建 上海哲道文化传播有限公司客户总监　北京站 刘凌莉 北京坤运来投资咨询有限公司总经理　广东站 黄浩罡 广州群英汇文化传播有限公司总经理　南京站 李合威 《装饰情报》杂志主编　大连站 孙普 大连市建筑装饰协会行业协会常务副会长兼秘书长

四川站 温源 《AXD空间艺术》运营总监　温州站 朱武 温州瑞百网董事长　重庆站 戴薇 《设计师》杂志创始人及执行主编　山西站 武智萍 太原市室内装饰行业协会秘书长　青岛站 张洪春 建峰集团(青岛)设计院院长　杭州站 徐宁 希岸/国际品牌服务机构总经理

无锡站 张良
龙玫传媒总经理

河南站 闵顺柱
郑州沛雨文化传媒
公司总经理

宁波站 周红
《宁波装饰》杂志
执行主编

陕西站 成超
西安华禹文化传播有限
责任公司总经理

河北站 宋云霞
《绿色家居》杂志
运营总监

福建站 陈朝晖
中国海峡网董事长

海南站 张根良
海南舜里环境艺术
有限公司总经理

贵州站 谭莉
《互动家》杂志总经理

台湾站 陈孟谕
疯设计总经理

安徽站 何光忠
《庐州家居》杂志主编

江西站 闫京
南昌睿智培训机构
负责人

江西站 刘君
《江西装潢》杂志社社长

甘肃站 徐晓慧
兰州逸凡广告策划
有限公司总经理

广西站 黄日伦
《IDOI锋范》杂志主编

沈阳站 林成
《名家 MAJOR》
杂志出品人

湖南站 唐文汉
长沙市大鼎文化传播
有限公司总经理

天津站 殷玉梅
优家传媒总经理

深圳站 唐海云
翠堤春晓品牌策划机构
总经理

云南站 邓鑫
博睿大华工程设计机构
总经理

云南站 张滨
玄览传媒董事长

宁夏站 高琼
《风格》杂志家居总监

武汉站 葛磊
《W周刊》主编

内蒙古站 张玲
内蒙古明德尚艺文化传媒
有限公司总经理、
内蒙古室内设计师协会
秘书长

济南站 夏广靖
济南禾木文化传媒
有限公司总经理

哈尔滨 孙宏伟
黑龙江建邦建筑装饰
设计工程有限公司董
事长 / 哈尔滨先锋梦工
场投资管理有限公司
董事长

评审委员会

国际评委
JURY OF INTERMATIONAL

1. 吉斯·斯班杰斯（荷兰）
欧洲室内建筑师与
设计师协会联盟（ECIA）前主席
阿姆斯特丹世界室内设计大会总干事

2. 卡然·格鲁佛（印度）
印度首席建筑设计师
印度绿色建筑委员会 IGBC 巴罗达
分会主席

3. 亚历山德罗·门迪尼 &
弗朗西斯科·门迪尼 （意大利）
意大利著名建筑设计师；《Domus》杂志主编；
门迪尼工作室创始人

4. 卢卡·罗西（意大利）
欧洲著名建筑师、设计师、艺术家
UAINOT 建筑设计咨询事务所首席执行官

5. 彭德扬（捷克）
加拿大皇家建筑师协会（RAIC）会员，建筑学博士
AAI 国际建筑师事务所顾问合作伙伴；
Benda 建筑公司设计总监

6. 艾莉纳（荷兰）
DSA 建筑事务所合伙人、
首席室内建筑师

7. 弗兰西斯科·米索尼（荷兰）
D/Dock 设计事务所
创始人、设计总监

8. 罗伯特·伽布格尼（意大利）
意大利主题酒店、餐饮空间设计专家
罗伯特·伽布格尼设计事务所 创始人

9. 金柱然（韩国）
韩国建筑师 / 室内设计师协会主席（2011-2012）
韩国弘益大学建筑系、工业设计系和室内设计系教授
并兼任学校设计研究所的负责人

10. 卡尔·约翰·贝蒂尔森（瑞典）
NCS 色彩学院 院长
国际知名色彩设计与管理大师

专家评委
JURY OF INDUSTRIAL LEADERS

1. 何镜堂
中国工程院院士
华南理工大学建筑学院院长

2. 张绮曼
中央美术学院建筑学院教授、博导
中国美术家协会环境设计艺术委员会主任

3. 庄惟敏
国际建协职业实践委员会联席主席
清华大学建筑学院院长、教授

4. 来增祥
同济大学建筑系教授

5. 吴家骅
深圳大学建筑与城市规划学院教授

6. 郑曙旸
清华大学美术学院教授

7. 王中
中央美术学院教授；城市设计学院副院长

8. 吴昊
西安美术学院建筑环境艺术系
主任、博导

9. 潘召南
四川美术学院环境艺术设计系教授
四川美术学院创作与科研处处长

10. 马克辛
鲁迅美术学院环境艺术设计系主任

业主评委
JURY OF CLIENTS

1. 朱中一
中国房地产业协会副会长

2. 蔡云
中国房地产业协会商业和
旅游地产专业委员会秘书长

3. 任志强
北京市华远地产股份有限公司
董事长兼总经理

4. 李明
远洋地产有限公司总裁

5. 周政
中粮地产（集团）股份有限公司总经理

6. 王伍仁
中信房地产股份有限公司总工程师

7. 邢和平
中国商业联合会购物中心专业委员会副主任

8. 曲德君
万达商业管理公司总经理

9. 边华才
上海中凯集团董事长；
嘉凯城集团股份有限公司副董事长、总裁

10. 果麟
孚瑞思商业地产机构董事总经理
中国房地产业协会商业地产委员会副秘书长

媒体评委
JURY OF MEDIA

1. 殷智贤
《时尚家居》执行出版人兼主编

2. 蔡鸿岩
楼市传媒董事长

3. 李沐
《芭莎艺术》杂志社 社长

4. 苏燕
《美好家园》杂志社 主编

5. 王潇
inerior design 中文版出版人

6. 肖石明
《insider 社交·商圈》副主编

7. 海军
设计师、策展人、编辑和研究者
FRAME 中文版 主编

8. 李有为
金堂奖组委会秘书长、
大师工作营执行总监、
《缤纷 space》杂志前执行主编

9. 陈惠仪
《PERSPECTIVE 透视》
杂志出版总监

10. 张丽宝
《漂亮家居》总编辑

11. 戴蓓
新浪家居执行总编

12. 饶江宏
搜狐焦点家居总编辑

13. 蒋璐
搜房网国际部主编

14. 高翔
太平洋家居网副总编

15. 杨冬凌
凤凰网家居频道总监

16. 胡艳力
网易家居全国总编辑

17. 刘耀儒
腾讯亚太家居编辑主管

18. 冯竹
中国网科教中心主编

19. 裴莎
ABBS 编辑部主编

20. 洪涛
中国建筑新闻网副主编

20+14：从过去走向未来

文 / 殷智贤　《时尚家居》执行出版人兼主编

如果只有"20"，我们还可以留在上一个世纪的语境里，在20世纪，设计给这个世界带来的改变是如此的巨大，以至于我们回望19和20 两个世纪，几乎看不到19世纪前那种悠长的转折，人类用了一个世纪颠覆了过去数千年沉淀下来的文明，整个20世纪一直处在各种形态的革命里，历史的列车呼啸飞行。但到了20世纪末一个更大的改变使设计获得了前所未有的机遇，也制造了前所未有的挑战。这十几二十年的变化堪称天翻地覆，虽然意识形态的变革依旧激烈，但人类共同选择了技术作为颠覆旧时代的手段，在不流血的战争里，厮杀更多地发生在观念层面，而技术则以强大的应变能力支持甚至催生每一次变革。

《圣经》上说当人类想建造通天的巴比塔以期接近神时，上帝将人类的语言搞乱，以至于人类因彼此难以沟通而无法完成巴比塔的建造。

这个寓象成了人类社会一直存在的命题：沟通。而互联网的诞生似乎为不同文化、不同地域、不同身份、不同年龄的人架设了沟通的渠道，这个渠道不仅广大，而且迅捷。

人类历史上最为发达的沟通纽带编织起来了，于是无数种生活样式扑进人们的眼帘，无论设计师还是消费者都打开了眼界，人们因为被无数的生活样板启发和诱惑，也对生活生起了更为大胆和丰富的憧憬，电脑的设计能力给予设计构想的实现以强有力的支持，于是人们从20世纪迈入21世纪的这14年，设计给了生活极大的发挥空间，生活也给了设计极高的礼遇——各种奇怪的建筑、产品都在新技术的催生下从图纸变成实物，垃圾肯定有，但杰作也很多；由于视野开阔，文化壁垒的破除，人们对崭新的设计理念、设计思维和设计手段都给予了更多的包容，很多人甚至愿意改变生活方式

去"迁就"设计，以尝试迥异从前的体验。

全球贸易使材料、产品及设计人才的流动变得异常便捷，随之而来的是为了成就一个好设计，甲方和设计师可以在全球范围内调动资源；现代民主思想的普及使设计也获得了空前的解放，一元论的评价体系被打破，允许设计服务于多元价值

的社会风尚使设计得以有更多角度更多层次去展现关于未来生活梦想的机会；新生代绑定手机的信息接收方式使媒体的影响力与介质捆绑得格外紧密，话语权的扁平化，使人们追求的生活目标更为多姿多彩而无需担忧因为不主流遭到伤害，于是新生代们乐于追捧任何一款他们心仪的设计，哪怕除了他无人喝彩。这一风尚为多种设计提供了生存空间；日益积极和充分的文化交流，使各文化的审美及符号成为更广地域内的设计语言，一个具有国际视野的设计师不再囿于其文化出身，而能更潇洒地使用各种异文化的元素来拓展设计的维度；

……

从过去望向未来，设计获得了巨大的发展空间，它也肩负着重大的使命——当人类从自然中出走，越来越依赖于工业制造和城市设施，人们对于物质的企求也前所未有地膨胀，设计如何应对物欲并且节省能源一直是纠结的所在；

当文化被商业所俘获，以文化的名义所做的低质量的设计正成为陷文化堕落的推手，并且令对此文化不熟悉的陌生人产生了严重的误读；而试图以文化为利器制造与他人之不同，希望借此在嘈杂的市场中脱颖而出的设计实践，也使文化成为偏执设计的面具，掩盖了设计无法满足使用者需求的低能或傲慢。

过度使用工具或技术的设计使追求怪异凌驾于设计服务于人的基本目标；……凡此种种在我们的现实中依然有相当多的案例让我们深感遗憾。

我们希望好的设计能带给人们更安全更健康更优美更有品质的生活，而在过去的十几二十年里，跨世纪的一代中国家居界设计师也一直孜孜不倦地为此努力，时针走至2014年尾声时，我们欣喜地看到了多年来积累的丰硕成果——对中国文化的自信正在回归，对自然的尊敬与融合受到积极的推崇，对审美的追求正逐渐高于炫富；对技术手段的掌握已经积累了丰富的经验，能够驾驭的设计元素也相当多元……

与此同时我们也看到还有相当一些问题仍在解决中——例如炫富风并未真正退出高端设计作品中，对空间和能耗的浪费

（接下页）

统一的中国性与多元共生的中国设计

文 / 饶江宏 搜狐焦点家居总编辑

跟金堂奖的结缘，始于2012年受邀参与到金堂奖的评选工作。以后陆续参与了与金堂奖相关的各类活动，也在曾经供职的杂志对之后两届金堂奖的获奖作品进行了全面的报道与分析。

经常会有人问我：金堂奖与其他的室内设计奖项的区别是什么？为什么能在中国室内设计界获得广泛的关注？这不是三言两语能说得清楚的，但如果一定要说不同，我想金堂奖与其他国内的室内设计奖项最大的区别在于，它更加关注中国不同地域文化背景下的设计发展状态，而不是将目光只集中在某些领域，某些城市。所以，从这个角度来讲，金堂奖之于中国室内设计，具有更加广泛的代表意义。通过金堂奖，我们看到的是中国室内设计的全貌，正是这种全貌让我们能更准确地认识中国设计的状态，同时也能让我们能从不同地域的设计状态中提炼出中国设计的主线。

真正的中国设计一定是基于中国文化的基因，从这片土地上生长出来的。金堂奖的开阔视野，可以让我们从中发现那些基于独特的传统精神、生活习俗等所生长的设计。今年的十佳餐饮空间获奖作品，孙华锋设计的"云鼎汇砂丹尼斯·天地店"，可以看到中原文化中的包容性和人文性在设计中的流露。而彭征设计的"南昆山十字水生态度假村·竹别墅"，则是将东方的意境与当地的客家民居形态进行融合，创造了非常独特的居住体验。这样的例子在今年的金堂奖获奖作品中随处可见。

近几年，多元共生的理念逐渐成为国际设计界的共识，在全球化的背景下，越来越多的地域文化冲突超出了政治、经济领域，进而越来越大地影响到我们的设计、生活形态。人们承认文化的差异性，尊重这种差异，同时寻求在文化差异性中的融合共生。在近期的中国设计中，也体现出了这种趋势，中国设计师对西方设计和中国传统文化都保持了相对理性的态度。在设计实践中，设计师更加关注从具体的细节中，物我关系中找寻中国意境，而不是迷恋具象的造型和概念化的符号，或刻意用"所谓的当代手法诠释传统文化"。北京集美组的"居然顶层设计中心"就是很好的案例，尤其是其中的"梁建国之家"，更加准确地描述了这种状态。梁建国老师以看似是西方的极简主义方式，来诠释中国传统文化中人与自然相生相息的关系，但实际上，他的这套方法是对中国传统的简、素理念的提炼。所以，进入到梁建国老师营造的空间里，能感觉到其间流转的禅意，具体的空间设计形态已无关风格。

从台湾设计师的作品中，我们看到的是另一种多元共生的状态。从他们的设计中，比如在设计手法上、材料与工艺的处理，可以看到来自日本、欧洲的影响，但又具有独特的清新内敛韵味。体现了台湾现实生活中，文化传统与具象生活的彼此交融，不关心宏大的叙述，只注重具体生活的感悟。

一个设计奖项，如果能让我们循着一个视角观察到这个领域最有价值的设计，我想，她就是一个成功的奖项。金堂奖，让我们通过获奖作品得以窥探到中国设计的全貌，看到来自中国不同城市，不同地域文化中的优秀设计，看到设计所创造的价值，幸甚！ ■

（接上页）

仍然得到了不同程度的纵容；设计主要还是实现商业目标，而欠缺同时影响公众启发业界的综合实力。此外对材料的搭配和饰品的选择仍嫌单调，也因此能够带给受众的使用体验并不饱满；对中国传统美学意象的运用还相当表面，注重符号感的设计仍然多于思维方式或意境的传承，这意味着我们要打造出独具中国式魅力的现代中国设计还要下很多功夫。

设计从来无法真正独立于它所处的年代，中国家居设计若要在将来谋求更健康的发展，负起社会责任，关注民生，参与社会建设，深入思考文化之于生活的意义仍然是不可或缺的功课。我们今日还没有做到的正是我们未来的发展空间！

《时尚家居》作为一个有社会责任感、有态度、有标准的媒体，愿全力以赴支持优秀的中国家居设计师做出真正利益苍生的好设计。 ■

关键词的诞生：1、金堂奖征集作品之热词提取；2、中国建筑与室内设计师网全年上传作品之热词提取；3、金堂奖获奖设计师调查问卷回复之热词提取；4、百度指数与搜索量旁证；5、重点设计师深度访谈之关键词提取。（本文仅展示深度访谈部分）

2014，年尾。

这个年度，互联网思维风行、习大大反腐更深入、中国设计走向米兰、雾霾和超高层建筑频频出现，社会以及生活的各个方面都沉淀了设计界的缤纷和多元。

无数的线条交错发生，各地设计人才来来往往，各种观念纷涌而来，也隐藏着未来设计发展的萌芽与雏形。

为此，我们尝试梳理本年度关键事件和观点，试图呈现2014年设计界的本来面目，挖掘这个领域正在发生和将要发生的事情，直观而精准地反映设计界的现在与未来。

秉承客观、公正的原则，金堂奖组织机构发动其全国近四十个省市千人团队，利用业已建立的六大传播体系，通过与大量设计师访谈和沟通，总结梳理，我们特别评出"2014年度六大关键词"。

这是一次纯粹的设计师自我表达，全国各地的设计精英凭借自己的洞察力对现在和未来的判断，具有绝对的现实性与影响力。

感谢为此做出努力的全国设计界精英，2014的荣誉属于他们每一位！

2015的希望也来源于他们！

关键词1 东方美学

到底是从什么时候开始，东方文化在现代社会复兴，章子怡或者以后的谢峰？但肯定的是随着2013年彭丽媛的每一次惊艳亮相，东方文化在世界范围的热潮达到高峰。在当今室内设计界，最风潮和最有力量的词语就是"东方美学大师"。具有东方美学的空间设计打破了一直以来对西方现当代范式的学习与模仿，转化成用一种由心及物、由内而外的表达方式，展现东方文化关于时间、空间、自然、命运和美的思考与表达。

具有东方美的设计与中国的传统哲学、世界观和美学传统有关，在力求发现每一个空间的特色和体验者的个人情感外，更重要的是寻找和梳理它的根和文脉在哪里，而不是简单地把表象的东西组合起来。

"作为一个有着自己独特文化传统和复杂现实的政治经济文化体，中国的当代艺术如何从传统哲学与美学中寻找有价值的资源与养分，结合当下社会与时代的背景创建与西方现当代艺术路径及价值判断不完全一致的中国自己的艺术体系正在或已经成为中国设计界部分有识之士的共识，也是中国整个文化界正当其时的一种文化自觉。"

问题1：2014年对你个人设计影响最大的是什么？

■ **林宇崴**
白金里居空间设计
主持设计师

将道家思想中的平衡、圆融、崇尚自然等元素，融于现代设计之中，让现代具象的设计中，藏有老祖宗的智慧。

■ **刘旭东**
北京丽贝亚建筑装饰工程有限公司
设计一院一所所长

佛学里的放下，从内心寻找自我，让我更多地去思考设计的本真与承载的文化意义，是2014年对我设计的最大影响。

■ **黄琳**
山东金龙建筑装饰有限公司
高级设计师

中国的设计其实传承得相当好，从古文化中的卯榫家具设计，再到中国字画，包括中国人盖苏州园林、中国的刺绣、《易经》、禅学、五行八卦，民间有剪纸、泥塑、木版年画，儒学文化、五千年的封建文化，这些文化随着具体的事物通过视觉表现出来，这就是一种文化，是中国现代设计急需的养料。而如何使这些中国文化更具有设计的特性，这是中国设计走向世界的根本，也是中国设计立足世界的根本。

■ **王泉**
华诚博远（北京）建筑规划设计有限公司
副总裁

"中国设计"应该是体现中国传统空间精髓的现代设计。实际上中国传统居住空间的精髓在于简，而不是繁，在于画龙点睛，而不是罗列繁复，所以今天的"中国设计"应该对目前的现状减而不是再加。

■ **李怡明**
北京清石建筑设计咨询有限公司
设计总监

2014的普利策建筑奖授予了日本的坂茂，使得近3年的得奖者均为东方建筑师，这标志着有深厚文化底蕴的东方设计已经屹立于当代世界。但与中国设计师相比，日本设计师往往更善于把本国文化融入当代设计中。因此，我更需要把握住每一次的"中国设计"机会，踏踏实实地做好每一个"中国设计"，使"中国设计"成为自己的源动力。

▓ 张艳芬
昆明中策装饰集团有限公司
主任级设计师

2014年对我个人影响最大的有三点，第一，从业十年，从创作的动力来说，发生了变化，越来越热爱这个这个职业，这种感觉激发了我的想象力和创作灵感；第二，生活的阅历和对生活的理解，设计师设计空间就是设计生活，没有深刻的生活体验就不可能做出很好的设计；第三，中国传统文化，中国美学最核心的概念是意象，是意会的心动，她要求不仅仅外表是美的，其最动人的是其中的寓意、渊源、文化。

▓ 吴文粒
深圳市盘石室内设计有限公司
董事/设计总监

2014年，整个市场环境、设计行业都发生了巨大变化，无论国际设计风潮还是国内设计趋势都跟前几年有着很大的不同。2014是思潮澎湃的年份也是设计回归的重要年度，我从欧洲游学、考察，在中国传统文化如敦煌壁画、陶瓷、书法、国画、园林、建筑方面深入学习，吸取养分，以及湛江寻根之旅，给我带来不一样的启迪。综合这十几年的经历，我越来越深地感悟设计里的"精神"，并推出"情境美学"，给自己的设计进行哲学上的提升，总结过去并做为今后的设计发展方向。

▓ 潘冉
南京名谷设计机构
设计总监；创办人

"传统到当代的设计思辨"将会是我今年、明年、今后几年设计工作的一项重要命题。想法很多却不完善，渴望能与大家多交流，共同进步。

▓ 赵学强
FRS弗睿思空间战略设计
设计总监

"复兴"。当下越来越多的展会和活动，都呈现出东方设计风格的回归，实则是文化之复兴。尽管"中国设计"依旧充溢着无法撤离的"现代性"，但当下正在力图清除这种困扰，以期进入真正的中国式当代生活方式。且在世界文明格局大融通的当下，中国的强大让中国设计有更多机会和能量复兴东方文化，为世界提供更多样、更广阔、更灵活、更超越的设计文化。

▓ 周易
周易设计工作室
设计总监

我在好几年前就预言：21世纪的时尚圈重心必然在中国。随着"世界室内设计大会"即将在中国广州举行，我的预言从全球各大五星级国际精品饭店连锁，纷纷选在中国各大主要城市积极卡位设点，就可以得到验证，诸如上海地标之一：由纽约华裔设计大师——季裕棠一手打造的柏悦酒店，讲究可望、可行、可居、可游的江南宅意境极度迷人，其他还有广州当地的"东方文华""四季饭店"，杭州地界上的"富春山居""安曼法云"等，无不将浩瀚清渺的中国山水、悠久历史、文物精华细腻融合在空间设计中，强调与环境共生的环保意识抬头，加上博大精深且取之不竭的创作灵感，实令全球设计人为之风靡神往。

问题2：世界室内设计大会即将在中国召开，你认为当下"中国设计"的标签是什么？

▓ 黄金旭
大言室内装修有限公司
主持设计师

对于拥有深厚文化的中国设计，以务实、多元的精神层面切入设计，注重文化底蕴的体现，提炼、创造可用元素融入创新风格，使空间场域与人文完美结合，传递出符合中国设计的精神态度和内涵，并藉由世界室内设计大会确立中国在全球设计文化产业的国际地位，展现不容小觑的设计实力。

▓ 李军
成都上界室内设计有限公司
设计总监

"人文主义的设计思想"是当今中国及世界所关注的一个方向，我认为中国的设计在紧跟国际潮流趋势提高的同时，要有中国自己对人文主义的理解诠释，打动人的心灵的设计会在艺术的氛围当中会成为中国设计的一个趋势和标签。

▓ 梁爱勇
苏州金螳螂建筑装饰股份有限公司
副院长

中国设计——中国元素设计——中国人文设计

▓ 林斌
福州观云智建装饰工程设计有限公司
首席设计师

我认为当下"中国设计"的标签是"舒心"。设计本身就是以人为本的，以人的"舒心"为首位。

▓ 邱春瑞
台湾大易国际设计事业有限公司
总设计师

目前室内设计中，出现了多种风格形式，不同的风格有着不一样的韵味。今天中国也不断涌现出一些中西文化兼通的设计师，他们没有放弃对自身文化的新尝试、全新的设计，用东方文化、思想作为设计的出发点是有效的。我们思考的空间、物件和建筑的采光、风格真的不重要了，不要以为我们学过的美术、美学没用，它们一定有用，但是文化是最终才会显现出来的，而不是在设计的一开始就显现出来的。就像我们娶老婆一样，最初的美是一个表象的美，真正的美应该是在平常日子里慢慢体会到的。

▓ 汤善盛
大石代设计咨询有限公司
设计总监

"中国设计"的标签源于中国人文情感的生活感悟。真正的中国式设计都是在现代生活中感悟传统精髓与当代时尚的文化碰撞，再通过个人的情感因素表达在设计的各个领域。中国式设计是源于本土传统，迎合现代需求，表达个人人文精神的综合体现。

▓ 黄希
昆明中策装饰（集团）有限公司
副主任级设计师

我个人认为：在文化上结合最具中国特色的设计理念，以及中华民族文化演伸出来的传承元素；在形式上：随着时代的潮流，越来越多的人注重简约，追求随意，向往自然，崇尚自由；结合几何中的圆将世界围成一个圈代表了设计回归原点，同时也代表了世界的和平和团圆。在色彩上：结合大自然的绿色、白色和蓝色，回归自然，天人合一。

张迎军

周易

张兆勇

郑展鸿

朱伟

■ **刘非**
非东空间设计
设计总监

当代东方意境。

■ **刘旭东**
北京丽贝亚建筑装饰工程有限公司
设计一院一所所长

我认为当下"中国设计"的标签应该是能对中国传统文化有所继承与创新，能直指人心，能更多地传达出一种精神境界的载体。

■ **莫惠华**
广州市戴玮莫室内装饰设计有限公司
资深设计师

"中国设计"标签是具有传承中华文化底蕴的现代设计。

■ **胜木知宽**
上海莆森投资管理有限公司
设计总监

中国设计的独特性（中国设计的探索方向）。

■ **施传峰**
福建洁利来装饰设计工程有限公司
副总设计师

随着中国的崛起，中国在世界舞台的角色越来越多，短短几年时间中国风刮到世界的地方也越来越多，设计领域也是一样，越来越多的有国际影响力的设计师也都开始热衷于中国元素在其作品中的运用，对于中国来讲我认为这是一种文明的回归，对于世界来讲这种回归正在成为一种潮流，所以要说当下"中国设计"的标签是什么的话，我觉得两个词"回归、潮流"。

■ **谢煌炜**
谢煌炜设计工作室
设计总监

现代中式，这是我认为的中国设计标签。中国有几千年的历史，就有几千年的中国美学，但不同的时期有不同的表现。在现在以简约线条为主流的设计潮流里，用更好的线条表现，把中国不同的美学融入到设计里来展现给世界看，这是我认为的中国设计的标签。

■ **王春**
苏州博思特高端室内设计装饰机构
设计总监

禅！毋庸置疑首个标签应该为中国的文化精髓之一，禅文化。在国际上，亚洲设计比较靠前的当数日本，我们经过对欧美生活向往的影响，最终还是要回归到本土的文化基础上，这么有深厚文化底蕴的中国文化经过这次文化断层之后，应该要逐渐扭转局面，大力弘扬发展中国文化，必定能在国际上走出一条独属东方韵味的文化之路，在国际上有个东方之门迎接着世界。让东方文化在国际上渗透得更加充分，更具影响力。

■ **吴钒**
重庆微分室内设计有限公司
设计总监

我觉得"中国设计"体现出来的是内在的表达，它的表象可以

是任何形式，但就算是一个欧式的外在也能让人体会到东方、中国的内在，那种含蓄的、隐忍的、人文的内在。就如李安的电影，不管什么题材、中国人演也好、外国人演也好，都能让人体会到里面醇厚的中国味道。

■ **许耀元**
方和元品牌设计管理（上海）有限公司
联合创办人／创意总监

中国本土文化诉求，以及中国文化复兴。

■ **黄仁辉**
本入设计有限公司
设计总监

"中国设计"已成为追求明日生活的品牌，发展成高优质居住环境的最佳指标。以此为亚洲的中心，进而影响全球。

■ **杨焕生**
杨焕生建筑室内设计事务所
设计总监

中国设计标签是富有中华文化特殊东方元素与线条氛围的简约空间，东方风格与西方设计差异极大，近年设计发展影响了西方设计潮流，东方思维的设计，从元素、纹路、线条、质料、裁剪、配饰、摆设到收边，所呈现的不仅是文化空间的美感，更重要的是对于细节的精神。

■ **由伟壮**
常熟由伟壮装饰设计有限公司
设计总监

①满足人和人际活动的需要为核心的发展；

②科学性与艺术性相结合的发展；

③动态化的可持续发展；

④高度民族化、多元化发展；

⑤高度现代化、技术化、个性化发展；

⑥传承文明，未来中国的室内设计所走的道路，一定是在继承传统文化的同时表现现代人的审美情趣的设计。因为只有地域的才是民族的，只有民族的才是世界的。

■ **张迎军**
大石代设计咨询有限公司
总设计师

恢复本土设计的自信，研究基于本土和国际双重性的新思路。

■ **周易**
周易设计工作室
设计总监

21世纪，时尚中国正在崛起。

■ **张兆勇**
百斯特三宅一生设计机构
Senior Designer

摆脱平凡思想的维度束缚，用新设计定义来推动中国设计的诉求，用新设计力量、新自由创作的元素，来展示民族人文、地位、价值、乃至影响力，去传承与表达设计的极致真谛。用线条、空间、结构、来打造与众不同的创意能量团——"中国人文"、"中国精神"这是中国设计所需要的。

■ 郑展鸿

漳州市鸿文兴居装饰设计有限公司
总经理

东方的，就是世界的。

■ 朱伟

苏州善水堂创意设计有限公司
总设计师

这是值得期待的大事，也是中国设计师与国际设计师又一次交流与学习的机会，当下中国设计师需要以更加深入人心的东方人文情愫来传递设计的能量，传递一种意境、一种关爱、一种责任、一种感动。表达"中国设计"的博大精深，在全世界发声。

■ 尼克

苏州尼克设计事务所
设计总监

我认为"禅"是当下中国设计的标签。带有中国文化底蕴的现代设计，希望能让世界看到中国几千年的文化。

■ 张艳芬

昆明中策装饰集团有限公司
主任级设计师

我认为当下"中国设计"的标签是"和谐，天人合一"，强调空间的平衡感和协调性，在一个有平衡感的生活空间里人际关系都会被更优质地改变，人们的心态和心灵跟所有外在空间与物体是有感觉的，这种感觉是悠闲的，精致的，有幸福感的……

■ 郑杨辉

福州宽北装饰设计有限公司
设计总监

说到中国设计，许多人首先想到的就是"新中式"，通过当代艺术的手法体现中国源远流长的文化传承，做具有中国特色的艺术设计。

■ 张宝山

张宝山&翟慧琳设计工作室
首席设计师

我认为是"东方美学改变设计"，中国的设计应该从中国自身的文化脉络出发，建立中国本土的设计体系。东方美学可以铸造坚实的精神空间，也可以驱动行业设计师的思想引擎，改变思维运行轨迹，让世界设计产生新动力。

■ 吴文粒

深圳市盘石室内设计有限公司
董事/设计总监

中国设计不能一概地贴个标签，所有的当下设计都只是设计的一个旅程，正如几千年来国际和国内设计的历程一样。如果硬要去分析中国设计将来的符号，我可以用几个词语进行表述：1、东方精神的情境美。2、人性美学。

■ 周海新

广州集美组室内设计工程有限公司
项目设计师

当代东方主义

■ 贺彭

内蒙古富恒装饰
设计师

返璞归真——我希望可以这样总结。我们也越来越意识到老祖宗的东西才是博大精深，就算才疏学浅玩不了文化，我们还可以实诚点，朴实点，来点原汁原味原材料。这样挺好的，我们开始关注自己的生活，开始在生活中找乐子了，这一切都说明我们自信了！

■ 潘冉

南京名谷设计机构
设计总监；创办人

"十里楼台倚翠微，百花深处杜鹃啼。"

任何一座建筑除了砖瓦木石，更重要的意义是蕴含着人们的思想、情感，其建筑式样、装饰及艺术上的独到之处，使每一座楼台除了作为技术组合体之外，更蕴含着这几者与意识的完美融合。如何使作品更合乎功能、合乎美学、合乎伦理，强大到足以承载合乎我们自身民族意识的生存想象是一个持久严肃的课题。个人理解中"中国设计"的标签，应该从名族性格着手探讨。

■ 吕秋翰

吕秋翰室内设计工作室
设计师

室内空间因为国际化和价值观全球化，所以很难摆脱现代化的配置甚至于形，所以我觉得现在现在中国设计的标签是表现在室内空间的软件上、中国的艺术品或是古典的家具上。

■ 邱春瑞

台湾大易国际设计事业有限公司
总设计师

我认为有三个东西值得我们去思考：第一，就是讲文化；第二，就是要讲本质；第三，就是要追品质。民族的就是国际的，这是我们前一段时间很流行的一句话，但是我认为这是一句非常严重的空话。我认为真正的实话是品质的就是国际的，你要想国际化，一定就是品质的，而不是我们所说的民族的。请相信东方文化的力量。

■ 庄轩诚

及俬室内装修设计有限公司
设计总监

中国文化讲求的是"平衡"，空间与自然环境，互相作用，内涵丰富，我认为中国设计的标签是用自己的文化来设计出属于中国之博大精深。

■ 朱伟

苏州善水堂创意设计有限公司
总设计师

这是值得期待的大事，也是中国设计师又一次与国际设计师交流与学习的机会，当下中国设计师需要以更加深入人心的东方人文情愫来传递设计的能量，传递一种意境、一种关爱、一种责任、一种感动……表达"中国设计"的博大精深，在全世界发声。

■ 张文基

丽思室内设计（武汉）有限公司
设计总监

对中国东方文化有了更深刻的理解。

赵学强

潘冉

吴文粒

张艳芬

李合明

陈文学

陈武

李伟强

张祥镐

王远超

徐玉磊

关键词2 互联网思维

——站在风口上猪都会飞。这个风口就是互联网。

——低头族们，每天花在手机上的时间最短是多长？

——微营销开始风行，成为公关领域的最快增长点。

总之，互联网正在成为现代社会的基础设施之一，就像电力和道路一样，点，以至于想看一个产业有没有潜力，就看它离互联网有多远。

在移动互联时代，用"工业时代"的思路做设计让设计师开始有些紧张。某些行业大咖开始利用大数据涉足室内设计行业，尝试电商模式。世博会和各种国际性综合展览上引人注目的新媒体展项，拉近了观众与设计的距离，观众在被变幻的多媒体影像包围的同时，将深切感受设计的感染力，感受设计的生命力。无论你是否承认，互联网正在改变我们的思维方式、生活方式和设计方式。

问题：2014年对你个人设计影响最大的是什么？

▇ 陈文学
文学设计
设计师

2014年对我来说意义非凡，是自我超越，快速成长的一年，因为互联网时代已经来了，信息流通可以如此高速，信息量可以大得惊人，可以说2014年对我个人设计影响最大的就是互联网，她源源不断地给我注入新鲜血液，无需满世界地跑，也让很多人认识我，喜欢我的设计。

▇ 陈武
新冶组设计顾问有限公司
设计总监

2014年大数据时代来临，中国经济文化更趋向大众化消费发展，所以会更注重终端市场商业业态的设计方向。

▇ 兰敏华
深圳市本果建筑装饰设计有限公司限公司
总设计师

"互联网"时代的到来，我还在用"工业时代"的思路做设计让我开始有些紧张。2014年我在学习"互联网思维"、"部落文化"我希望可以接触更多的信息，让我的设计更加丰满。

▇ 李伟强
广东省集美设计工程有限公司W组
设计总监

国家经济的调控政策、互联网的急速发展引起的新旧价值观的剧烈碰撞与整合，都对我在2014年的设计有着很大的影响。

▇ 贺彭
内蒙古富恒装饰
设计师

有一天，我回到家里，家里很静，而我感到烦躁。我意识到我的生活出了问题，它让我不开心。我越来越发现，我对做所有事情都是去了耐心，急躁，容不得半点耽搁，不能接受别人的怠慢。然后我注意到，周围的人都慢慢变成了这个样子。是的，大家都变得很急，着急地处理着所有的事情，甚至来不及安静专注地听完一首歌，便又拿起了手机发起了微信微博。生活确实变成了在别处。我们都欣喜地享受着现代文明带来的快捷便利。但是我发现，我们已经变成了这种生活的奴隶，我们被互联网，电子产品玩了，没有了它们，我们开始生活不能自理。专注地做一件事情，变得越来越困难。 在设计上来说，所有的产品都照着速度更快，容量更大，更快捷，更时髦的方向发展。而我们作为人的最基本的情感归宿，幸福关怀，充满希望等待的喜悦都抛到了脑后。就像那包无菌枕的牛奶，在不知不觉中让我们忘记了它存在于奶牛体内最初的味道。

如果说2014年有什么对我的设计产生了影响，那便是因互联网、电子产品改变的人们的生活方式，而带给我的不安。面对我的客户，我开始在意并关心他们的情感归宿，让他们重新体会到，那些来自生活中最质朴、最简单、最本质的生活方式所带来的快乐。

▇ 许小忠
江苏华博创意产业有限公司
主案设计师

我认为当下"中国设计"的标签其中一个应该是以新媒体为代表的创新设计。不论是世博会还是国际性综合展览，都对中国设计产生了巨大的影响与冲击。引人注目的新媒体展项，被大多复制移植直至创新融入到中国设计之中，拉近了观众与设计的距离，观众在被变幻的多媒体影像包围的同时，将深切感受设计的感染力，感受中国设计的生命力。

关键词 3 自然材质——可持续设计

自然的地位在东方的世界观里是至高无上的。中国人试图在自然中找到平静，希望开发出自然的潜能，寻找一种内心及行为修炼。而这样的一种安静冷酷的美学气质也许刚好是对当下浮躁争斗欲壑难填的时代和社会一剂最好的冷却剂。

自然的运用，除了美学，更体现出一种东方的与自然的关系，和谐共处而非对抗，或称"道法自然"。取之自然回归自然，于是在一个空间里保有最纯粹的生命本质，慢慢成为设计的新重点——藉由材料和展示方式，来体现空间中的艺术性和工艺性并存，即净化设计，呈现空间的诗意，并且透过细节的手法，来达到完善的构造方式。

问题：2014年对你个人设计影响最大的是什么？

■ 洪文谅
ISIT 洪文谅空间设计
设计总监

现今，在大家一味追求多量化素材与软装富丽堂皇多样化的同时，我们却选择了用最少的材料来完成一件设计作品、简化素材，在设计不应该比它所需要的还复杂的理念下，进行简化与不断净化的设计。我们相信"唯有简单"才能融入天地之间，才能突显重点，才能细细地咀嚼设计带给人的一种态度、自然、人文的经典韵味。如果问我，影响我最大的设计是什么？我会毫无疑问地回答是丹麦椅匠设计大师Hans J. Wegner。

■ 林斌
福州观云智建装饰工程设计有限公司
首席设计师

我觉得2014年对我来说是挺特别的一年，一向追求奢华、高品质设计的我，在一个偶然的机会来到了无锡，感受了无锡自然的舒心，空气的清爽，茶的幽香，这些让我感觉到朴素、平凡、简洁是最美的。人们都生活在繁华喧闹的城市，生活总是忙忙碌碌，快速的节奏带动着生活。我想像树一样可以在山间自由地呼吸，像水一样静静地流淌，感受自然的清静与悠闲。我觉得这种感觉是2014年对我设计影响最大的。

■ 黄仁辉
本入设计有限公司
设计总监

绿建材运用的观念提升，藉由设计层面来影响民众重新思考生活环境与人互相依存的关系。2014年是好的开始，让上述观念发展成为优质的设计，传递想法并参与各项比赛。

■ 吴钒
重庆微分室内设计有限公司
设计总监

如果非要说一个影响"最大"的，那"去芜存菁"算是吧，比如我这次参赛的汽车展厅，相比之前做的其他设计，要算最简洁的作品之一，但这个作品在思考上花的时间远远超过其他作品，大部分的时间都在做减法，减法可比加法难多了。

■ 黄希
昆明中策装饰（集团）有限公司
副主任级设计师

2014对于我来说是设计转折和突破的一年。相比过去的设计而言，我在整体的把控，色彩协调以及夸张大胆的搭配等方面更加到位，秉承"简化繁琐，少就是多"的一种设计思路。在设计风格上：混搭的设计风格对于设计师是一个挑战，几年的摸索和尝试让我有了新的突破和认识，把几种不同风格串在一起，必须透彻了解每种风格，然后通过点线面、色彩的整体把控、业主的生活归纳有序联系在一起，展现出一个好看、好住、好运的设计——家。

■ 张祥镐
伊太空间设计有限公司
设计总监

以环保，绿能，人性为出发点，是我认为的2014年设计新指标。在建筑空间的本质里，我们坚持保有最纯粹的那一块，而如何呈现空间的诗意，并且透过细节的手法，来达到完善的构造方式，藉由材料和展示方式，来体现空间中的艺术性和工艺性并存，是一个永久的课题。

■ 王远超
济南思锐空间设计有限公司
设计总监

作为一名设计师而言，2014年对我设计影响最大的是感悟快乐生活。设计源于生活，而又高于生活，设计让我们感受到生活乐趣，自然而然持续的心境，作为设计师，我们需要为我们的城市设计更优质的生活空间，让大家敞开心扉，与我们一起享受快乐。

■ 徐玉磊
成都一澜空间设计
设计总监

以前做设计总是为了设计而设计，会不自觉地加入所谓的低碳，环保等等这些标签，现在明白设计其实就是创造一种生活形态，作为设计师，其实就是为了圆我们服务的每一个客户的一个梦，给他们适合他们、符合他们标准的一个家。用我们的专业为他们创造并优化一个新的生活形态。我觉得这种意识转变对我这一两年的设计影响很大。

关键词 4 跨界、整合、融合

　　无论基于个人知识架构的完善，抑或设计工作本身所需，设计师都需要更多的领域及经验去支撑和优化他的意识体系。从单纯设计延伸到设计管理，再扩展到品牌整合，直至现今的战略设计，设计行业的整合一定沿着产业链的方向从上游到下游，这一切都基于设计师对行业资源、设计观念、设计价值的重新思考与认知。

　　文化的融合、艺术设计生活的跨界设计、产业服务链条的整合、设计管理的借鉴与创新等等所有的一切都是为了找到更多路径通往设计的本质：发现问题、解决问题、创造价值。

问题1：2014年对你个人设计影响最大的是什么？

▨ Arnd
艺赛（北京）室内设计有限公司
公司创始人兼设计总监

这一年我开始练习太极拳。虽然我只是一个初学者，有很多需要学习的地方，但我的设计道路因为太极拳而有了一些转变：在一个设计的创造过程中，和谐的"运动"十分重要，也是整个方案的关键之处——当你失去了平衡，便很难再找到合适的动作。作为设计师，我们经常会受外界的影响打破这一平衡。如果客户、施工队、供应商能够和设计师共同朝一个方向前进，共同追求卓越，很多项目会因此变得更高效和完美。据我所知，太极拳的动作可以非常缓慢也可以极快，设计的过程也是如此！

▨ 皇甫丽君
DAO-雅隅空间艺术
项目经理、设计师

2014年对本人设计影响最大的是在国际设计团队学习到的工作方法，从设计执行到设计管理，再到设计趋势分析研究，这样循序渐进，不断保持开放心态完成创作，能让人始终保持对设计的热爱和执着。

▨ 黄志达
黄志达设计师有限公司
董事长

2014年对我个人设计影响比较大的，是一种跨界设计的方式。现在跨界设计的案例有很多，做建筑的设计师也做室内设计，而室内设计师也跨界做一些陈设与时尚设计。其实这种跨界并不是刻意去做的，很多时候用户需求就是设计师关注的重点。比如，很多时候我们在为室内设计的客户做设计时，也被委托连并他们的建筑设计项目也一起做了，能够得到委托方的信任与认可，我们感到荣幸。因此，我认为设计师懂得如何去"跨界"做设计很重要。

▨ 赵学强
FRS弗睿思空间战略设计
设计总监

"跨界"。无论基于个人知识架构的完善，抑或设计工作本身所需，设计师都需要更多的领域及经验去支撑和优化他的意识体系。过去两年尤其2014年，我从最初的单纯设计延伸到设计管理，再扩展到品牌整合，直至现今的战略设计，都是不断跨界出去整合回来的沉淀和坚持。跨出去，远离设计，会找到更多路径通往设计的本质：发现问题、解决问题、创造价值。

▨ 周讌如
京玺国际股份有限公司
设计总监

其实现在设计已经没有边界，这一年我对设计的认知与着眼点已经不再只是我们所看到的，必须发展及涉略至更全方位平台及领域，并应用于设计当中。

▨ 江欣宜
缤纷设计
设计总监

整合设计、艺术、陈设各家分公司，创造更完整的服务链，演化更具创新的设计。

▨ 李新喆
东易日盛天津分公司
原创主任设计师

"整合""重新认知"——我对当代的一些重新认知的过程中，包含着对社会的理解、对建筑的理解、对文化的思考，对人在空间活动过程中产生细微情感的悉心呵护，以及对艺术精神性的再现，生活方式的置入和对材料生命的认知等，在自我定位的状态下，对有生命力的室内设计的整合，进而形成一个有机节奏。

▨ 吕秋翰
吕秋翰室内设计工作室
设计师

因为今年涉略了一点逻辑学的书类，了解到设计要符合逻辑，就是设计必须要能够让使用者感受到，而非设计者本身，所以如何用使用者的感官去设计是我今年更着重的方向。

▨ 吴家煌
深圳市新冶组设计顾问有限公司
主案设计师

多年努力，设计生活及学习让我习得颇多设计技法，但这些只是一方面，更能打动我的是作品与设计师商业元素三者交融，所以非常感谢我的导师陈武先生多年的教导与栽培，以及承办方各界人士的交流。

▨ 莫惠华
广州市戴玮莫室内装饰设计有限公司
资深设计师

影响最大的是追求建筑与室内的互融理念。

▨ 胜木知宽
上海莆森投资管理有限公司
设计总监

艺术和设计的融合。

▨ 张清平
天坊室内计划有限公司
负责人

2014年对我个人设计影响最大的就是"更加坚定的montage创作态度"。作为一个台湾出身的设计工作者，我深感东西方文化融合的重要，因此将西方丰富的建筑经验深厚的空间素养，与古典元素结合的东方当代设计，开创了不一样的奢华Montage美学风格。

我对Montage设计手法的解释就是减法与整合，并且以灵活的编辑手法来导演空间。通过分层与组接，对素材进行选择和取舍，以使空间内容主次分明，引导视觉进入焦点，激发张力的联想。创造出独特创意的空间。对我而言Montage是对元素自如地交替与驾驭的一种手法，带给空间不同时空角度的美，素材之美所营造的更迭与节奏，更为使用者创造了不一样的生活体验。

感性Montage：自经典风格中提炼出意义重大的元素，从不同的侧面和角度去捕捉解构风格的本质，重新组构成空间。利用渲染的手法突显出空间的意义与特征，表现超越原有的情感。

理性Montage：用实境与意境穿插的手法，表现空间的强烈主观。

隐喻Montage：将巨大的概括力和极度简洁的表现手法相结合，产生强烈的情绪感染力。

对比Montage：通过空间大小、色彩冷暖、声音强弱、动态静态等的对比，在相互冲突的作用下，强化美感和思想。

不论空间的属性，从室内设计的整体规划，到美学装置的陈设，我大量地运用我们记忆中熟悉的东方思想来结合西方建筑。也将西方流行的时尚元素，融入生活形态之中。以自己的美学意识去拆解，为空间使用者，进行转化与延伸，赋予更不一样更丰富的新内涵。塑造当代都会美学与时尚结合的生活型态。

Montage要揉合东西方故事的精华元素，将古今文化内涵完美地结合于一体，是一种向经典致敬的态度。充分利用空间形式与素材，整合古典、新古典、现代、东方、极简等各式风格，创造出个性化的家居环境。混搭只是把各种风格的元素放在一起做加法，而Montage是把故事元素以减法编辑。关键在于是否和谐，更结合现代与传统，并入多元文化，融合层次渲染效果的Montage，我认为是主流。年轻人看了觉得很时尚，成熟的人看了觉得很怀旧，中国人觉得很西方，外国人则觉得很东方。是合璧也是华洋共处，是新旧交融同时也在怀旧的古典，看见现代时尚。

内观，是志学的方式，因而对生活吐纳宁静的智慧；是聚德的工夫，因而对社会产生正面的贡献。泰然，是自恃的参透，依于仁的豁达；是综观的艺术，游于艺的优游人生。严谨、经典、坚固表现空间的洗炼精神。具体描绘居住者的品味及修为。彰显富而好礼、博施济众的品德，以及注重人文素养、虚怀若谷的气质。这就是Montage。

内观与泰然是东西合璧的精髓，古典与现代巧妙地融合，传统文化及经典元素被赋予新的灵魂，交汇出全新的美学风格。中西合璧，也可以处理成华洋共处。不只让新旧交融，也能在东方里遇到西方，在西方美学里隐喻东方哲思。同时也在怀旧的古典里，看见现代的时尚。内观与泰然更是细腻地以东方的元素烘托空间的宽容大度；以西方元素表现人文素养与优雅气质。运用原始素材粗旷，塑造反衬出空间中沉稳内敛的氛围。运用光影的变化勾勒空间线条，带出空间中不同的氛围，丰富视觉层次。

■ **周海新**
广州集美组室内设计工程有限公司
项目设计师

微时代的设计整合思考。

■ **孙铮**
石家庄市孙铮室内设计工作室
设计总监

2014年受国家政策调整的影响，引发了我对以往设计追求"高大尚"和极力实现自我表现欲望的思考，这种设计的"虚夸"也只有当设计回归理性后才能让我们停下脚步，静下心来得以思考。设计的真正意义是什么？是解决问题，是通过设计思考手段和技术达到物质和精神的统一并满足人们的要求。这种设计回归体现了设计本质的价值的永恒性。当下业主和设计师在面对项目时，首先考虑的是如何实现它的真正价值，这种核心价值观的发现需要什么样的条件对接和实现，成为了设计师最先要考虑的问题，而不是所谓的表现效果。

■ **张兆勇**
百斯特三宅一生设计机构
Senior Designer

知道了设计师不应该总是被挑选，好的设计是设计师与业主的共鸣相互欣赏，需要俞伯牙与钟子期高山流水般的知音，如何才能做出好的作品，这前提是要敢于拒绝客户、挑选客户。

■ **平野裕二**
上海船场建筑装饰有限公司
设计总监

现在的客户对于设计师的要求不仅限于出色的环境设计，对于如何诠释设计理念在项目中起到的商业价值显得尤为重要。现在，我觉得自己更是一名"作者"，去描写、去绘画我们可以依靠不同的设计把商业表现得如此精彩。把安静的美，转化至流动的并富有更多商业惊喜的作品。

■ **朱伟**
苏州善水堂创意设计有限公司
总设计师

这一年的变化让设计师更加坚信设计对各产业的影响与对生活的意义的推动，设计师更需要不断提高自身的素养来面对各种挑战，相信未来设计我们更要努力用心建造外在的世界，只有当我们的心处在一种和平与美好的状态之中，我们才能看清楚我们周围的世界真相，领略这个世界的美妙，才能时常把身边的美好记在心里，然后体现到设计当中去，并且去引导我们内心需要的生活方式。这样才能够使得我们周围的人、物，环境和谐相处，并建构可持续发展的空间环境。

■ **陈志斌**
鸿扬集团陈志斌设计事务所
创意总监

2014年对我个人设计影响最大的，是米兰理工大学硕士研究生导师们引领着全球室内及产品设计乃至建筑设计的先锋设计思潮、人文关注根本、未来发展趋势，用专业的力量使LV、GUCCI、D&G等奢侈大牌更加关注人本身

Arnd

黄志达

周譓如

江欣宜

李新喆

吴家煌

张清平

和文化艺术对人的影响。

■ 金海洋
空格营造设计事务所
创意总监

时下的当代艺术对我的设计影响颇深。

问题2：世界室内设计大会即将在中国召开，你认为当下"中国设计"的标签是什么？

■ 柴国宏
国宏空间设计工作室
设计总监

世界室内设计大会即将在中国召开，我认为当下"中国设计"的标签是："开放、融合、成长"。

■ 陈志斌
鸿扬集团陈志斌设计事务所
创意总监

世界室内设计大会即将在中国召开是一场盛事，世界的目光越来越聚焦于这个再次崛起的民族，对拥有巨量设计从业人士和急需提质的设计消费市场都有极大的促进作用，关注是酝酿、催熟、反思、再成长的必要条件。而中国设计的标签，我认为是"努力"。通过上阶段的努力，不少设计师超越港台、挤身世界平台，但透过对意大利设计行业的观察，发现整体要赶上世界尚有不小差距，这是个社会系统工程，是需要我们通过经济发展的均衡提升高品质需求的平稳，以此反过来促进设计行业系统的成熟和发展。

■ 郭侠邑
青埕空间整合设计
主持设计师

中国是全球最大的设计市场，在传统美学与当代设计的冲击与相互牵引下，碰撞出新中国符号与新生活美学。中国设计没有绝对的标签，由于中国本就是多族群与文化兼容而成的超大型社会系统，能纳百川、结贤士，"融合"就是中国设计的一大特征与方式。从非常频繁的东西方设计交流活动与设计项目参与，成就出中国设计的多样性与包容性，也探究出深度的美学与历史文化，整合出新的观念与设计模式。

■ 皇甫丽君
DAO-雅隅空间艺术
项目经理、设计师

中国历史文化艺术的传承与现代设计的融合、元素的提炼、新技术材料的表现。

■ 许小忠
江苏华博创意产业有限公司
主案设计师

回归传统的复古式设计，但这种设计并不是对传统元素简单的照搬和复制，而是运用传统积淀下来的理念和元素，运用现代的思维、现代的材料等对其进行现代化的解读与架构，一方面是对传统的尊重和传承，另一方面则是对现代审美的认知和贴近，不忘传统的前提下，更加接地气，贴近群众生活。

■ 蒋丹
重庆市全合装饰工程有限公司
总经理

设计是从心出发，经过人与人的交流、冲突、磨合、成型，最后回到内心的一个探求过程。设计的繁简、古新都有在特定空间给人内心感应的能力。中国几千年的传统文化一脉相承讲究修炼。肉体的修炼、心灵的修炼。我觉得设计是不能偏离主文化的，好比是在传统文化的苹果树上，融合外来的新奇肥料，结出颜色不一样味道独特但是依旧是苹果的果实。带给人独特感受的设计，但又能使人怀着好奇的心理试探并欣然接受。设计的出发点和归宿就是找到设计与艺术与观众的内心共鸣，敲响内心的洪钟，传递冥冥中的思考。

■ 李新喆
东易日盛天津分公司
原创主任设计师

"融东、西"——中国的文化包括儒、释、道的关系，人与人、人与社会与自然的关系等。发展到后来，西方的教育方式和理论体系被吸收进来，我们需要在东方的传统文化和西方思想体系之上进行思考，把两者融合，则为"中国设计"的标签。至于怎样"融合"，则需要智慧。

■ 张健
大连工业大学/张健室内设计事务所
教师/设计总监

我认为"中国设计"的标签在于兼具包容性和独特性的特质，中国独特的民族文化注定我们始终有无法丢弃的一些东西，但外来文化的冲击也不可小觑。如何在这个背景下，去保证自我的独特性，而又包容进其他文化的精华，是中国设计面临的问题。但随着我们业内同仁的不断努力，中国设计的这种特质已经逐步形成了。世界室内设计大会能够在中国召开，也反应了中国设计在世界上被认可的程度。

■ 林宇崴
白金里居空间设计
主持设计师

融合与转变。

■ 沈烤华
南京沈烤华室内设计工作室
设计总监

中华民族五千年文化博大精深，为设计师们提供灵感源泉，创造出更有民族个性的设计作品，运用中国的文化和理念，并将我们多年所学的西方现代设计理念融合进去，才是真正国际化的"中国设计"。

■ 俞佳宏
尚艺室内设计有限公司
艺术总监

自然与空间的融合。

■ 张文基
思丽室内设计（武汉）有限公司
设计总监

当代设计思想，古代艺术精神。

■ 洪文谅
ISIT 洪文谅空间设计
设计总监

推动顶尖设计的摇篮，跃上国际舞台的跳板。

■ 邵凯
仁居三和室内设计工作室
主案设计

对中国、对社会、对自己，有价值的好设计。无法准确定义"中国设计"，只好从我自己个人出发：非要去阐述一个标签，我想应该是跨越自己的年龄、寻找一条适合自己的设计之路。首先这件事挺难，我们要付出更多的时间、精力去夯实自己的专业实力；多去走走、看看让自己更充实，更有激情，去发现美好，改变自己的思想。

■ 黄桥
福州造美室内设计有限公司
设计师

近来跨界合作的趋势一直在滋长，我认为中国设计未来更会势不可挡。不同领域的设计者，一直在相互吸取能量、相互学习成长，在全球化下的世界里，各领域更显得息息相关，不会在只有某个设计师个人或某个设计领域的背景，而是追求一个生命共同体能具有的多种不同可能的概念，在一个地球村中相互的融合与共存。

■ 李怡明
北京清石建筑设计咨询有限公司
设计总监

近些年每年都能看到许多优秀的"中国设计"的作品，甚至已有了"无中国，不设计"之潮流，我认为当下的"中国设计"已经颇有些百花齐放的态势，"中国设计"的标签已由早年的"贴中国元素"转为当下的"融（入）、创（新）、开（放）、合(作)"。

■ 张清平
天坊室内计划有限公司
负责人

在每一次的规划与设计中，我希望能融合东西方哲思与艺术的精华，创造内观与泰然的极致设计。让Montage整合美学，融入慢、静、善、简、雅的生活态度，创造集美、极美的空间。

慢设计：Slow Design。慢，一种挥霍时间的艺术。创造平衡，以一种协调而平衡的速度，享受安逸休闲的生活。

静设计：Basic Chic。充盈能量，感受到内在的力量，集聚与滋生。由内而外绽放出强大生命力。只有安静下来，内在的力量才会一点点集聚和滋生出来。

善设计：Creative Design。以人为本，与人为善，止于至善。处处体贴，让使用者的生活质量能够更加向上、更加良善。

简设计：Simple Nature。极致质感，简才能显极。

浓缩精华，简而不凡。让人感受到一种深入人心的目的性。采用更高级的材质，也更注重细节，呈现出精致的事物的型态，以量身订作的独特，让人产生感动的体验。Montage的减法设计让生活的画卷适度的留白，能包容更多静好的岁月，留下幸福而丰美的记忆。

雅设计：Light Luxury。优雅是一种恒久的时尚。文化滋养，雅生自文化的陶冶中，也在文化的陶冶中绵延发展。

■ 刘红蕾
毕路德建筑顾问有限公司
创意总监

当下中国设计有很多标签，比如土豪、粗糙、抄袭、肤浅……讨论中国设计的标签问题，应该看看现今世界主流设计的三个"标签"。（1）美国设计：原创，与市场吻合的审美；（2）欧洲设计：有历史原型的创意，引领市场的时尚审美；（3）日本设计：有神秘感的创意，有独立思考的，基于"禅"的审美情趣。中国设计在上述三个主流倾向中，从历史，文化来看，更应该接近日本设计。但由于近代史上的恩怨及49年后我们彻底抛弃了传统哲学观，又加之美国文化的强势入侵，所以我们更愿意承认基于原创和市场的美国标签。如果让我提出未来中国设计标签的理想，我认为中国还是要发挥归纳思考的优势，避开原创基因的弱式，同时利用东方文化不在现代社会主流的特点，增加浪漫、神秘的元素。也就是说以哲理性思考超越纯粹原创形式审美，以遥远文明的神秘赋予设计元素的浪漫。

■ 周森
苏州一野设计工程有限公司
首席设计师

如果让我来用两个字形容中国设计，我概括为"包容"！现在不是闭门造车的时代，拿出明清年代的家具，这些具有鲜明符号的元素是无法得到国外设计界的认可的。我认为，当下的中国受到各种文化的冲击，我们既要保留对自己古老文化的传承，又要融入西方人性化科技化的观念，中西合璧，才是中国设计未来发展的趋势！

■ 金海洋
空格营造设计事务所
创意总监

我认为当下"中国设计"的标签依然是"演变"两字，我们的设计需要传承文化，我们的文化需要演变。

■ 胥洋
楉阳设计
设计总监

标签是设计。中国的设计需要深层次的思考，不单是为了设计而设计，为表现而表现，设计最终需要的是优质的整体氛围，而不是单一的材质堆砌和设计造型。

■ 蔡佳莹
南京熹维室内设计
软装设计师

包容与变革，包容是对世界大范围的设计元素的包容，变革是对中国传统设计元素的保留与变革。

孙铮

平野裕二

陈志斌

金海洋

范锦铬

蒋丹

关键词5 国际化与世界潮

　　随着我们所面对的客户需求越来越多元和国际化，我们设计师在中国目前的土壤下也需要滋生出更多多元化和具有国际视角的新创意，使人和环境的关系更和谐更持久，使客户有更新鲜舒适的体验。

　　其实，中国建筑设计机构和设计师参与国际化竞争的脚步从未停止过，也不乏成功的案例。"中国设计"走向世界，已经进入到了一个全球同步对话和相互交流的时期——不再模式照搬，而是真正地去处理实际的问题，从设计观念和思考方式入手，深入地去挖掘问题、解决问题，甚至基于独特的现实，受惠于中国现代以来的各种经验形成的创作方式、创作成果，对西方和国际正在产生影响。中国设计从被动的受影响，再进入对话，到现在还能够产生影响，这是大格局的变革。

问题1：2014年对你个人设计影响最大的是什么？

■ 黄金旭
大言室内装修有限公司
主持设计师

由参加金堂奖室内设计大赛，第一阶段公布优秀作品，了解设计界有很多优秀设计业者。多元的设计能量能与他们相互切磋，对个人往后设计有很正面的影响，继续执行所热爱的设计事业！

■ 郭侠邑
青埕空间整合设计
主持设计师

过去几年在设计市场上的努力，在面对全球设计高挑战与区域竞争的环境下，今年是亚洲设计人发光发热名利双收的一年。在积极参与国际设计赛事与设计交流研讨会，因为学术环境与设计媒体曝光度，也让"郭侠邑"在国际间的知名度

渐渐打开，压力随而至之，但转化为动力，也就更能重新检视自身设计的作品，无疑为我提供了学习的良好环境与国际视野，从中探究以其独特的自我创新实验性与敏锐的观察力，探讨其思潮的影响性与设计操作的哲学论述，借以勾勒出"新世纪生活美学"。

■ 沈烤华
南京沈烤华室内设计工作室
设计总监

到2014年已是连续三年获得金堂奖，这是对我们团队的肯定，同时今年也参加了诸多如意大利、德国等国外高校、国内权威老师们的一些学习交流活动，从中我们获益匪浅，这些都对我们的设计影响深远，使我们的团队更加强大。

问题2：世界室内设计大会即将在中国召开，你认为当下"中国设计"的标签是什么？

■ 陈文学
文学设计
设计师

当今"中国设计"的标签八个字即可概括，百花齐放激情四射。中国已然成为世界上包容性最强、设计风格最广的国家，无论是模仿也好，创造也好，中国一定可以跃居世界之首。从来没有一个国家能像现在的中国这样有活力。

■ 陈冠廷
而沃设计
设计师

"新思维的设计与传统文化间的平衡"，因市场庞大吸引各国团队进驻，与当地团队合作后，开启更多元的思考方式，吸取经验后再结合本身文化，呈现出更蜕变的设计。

■ 黄志达
黄志达设计师有限公司
董事长

首先很高兴世界室内设计大会今年将在中国举行，而且是在中国的广州。从这个以室内设计为主题的全球性会议的选址来看，亚洲室内设计已经在国际上占据了一个很重要的角色。现在已经不是"中国设计"走向世界了，而是世界设计正在走向中国。

从香港到深圳做设计，作为一个外来设计师，我有一种使命感与责任感。"中国设计"还需要更多国际力量的加入。通常我有一半的时间会在深圳办公室，深圳是"设计之都"，我希望能够将一些新的、国际上的设计理念及设计元素带到深圳，乃至全国。如果说非要给"中国设计"贴上一个标签，我觉得那就是没有标签。因为中国的就是世界的。借助国际化的专业交流平台，中国设计可以走得更远。

■ 范业建
青岛重组设计公司
设计总监

当今中国，设计风格流派多元化，可谓百花齐放，设计师在自己的一亩三分地上自如地挥洒着，勤劳地耕耘

尼克

郑炀辉

张宝山

胜木知宽

施传峰

王春

着。都说民族的便是世界的，但是对自身民族文化的肯定和接纳需要一定的过程，关乎你我，关乎大家。中国设计需要良好价值观，精华我们留下，糟粕我们摈弃，坚持和放下同样值得思考。我们的设计教育和设计价值观，还没有形成自己的语言体系，我们的信仰体系同样的分崩离析。很庆幸中国设计的尚未标签化，也就意味未来有更多可能性，倘若非得给中国设计贴上一张标签的话，我希望是一首歌的名字"在路上"。

■ 刘彦杉
东易日盛原创国际
设计师

在过去，中国的设计往往照搬西方模式，许多在西方经过了学习和工作的设计师，把他们不同文化之间交流的经验带回国，中国的设计在前进的同时，文化生态也变得更多层性。那么，中国的设计长期处在这样一个环境里，势必要找到一个新的环境，一种新的设计文化去适应今天的国际环境。事实上，中国的设计已经进入到了一个全球同步对话和相互交流的时期。不再是模式照搬，而是真正地去处理实际的问题，从设计观念和思考方式入手，深入地去挖掘问题、解决问题，甚至，中国设计基于自己独特的现实，也受惠于中国自身的现代以来的各种经验形成的创作的方式、创作的成果，对西方和国际正在产生影响。它不是西方的，也不是东方过去传统的，我们从被动的受影响，再进入对话，到现在也还能够产生影响，这是大格局的变革。随着社会的进步和发展，我们所面对的客户的需求和期待也变得越来越多元和新奇，我们设计师在中国目前的土壤下也需要滋生出更多适合中国现状的养分，通过设计，使人和环境的关系更和谐更持久，使客户有更新鲜舒适的体验。

■ 孙铮
石家庄市孙铮室内设计工作室
设计总监

中国设计不可能不受到国际设计的影响，更不可能以一种借口去排斥国际设计思潮的影响。相反我们应当以积极的心态去应对，让中国设计带上国际化的色彩，让中国设计师带有国际范儿，这样才能让我们的设计走向世界。在吸收和创造方面，日本比我们先进，在国际设计领域占据上风，形成了自己的"大和风"，中国设计师在设计领域挂起的"中国风"不能只当成一种现象，而应当从更加深层的角度去思考。我们缺乏的是自信，这种自信就是我们的标签。在中国，国外建筑师的涌入和项目的出现已经引起了我们的关注，这种关注不能仅仅停留在设计师层面上对现象的议论和感慨，而应该从国家政府层面上通过政策导向、城市管理、行业机制等方

面把中国设计师放在公平、公正的设计平台上，与国际设计师进行博弈。只有博弈才有输赢，不能让我们的设计师输在起跑线上。

■ 张祥镐
伊太空间设计有限公司
设计总监

国际性的兼容并蓄。

■ 周讌如
京玺国际股份有限公司
设计总监

一个国家的现代化发展及城市进步的能量，从设计领域的软实力中即可窥知一二，而世界室内设计大会在中国举办，也代表中国的设计质量在这方面的表现已受到国际肯定，因而具有指标性的意义。并且，国际间及国内长期接受西方艺术及设计概念熏陶，现今已突破西方设计才为顶尖设计的既定印象，中国设计已激起国际间设计的火花，在国际间为中国设计发声，开创新的设计视野是我对中国设计的注解。台湾与大陆同属中华文化，身为台湾设计师我更欲将台湾所拥有特殊的中华文化，展现在中国大舞台！

■ 范锦铬
圳市堂术室内设计有限公司
设计师

当下中国设计的标签是让年轻设计师迈向国际舞台的时代，由于这些年设计环境的发展和沉淀，已经很好地栽培了一代年轻设计师，而且在好多项目上都看到了不错的设计，他们都非常有想法和自己独特方式，希望在将来更大的舞台上有他们的身影。

■ 平野裕二
上海船场建筑装饰有限公司
设计总监

差异化+国际化。

■ 黄琳
山东金龙建筑装饰有限公司
高级设计师

近年来在中国举办的各类国际设计周、设计论坛和评奖渐多，这是中国设计界与世界连接，设计观念与国际同步的积极表现。受国外设计理念影响，中国设计师也接受到更多的视觉信号，他们尝试突破传统设计观念，重塑中国设计形象。

沈烤华

俞佳宏

黄桥

刘红蕾

周森

胥洋

蔡佳莹

林斌

邱春瑞

黄希

林宇崴

刘旭东

王泉

李军

关键词 6 艺术与软装

　　软装、定制、艺术品，最近几年频频给行业带来惊喜，成为行业新热点。室内设计已不再一味追求形而上，也非以往简单满足基本功能需求，而是越来越多地关注于客户对生活品质的追求。通过陈设、软装与艺术品的搭配奉献更美好的空间想象与情感体验，通过一切空间元素的整合具体呈现室内环境的人文内涵和艺术享受。所以，室内设计师将自己的服务从设计环节延伸到软装和艺术的整体配套，"跨界整合""完整服务链""一条龙服务"，设计行业正在为客户提供从没有过的尊贵体验。"O2O渠道""行业标准"或许成为这个行业年发展的新重点。

问题：2014年对你个人设计影响最大的是什么？

■ 陈冠廷
而沃设计
设计师

软装上的应用及建材的多元性，使设计表现出更能创造视觉上的冲击，更能在细节运用上有更多组合。

■ 庄轩诚
及俬室内装修设计有限公司
设计总监

2014年设计对我个人影响最大就是对空间的定义更多元化了，空间作品中增添艺术品、花艺、家具等装置艺术的运用组合，更突显出空间的立体，满足视觉的丰富性，以表达当代设计之精神。从事多年设计至今这方面影响颇大。

■ 谢煌炜
谢煌炜设计工作室
设计总监

软装和灯光，中国的软装产品设计在不断地进步并与国际接轨同时更多地出现有中国元素的软装产品。这使我在做设计时更多地考虑怎么把自己的设计和不同的软装进行融合，再好的设计也要通过好的灯光去把它展示出来，好的灯光指的是好的显色性，好的炫光指数等。不同的场景怎么去搭配出不同的灯光来表现出设计师想要的设计效果。这是我认为我今年对我的设计影响较大的。

■ 张宝山
张宝山&翟慧琳设计工作室
首席设计师

在各种家居观念的影响下，人们室内居家的艺术视野更为开阔，空间体验能力也逐渐增强，不再仅仅追求色彩、结构、风格等单一空间元素，而在于通过一切空间元素的整合具体呈现室内环境的人文内涵和艺术享受。

■ 周森
苏州一野设计工程有限公司
首席设计师

2014年对我而言无疑是非常重要的一年，我学会如何在商业和艺术中寻求平衡。设计中更多地融入自己的一些体会和对装饰艺术的一些独到见解，要说影响，各大权威和专业的媒体对我的认可给我今后的发展增添了更多的信心！

■ 杨焕生
杨焕生建筑室内设计事务所
设计总监

2014年全球设计注重环境与工艺呈现议题，建筑设计呈现尊重土地周边环境议题，尊重材质基本纹理与特性并给予崭新诠释。建筑与室内植入大量自然景观元素，构成"光线、筛影、风、流水"的交织，室内设计从流行符号学里酝酿出独特的美学敏感，并转化成容易解读的装饰语言，并结合纹路、线条、质料、收边、裁剪、配饰到摆设，都整合在整体规划设计中，所呈现的不仅是空间的美感，更是对于细节的要求。

■ 尼克
苏州尼克设计事务所
设计总监

现在国内设计师发展非常迅速，每年都有很大的进步，从每年的国内展都能看出来，现在装饰上硬装已经不在那么重要，软装愈发重要，不能说具体哪年影响最大，设计是循序渐进的。如果一定要强调的话，那就是思想。更加追求空间氛围和意境的表达，越到后来越是思想的表现。

设计拾贝

问题1：2014年对你个人设计影响最大的是什么？

■ 蔡小城
厦门市开山设计
联席设计总监

2014年对于我个人影响最大的应该是不断的全新尝试及不断取得突破的设计之路，并且在国内外设计大奖得到认可，鼓励我坚持做纯设计，独树一帜。

■ 胥洋
楷阳设计
设计总监

是设计的形神兼备，设计中特别是公共场所不去盲目追求形式美和所谓的设计感。在业主的造价范围内合理搭配和使用资金，营造有品位和品质的空间气氛，同时要散发出强烈的文化氛围，这种文化氛围就是设计中的"神"。没有神的设计一定是空洞乏味的，所以在设计过程中要研究的是怎么才能让所有的形式美最终转换成"神"（文化氛围）。

■ 许耀元
方和元品牌设计管理（上海）有限公司
联合创办人／创意总监

商业市场对设计本身传达出来的沟通作用更为认可，设计已经不再是一个简单的装饰美感或者符号层面的定义。更多人渴望通过设计获得更好的生活，更完美的体验。2014年我尝试抛弃很多方法和观念，更多去接触人的内心，了解人内心的需求，让自己的设计更有价值。

■ 许小忠
江苏华博创意产业有限公司
主案设计师

2014年对我个人设计的最大影响应该是对设计理念的认知和重新的认识，设计创新的认知，设计是一门艺术，也有着艺术的一些共性，例如，来源于生活又高于生活，不管如何设计，以人为本始终是设计的第一要义，任何脱离了"人"的使用体验与感官感受的设计，纵然再绚丽夺目，抓人眼球，没有了理念的支撑，没有了使用感受的灵魂，那么，这个作品也就仅仅剩下了"好看"二字。为了能够更加准确地把握中国梦建设大背景下，设计的需求与设计突破点，我要对自己的创新设计不能安于现状，而是在生活与工作平衡的同时，需要对设计服务于大众的综合把握。

■ 汤善盛
大石代设计咨询有限公司
设计总监

国家政策开始接地气地大力改革，促使各个行业开始审视研究如何"取悦"普普通通的老百姓。他们才是中国设计界的上帝。今年让我最有感触的是设计也该剥离奢华浮夸，回归自然本源，去更多地表达对普通大众的人文关怀。

■ 张宝山
张宝山&翟慧琳设计工作室
首席设计师

是当代设计基于对人类学和社会学的深入研究，富有哲学般的组织逻辑，充满了前卫、尖锐，富有挑衅性而又有人文关怀的精神，塑造空间的同时极具个性与意境的表达……这些让我感悟到如今的室内设计需要综合地处理人与环境、人际交往等多项关系，需要在为人服务的前提下，综合解决使用功能、经济效益、舒适美观、环境氛围等多种要求，并要把设计对室内环境的要求放在设计的首位，以人为本，一切为人的生活服务，创造美好的室内环境。2014年我越来越认识到室内设计人性化和人文化的重要性，充分考虑人的生理、心理需要，最大程度关心人是室内设计的本源。

■ 张京涛
大石代设计咨询有限公司
主任设计师

回归大众（为百姓设计）。

■ 李康
常州一米家居
设计总监

生活。对我而言，设计已不再是一味追求形而上，也非简单的满足基本的功能需求，而是越来越多地关注于客户对生活品质的追求，设计中处处体现细节；设计来源于生活，没有生活体验的设计师自然无法领悟客户对于家的美好想象。在这即将结束的2014年，将会有更多富有生活气息的家呈现给我的客户。

■ 柴国宏
国宏空间设计工作室
设计总监

2014年对我个人设计影响最大的是"设计观念"的变化。在2014年我努力去实践如何运用设计语言诠释我们的生活方式；如何在每个设计项目中贯彻节约的理念；如何拒绝诱惑，净化我们的生活环境。在2014年在我的设计中注重对生活的体验、注重对生命的感悟、注重对环境的关爱、注重对未来的责任。

■ 范业建
青岛重组设计公司
设计总监

2014年对我影响最大的莫过于首次参加金堂奖，它像一面镜子，让我对自身的专业能力有了更加清楚的认识，在今后的设计道路上整装前行。人往往需要一个机会或者契机，才能正确地审视自己，找到一条更适合自己的路。设计有道亦不可道，设计是人生的一场修行和领悟，有的风情万种，有的柔情婉约，有的穷尽奢华，有的朴实无华，走的路不一样，味道也不一样。生命不止，设计不息，我热爱设计，爱生活，感激金堂奖为我点亮心中的那盏灯，我相信它点亮的不仅是我的希望，也是千万设计者的希望，更是中国设计的希望。

■ 韩松
深圳市昊泽空间设计有限公司
总经理兼设计总监

2014年对我个人而言，影响最大的应该是年届四十对人生价值和生命意义的质疑和思考，对思想构架的自我破坏和重新建立，从而对设计的重新认知和面对。

■ 黄琳
山东金龙建筑装饰有限公司
高级设计师

在三年的专业的国外游学中，明白了很多修心的道理，要想做好设计先要学会修心，学会平静地接受现实，人不定、心不安、不成事；学会对自己说声顺其自然，物极必反是自然法则；学会坦然地面对厄运，学会积极地看待人生，相由心生、境随心转；学会凡事都往好处想。有太多的飞扬思想总在冥思苦想过后，才明白什么是好设计。好的设计藏于自然的生活中，不需要追求最好的设计，只需要做最适合的设计就是最好！

■ **邵凯**
仁居三和室内设计工作室
主案设计

不一定是影响，2014年对我来说应该是态度以及责任。作为一名年轻的80末设计师，在繁杂的社会里，一直想要去做一个自己想要表现出来的设计，当然是建立在客户的认可的基础上。在此基础上，去查阅资料，发挥自己的能量，去做这件事。从设计到施工，再到衔接，软装，自己都在跟进。因为只有我能够认知到，最后完成的效果。所以我必须亲力亲为。

■ **蒋丹**
重庆市全合装饰工程有限公司
总经理

一方面我参加了更多设计圈活动，不定期的接受设计界大师们的讲座的熏陶，拓展自己对于设计的见解和对于设计行业的扩展的一些想法。另一方面有些机会做了不同空间的设计的尝试，很有收获。

■ **李军**
成都上界室内设计有限公司
设计总监

通过参赛到获奖，自己的作品在设计上获得肯定同时让我也看到了与其他设计师之间的差别，从而更加坚定了自己在设计行业前进的步伐。

■ **梁爱勇**
苏州金螳螂建筑装饰股份有限公司
副院长

设计的时代性——新一届政府对设计的影响。

■ **梁建国**
北京集美组
执行总裁、创意总监

真正关注人。

■ **刘非**
非东空间设计
设计总监

参与大师工作营，和设计界同行的沟通。

■ **刘彦杉**
东易日盛原创国际
设计师

作为一名女性设计师，在做设计的这条道路上奋斗并不是一件轻而易举的事情，也是经过多年的积累和沉淀之后，才选择参加此次大赛，那么，这一次入围也是对于我长期以来努力的肯定，使我更有勇气去面对在工作中的艰辛和挑战。其实，女性设计师在一些机遇的面前，往往错失掉机会，而男性设计师更容易得到业主的青睐。以前，业主由于专业和女性的角色的原因，对我不是很肯定和尊重，随着近几年自己对生活品质和设计的不断追求，客户对我的看法有了更明显的转变，也有了新的认识。由此我对室内设计这一行有了新的看法，女性设计师是可以在设计界有一席之地的。

■ **施传峰**
福建洁利来装饰设计工程有限公司
副总设计师

还没结束却快要进入尾声的这一年会让人想到有不少的关键词，索契冬奥、马航、世界杯、打老虎、再到近期有李娜退役、占领中环等等，一系列好像和我们并没有直接地关系却又经常是我们茶余饭后的话题的词语。而和我们的生计相关的工作——设计，一直在稳稳地进行着。如果要说这一年对我的设计影响最大的是什么，我想所谓的影响更多时候其实是一种长期的潜移默化的一件事情，从业时间越长越会发现设计慢慢变成一种生活、一种态度，所以周遭的一些看似不相干的事情也许在不经意地影响着自己的一些观点看法，这是一个量变的过程，对于设计来说亦如此。

■ **王春**
苏州博思特高端室内设计装饰机构
设计总监

2014年即将结束，设计案例有竣工、有施工中、有开工、有正在设计等不同阶段。回看马年，精彩万分，对我影响比较大的是设计的力量，尤其突出的是参加业界含金量和权威性极高的几个奖项评比，得到了业界的普遍认可，更是深入地影响到了业主。由之前不愿找我们设计与签约难、周期长等问题，逐渐演变成主动找我们设计与签约愉快、周期短等特点，充分体现了设计的价值和被认可，让我有更多的时间放到设计创作中去，可以有进一步的提升，留下了充分的时间和更优质的案例可以发挥所想，我想这正是我们大部分设计人的追求。让中国的设计更具高度、更具价值。

■ **王敬超**
大墅尚品——由伟壮设计
设计总监

2014年对我个人来说影响最大的是参加了大师工作营，接触到行业的大师们和全国的设计师朋友。肯定地告诉我自己既然选择设计这条路就要一直走下去，做好设计是今后唯一的出路。

■ **王治**
武汉艾亿威装饰设计顾问有限公司
设计师

进入到游轮设计的全新领域。

■ **严晓静**
常州市一米家居设计有限公司
主案设计师

按照自己的能力来设计的，定得太高，实现不了。总结：一个作品的成功需要若干因素。

■ **由伟壮**
常熟由伟壮装饰设计有限公司
设计总监

2014年通过参加各类比赛与一些设计交流活动，对自己的作品，设计道路上的成长都有很大帮助。当然也离不开公司的良好平台，更离不开业主的大力支持。让我能够发挥自己的设计创意，为客户提供舒适的居住或是办公或者餐饮空间。最后，更加感谢的是金堂奖给予我这次机会，让我看到目前设计的主流方向，能够学习到更多好的作品，互相交流设计，非常开心。

■ 俞佳宏
尚艺室内设计有限公司
艺术总监

人与空间对话的本质探讨。

■ 张京涛
大石代设计咨询有限公司
主任设计师

有了儿子。

■ 张迎军
大石代设计咨询有限公司
总设计师

研究低成本的设计和建造。

■ 郑杨辉
福州宽北装饰设计有限公司
设计总监

2014年，是个收获年，这两三年陆续拿了一些国内外的设计大奖，在业内的知名度也逐步提升，让我得到了更多的机遇，希望今后能有更多的作品呈现给大家。

■ 郑展鸿
漳州市鸿文兴居装饰设计有限公司
总经理

从更广义的方向来理解设计理念。

■ 蔡佳莹
南京嘉维室内设计
软装设计师

客户的信任。

■ 黄桥
福州造美室内设计有限公司
设计师

对我而言，影响最大的是设计师可以为这个社会做的不

止是专业服务的工作而已，正确的设计观可以帮助社会建立正确的生命态度与生命价值，并变成推动整个社会进步的力量，让我们迈向更有生命内涵的生活环境。

■ 张健
大连工业大学/张健室内设计事务所
教师/设计总监

2014年是具有转折意义的一年，因着国家政策的调整、市场方向的变化，可以说设计行业受到了不小的冲击，很多的设计企业面临着转型的问题。措手不及的人说这是一场风暴，但我认为这也是一种必然。而且我一直相信危机里面必有转机，如果真的把这些变化总结为一场风暴的话，我觉得风暴过后，留下来的一定是一些能够"站得稳"的东西。这也促使我们能够自省——下一步，中国的设计要怎么走，我自己要怎么走。

■ 赵绯
中英致造设计事务所
设计总监

阅历。

■ 庄磊
上海现代建筑装饰环境设计研究院有限公司
创作二部主任

专注个人的设计职业发展，随着室内设计行业的发展，专业化趋势越来越明显，2014年努力寻找自我的职业定位，和更能发挥自我的专业方向，"专注"便是我的个人关键词。

■ 刘红蕾
毕路德建筑顾问有限公司
创意总监

2014年对我的设计影响最大的是中国经济形势总体下滑。

问题2：世界室内设计大会即将在中国召开，你认为当下"中国设计"的标签是什么？

■ Arnd
艺赛（北京）室内设计有限公司
公司创始人兼设计总监

在中国这个庞大、种类繁多的国家里，我相信会有很多的"标签"。金堂奖的评审主题"设计创造价值"，这句话汇聚了很多个方面，我觉的可能没有什么比这个更好的标签了。

■ 蔡小城
厦门市开山设计
联席设计总监

中国设计在我认为是在突飞猛进的社会中静下心做设计，沉淀自己，再薄积厚发，做一些影响中国固有思维

的设计。

■ 陈武
新治组设计顾问有限公司
设计总监

庞大的市场经济需求，必定带来更多更有水准的中国原创设计。

■ 韩松
深圳市昊泽空间设计有限公司
总经理兼设计总监

"中国设计"应该算不上是一个标签，如果能将引号去掉，它更应该是一个默默地、持续向上的动词，还远没到功成名就，拥抱辉煌的画面。

施传峰

王春

王治

俞佳宏

张迎军

郑杨辉

郑展鸿

朱伟

蔡佳莹

黄桥

刘红雷

Arnd

陈武

江欣宜

李伟强

邱春瑞

徐玉磊

吴家煌

王泉

■ **黄琳**
山东金龙建筑装饰有限公司
高级设计师

以前我国建筑设计之所以与世界水平还有很大的差距，是因为国外设计师的优势在于其对新技术和新工艺的把握上，国外在设计上花的时间更长，思维深度更宽广，周期更长，对原创的要求更高。而国内设计往往更多关注外表，没有关注内涵，或者缺乏这种关注的经验。设计不光是要外表看起来愉悦，它必须有自己原创的、独特的东西，不能只是模仿。一个好的设计仅仅只有一个形式是不够的，背后要有足以支撑它的东西，如功能、构造、长期定位等。

■ **江欣宜**
缤纷设计
设计总监

无限可能。

■ **兰敏华**
深圳市本果建筑装饰设计有限公司限公司
总设计师

我们与海外的很多团队合作过，中国设计当下的标签是：从容、安详。

■ **李康**
常州一米家居
设计总监

个人认为当下"中国设计"的标签可以概括为"创造"，如今中国设计在全球范围大放异彩，涵盖室内、平面、建筑等各个设计领域，中国设计已不再是追随国外的步伐，相反甚至已开始引领世界设计的潮流，越来越多的中国设计师走向国际设计的舞台，中国设计的不断创新与创造正成为今后很长时间的一种风向标！

■ **李伟强**
广东省集美设计工程有限公司W组
设计总监

1、商业操作模式化；

2、设计大师明星化；

3、崇尚"高大全"的项目，却标榜个性、环保与原创。

■ **梁建国**
北京集美组
执行总裁、创意总监

原创

■ **邱春瑞**
台湾大易国际设计事业有限公司
总设计师

我认为现在是一个充满急躁、焦虑、快餐、表象、缺乏安全感的年代，特别是缺乏安全感。如果设计不解决这些问题，还加入到这些焦虑、快餐、表象的空间去做设计，这不是捣乱吗？我认为设计创造美好生活，这其实不复杂，抓住事情的本质。我们要宁静、温度、安全的空间。这六个字，其实我们设计师有能力思考，也有能力做得到。

■ **王敬超**
大墅尚品——由伟壮设计
设计总监

中国当下设计的标签就是在前辈们的思想引导下，让年轻一代设计师沉住气深挖设计的意义，做出更代表中国当下的好设计，改善百姓生活的好设计……

■ **王治**
武汉艾亿威装饰设计顾问有限公司
设计师

坚持我们自己的创意之路。

■ **徐玉磊**
成都一澜空间设计
设计总监

我认为当下中国设计缺乏更多的设计实践，更大部分的设计师没有更多的机会展示自己的能力。我觉得当下"中国设计"的标签是"实践"，也就是说，我们需要更多的机会和平台来展示自己的能力。

■ **严晓静**
常州市一米家居设计有限公司
主案设计师

LOGO设计理念表现法则及色彩运用。LOGO设计赋予它室内设计标记及象征，色彩是最集中、最恒定、最大量的识别因素，能给人以很强的视觉冲击效果。

■ **吴家煌**
深圳市新冶组设计顾问有限公司
主案设计师

商业。

■ **赵绯**
中英致造设计事务所
设计总监

平淡出真品。

■ **庄磊**
上海现代建筑装饰环境设计研究院有限公司
创作二部主任

中国室内设计高速发展了十几年，当下越来越多的室内设计师已不再满足于完成了多少平米的设计，多少个项目的简单方式，而是沉静下来去审视、思考、创新。"再思考"可能是当下"中国设计"的标签。

■ **王泉**
诚博远（北京）建筑规划设计有限公司
副总裁

随着年龄的增长，会觉得设计需要"慢"下来，"小"下来。即越小的项目，用越慢的节奏来做精细化的设计，才是做好设计的趣味所在。

2014年度设计行业推动奖
DESIGN PROMOTION AWARD

获奖者：
同济大学建筑系教授、博士生导师、
国家一级注册建筑师
来增祥先生

他上世纪六十年代毕业于列宁格勒建筑工程学院，任教于同济大学建筑系，奠基并开创了同济室内设计专业，桃李满天下；他见证了我国室内设计的发展历程，推动了设计教学与实践的结合，亲自主导了国内外许多重要工程项目，业绩达四海；他以80多岁高龄，继续担任众多国家学协会及政府专家组职务，积极参与业界活动，孜孜不倦地贡献着对行业发展的满腔热忱，口碑誉中华。

获奖者：
CIID 荣誉理事、《中国室内设计年鉴》
总策划、《ID+C》前社长
赵毓玲女士

媒体是推动中国室内设计三十年发展的重要力量。此奖项颁发给让我们值得铭记的中国室内设计媒体人，曾经于1986年创办《室内设计与装修》杂志的先生们，（特摘沈雷先生微信文字）"翻看过往杂志，历历在目，吴涤荣老师的音容笑貌不能忘怀。而赵老师也年过七旬，愿我们尊敬与爱戴中国室内设计媒体的革新者、领路人《ID+C》的前社长赵老师，健康快乐，快乐健康，受过您帮助与益处的设计师共同感恩"。

2014 年度设计公益奖
PUBLIC WELFARE DESIGN OF THE YEAR

琚宾　沈雷　陈彬　赖旭东　史南桥

凌子达　何永明　曾建龙　梁建国　李道德

获奖者：
琚宾、沈雷、陈彬、赖旭东、史南桥、凌子达、何永明、曾建龙、梁建国、李道德，等等

2014年，东方卫视一档名为《梦想改造家》的节目，首次把目光投向了社会最底层的低收入家庭，聚焦在他们极度困难窘迫的住房改造需求。

一群来自祖国各地的室内设计师，他们在有限时间里有限的条件下使出浑身解数，不收取任何设计费甚至还自掏腰包，为一个个数代同堂的低收入家庭圆了安家梦；他们用诸多新奇的家居空间设计和创意改造，让全国的电视观众在啧啧称奇中把设计的价值传播得更远；他们改造的不仅仅是一间间社会底层家庭的住房条件，更是"设计提升生活价值"理念所应关爱的冷暖人生。

获奖者：
田文一、张根良、张灿、李艳、葛洁、彭柳、黄子轩，等等

大陆28个城市、香港、欧美的64位爱心人士，上海世尊家居、江西精英足球队2家机构铸就的年度善举，海南张根良、四川张灿2位设计师的辛苦付出，田文一、李艳、葛洁、彭柳、黄子轩5位湘西朋友自6月至今的齐心协力，在吉首市委市政府及社会爱心人士关心支持下，共同打造了一个互联网运作的公益项目：10天募集全国及海外66笔捐款，有监理，有管理委员会，有投票机制。金堂奖湘西公益行开启了互联网时代凝聚爱心、推进善举的全新公益模式，实现了设计和公益的完美契合。

获奖者空缺

提名：
北京集美组执行总裁、创意总监
梁建国

他曾将其创作归结为九个字：中国魂、现代骨、自然衣，其作品很多人参观后也将感受总结出六个字：动情、动人、动心。

他的设计，深邃了我们对中国式生活方式的理解，拓展了我们对中国式美学的期待，自觉承担起承传优秀中国文化精髓、融合各种现代文化思潮的责任，厚积而薄发。

他倾力打造的北湖九号高尔夫会所、时尚大厦、故宫紫禁书香系列作品，赞誉如潮。

提名：
黄志达设计师有限公司的创办人
黄志达

他一直是室内设计师中的生活派，持续开掘着生活方式中的情感土壤，其作品与做人均温情流溢、绅士风骨。这位在世界自由贸易区长大的香港人，又扎根在中国改革开放的前沿城市——深圳，其专业横跨了建筑、室内、软装等领域，项目遍及香港、北京、上海、广州、深圳、杭州、西安以及东南亚等二十多个城市，尤其擅长运用经典的人类感知模型（即视觉、听觉、嗅觉、味觉、触觉——五感），去触发生活的无限可能。

提名：
台湾近境制作设计总监
唐忠汉

他设计的空间，有故事，有质感。

他强调空间的生命力与独特性，是一名追求空间艺术性的设计师。

他认为美学有着无限的可能性，是生活美学的践行者。

从台北到大陆，他的作品都透露着强烈的地域色彩，以材质承载情绪，以光影记录时间。

2014年度设计机构

AGENCY OF THE YEAR

上海现代建筑装饰环境设计研究院有限公司

获奖者：

上海现代建筑装饰环境设计研究院有限公司

上海现代建筑装饰环境设计研究院有限公司，是上海第一家将环境设计冠于名前的专业从事室内外环境设计的企业，先后完成了国内外、室内外工程设计千余项，获得各类奖项250余次，是室内设计业界的标杆企业。2014年是其成立的15周年，也是这一年，它的母公司上海现代设计集团顺利完成了对位列全球酒店餐饮室内设计领域前三甲的美国威尔逊室内设计公司(Wilson&AssociatesInc)的全资控股，展露出中国设计企业面对世界的非凡实力和全新姿态。

作为有专业追求的设计单位，它传承建筑文化，秉持绿色设计价值观，推动未来城市的可持续发展。

巍峨成就，绽放使命。

提名：

北京墨臣建筑设计事务所

它创建于1995年末，2002年成为北京首批拥有建筑工程甲级资质的民营设计企业。

它立足于对本土文化和现状的深刻理解，努力寻求对于城市空间和建筑产品的恰当处理，通过设计创造和整合价值。

它积极促进行业交流，将旗下物业改造成开放的建筑文化中心，举办展览与活动，贡献对建筑事业的一腔热忱。

提名：

台湾大易国际设计事业有限公司

它是一家台湾设计公司，于2005年创立深圳公司，在公司创始人兼设计总监邱春瑞（Raynon Chiu）的带领下，开辟出设计事业上的新天地，业务遍及北京、深圳等多座城市的大陆地区。

他们奉行"为每一个志同道合的业主量身定做来设计"的设计宗旨，每一部作品都投射出了对设计事业的无限向往和追求。

他们的作品空间感十足，尽可能地摒弃繁琐修饰，善于引进自然景观。

2014年度新锐设计师

NEW STAR OF THE YEAR

获奖者:
台湾竹工凡木设计有限公司设计总监
邵唯晏

他出生于1981年，是自成一体、别具一格的设计新生代，专长于空间设计与计算机辅助设计(CAD/CAM)整合，强调实践与研究之相辅相成，并相信跨界整合的力量。

他近来致力于非线性及参数式设计方法的运用，对于各种空间，不完全遵循传统固有的思维及做法，企图打破既有框架限制，寻找空间的可能性。

他把自己的设计思考，总结为数字性（Digitality）、艺术性(Art)、跨界性(Crossover)及永续性(Sustainability)四个关键词，并努力践行。

提名:
亚厦装饰股份有限公司副总设计师
孙洪涛

他是一条出生于北方的汉子，设计成长却根植于南方沃土，设计如人，趋于南北融合状。

他是上市公司的框架体系里的设计总监，在大项目中施展拳脚，却也在小项目上的寻求突破，属于大小通吃。

他强调设计是一种感受，一种心态，一种舒适的、开心的生活方式。

提名:
南京昶卓设计创办人、设计总监
黄莉

她以务实、干练的设计方案，在2014大师工作营公益设计中崭露头角，展现了新时代设计新青年所具有的正能量。

她以女性的柔软视角，塑造空间里的硬朗姿态，在"设计、施工、软装"一体化的蓝图上，找到了自己为业主"个性化定制"服务的坐标。

她的设计风格多样，并用自己辛勤的努力不断拓展边界。

2014年度设计选材推动奖
MATERIAL APPLICATION AWARD

获奖者:
华诚博远(北京)建筑规划设计有限公司总建筑师
王泉

毕业于比利时鲁汶大学的北京建筑师王泉,在"济南蓝石溪地农园会所"项目中,利用白铁皮、麦秸板、普通红砖、清水混凝土等低成本材料,以材质自身的肌理与真实性,构筑起一个仿佛从大地生长出来的绿色农庄;他又用大面积自然片岩的人工砌筑、所有门窗的现场焊接卯榫打磨等方式,回避了普遍性项目的机械化、成品化、效率感,赋予空间以手工制作感;其中,锈蚀钢板的运用,会随时间的变化,赋予建筑一种有机生长的状态。

所有这一切,触发了我们内心那份对自然、质朴之美的生命感动。

提名:
上海莆森投资管理有限公司设计总监
胜木知宽

来自日本,执业于上海的设计师胜木知宽,在"无限竹林·吴月雅境44号"项目中,专注于一个通道的设计,用钢化玻璃、半镜膜、亚克力管、清晰的镜子、压克力板、日光灯、LED灯等常见建筑材料,在有限的20米空间中,创造出视觉的无限延伸感。

项目所构建的竹林意象,亦赋予这个现代空间以东方传统文化的象征意义。

提名:
陶磊(北京)建筑设计有限公司主持建筑师
陶磊

建筑师陶磊在"保利·珠宝展厅"项目中,从自然形态中吸取灵感,选用了纯实木为建造主体,同时镶嵌少量的金属与透明亚克力,将原始森林的气息带入现代都市,营造出更具独特性的珠宝展示效果。辅以连贯的非线性内衬,退让出展示与服务性空间,使两种空间互为内外,形成了一个多变的极简空间。

该项目与普通商场珠宝店富丽堂皇的观感截然不同,表达出与众不同的自然与人文气息。

Hotel

酒店空间

深圳 回酒店
HUI HOTEL SHENZHEN

麦芽精品客栈
M A L T I N N

成都温江费尔顿凯莱大酒店
CHENGDU FELTON
GLORIA GRAND HOTEL

海之韵-保利银滩
海王星度假酒店
Sea Charm-Poly Silver
Beach Neptune Hotel

潍坊万达铂尔曼酒店
Pullman Weifang Wanda Hotel

深圳雅兰酒店
Airland Hotel Shenzhen

杭州西溪宾馆
Hangzhou Xixi Hotel

无锡艾迪花园精品酒店
Wuxi Addie Garden Boutique Hotel

南昆山十字水生态
度假村·竹别墅
The Crosswaters Ecolodge
& Spa Bamboo Villa

中信泰富朱家角锦江酒店
CITIC PACIFIC
ZHUJIAJIAO JIN JIANG HOTEL

深圳回酒店
HUI HOTEL SHENZHEN

项目名称 _ 深圳回酒店 / 主案设计 _ 杨邦胜 / 参与设计 _ 杨邦胜、赖广绍 / 项目地点 _ 广东省深圳市 / 项目面积 _8800 平方米 / 投资金额 _6000 万元 / 主要材料 _ 多乐士涂料、名木坊、西顿照明等

A 项目定位 Design Proposition

据数据表明，小而精的设计酒店将成为未来高端消费群体住宿体验的首选。如何升级奢华，将文化和个性融合其中，决定了酒店的成败！酒店设计师必须打破传统的设计模式，找到酒店的精准定位，让文化和自然回归，这样才能提升酒店设计品位并有效控制投入成本。而回酒店就是这样一次尝试，运用最简洁纯粹的设计手法，将中国东方文化的文化内涵，通过意境的营造传达。拉起中国当代高端奢华精品酒店的标杆。

B 环境风格 Creativity & Aesthetics

区别于五星级酒店的高档奢华，回酒店更注重文化的提炼与营造，以及人在空间体验的舒适感。所以将旧厂房进行改造时，酒店客房与公共空间都有足够宽敞的使用面积，同时将原本破旧的外立面改造成几何体块凸窗，形成错落有致的动感组合，成为当地亮丽的风景。

C 空间布局 Space Planning

回酒店的中餐定名为"粤色"，意在挖掘最广东的新概念中餐，天花使用木梁结构处理，极具岭南建筑特色，而中华宝贵的文化遗产——算盘被设计师巧妙的运用在设计当中，通过创意组合取代传统中式屏风，分隔了空间又让空间有了疏密有致的关联。在酒店顶层，设计师特意将中国古代民居的传统院落搬进酒店，打造了一个下沉式内庭院，营造出一个都市的静谧之地。

D 设计选材 Materials & Cost Effectiveness

酒店整体设计以新东方文化元素为主，并通过中西组合的家具、陈设以及中国当代艺术品的巧妙装饰，呈现出静谧自然的中国东方美学气质。空间中一步一景，鲜活翠绿的墙面绿植、精心挑选的黑松、低调简单的哑光石材、波光粼粼的顶楼水面、质朴自然的木面材料……将自然界神秘悠远的天地灵气带到酒店空间中，让人仿若置身旷阔林间。

E 使用效果 Fidelity to Client

艺术的本质是生活，回酒店是现代时尚的全新定义！位于深圳最繁华的商业圈，回酒店将旧厂房进行改造，变身为一个轻松自然、神秘高雅的精品酒店，而边上的中心公园更是为酒店提供了免费的自然景观。酒店总投资只用了五星级酒店不到三分之一的比率，但却让它成为与该地段最与众不同的酒店，未来的市场不容小觑。

麦芽精品客栈
MALTINN

项目名称 _ 麦芽精品客栈 / **主案设计** _ 杨钧 / **项目地点** _ 浙江省杭州市 / **项目面积** _240 平方米 / **投资金额** _160 万元 / **主要材料** _ 定制地砖、必美地板、科勒洁具、进口布艺、墙布等

A **项目定位** Design Proposition
"四季流转，麦芽陪伴"是该酒店的宣传语，摩登度假是设计者对于酒店的期许。不论身处何地，总能想到有这样一处小院以一种安静的姿态，等待你的到来。

B **环境风格** Creativity & Aesthetics
运用大胆色调，让现代变得温润而新鲜，让宁静不失浓郁和激情。多彩、对比、超现实是主题的关键。区别于周围以禅式为主题酒店。

C **空间布局** Space Planning
区别于常规酒店模式，最大利用空间，小而不乏精致，小而不缺变幻，小而功能齐全。媲美于五星酒店。

D **设计选材** Materials & Cost Effectiveness
在楼梯护墙的选择上采用纸板，不仅保护墙面，又可以让旅客可以留下一场旅途故事。公共空间墙面采用腻子和黄沙结合，节省预算又能达到效果。

E **使用效果** Fidelity to Client
精彩满意。

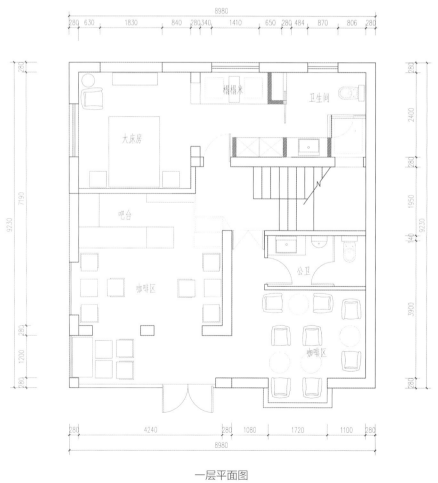

一层平面图

成都温江费尔顿凯莱大酒店
CHENGDU FELTON GLORIA GRAND HOTEL

项目名称 _ 成都温江费尔顿凯莱大酒店 / **主案设计** _ 刘波 / **项目地点** _ 四川 成都市 / **项目面积** _ 16033 平方米

A 项目定位 Design Proposition

成都温江费尔顿凯莱酒店——"繁华中寻得一处私人领域，在对东方文化不经意的欣赏中，使浮躁、疲倦的身心得到净化。" 成都温江费尔顿凯莱酒店由著名的酒店设计顾问公司－PLD刘波酒店设计顾问有限公司承担酒店室内设计。项目位于成都温江光华大道西侧江安河围绕的江心岛上，占地约16000平方米，与城区商业中心及花博会主题馆相邻，紧靠城市公园。此项目用地地势平整，并有天然温泉泉眼，与江安河相伴，地理位置优越，城市配套措施齐全。

B 环境风格 Creativity & Aesthetics

整体建筑以"花卉，风帆"为主题，同时充分考虑现代、文化与科技，把客观的"境"与主观的"意"有机结合，体现优良的建筑艺术与文化特性，使酒店成为温江地区标志性建筑之一。

C 空间布局 Space Planning

酒店空间设计从整体的功能布局到室内的细节装饰，通过中式元素的现代手法运用，体现商务酒店的沉稳和丰富的文化内蕴。对于高质量生活要求者酒店不仅满足短暂栖息的功能，同时在劳顿的旅途中找到能带给他们与众不同的感受，以享用优美、独特的环境为快，而且体现一种新生活的方式。以往被标准化的细节都会被重新设计，并赋予新的个性和情感。

D 设计选材 Materials & Cost Effectiveness

在室内的装修上，遵循星级酒店的标准的同时，充分深入研究酒店目标客户群体的消费要求、消费心理及消费习惯，大胆创新、精细设计，营造出格调高贵、温馨舒适、品位高雅的星级酒店。在室内色彩上，运用和谐统一的温润色系，棕色、金色、暖黄，点缀以沉重的亮蓝、深红，并搭配以空间布局中的软装配置及装饰应用，和谐融洽的突出了酒店舒适、优雅的整体氛围。在界面处理手法上整体统一，既延伸空间同时又将材质的天然质感表现出来，注重大空间大块面小细节的设计，不仅是空间视觉效果具有强烈的张力，而且满足商业空间需求，营造轻松舒适的环境氛。

E 使用效果 Fidelity to Client

很好。

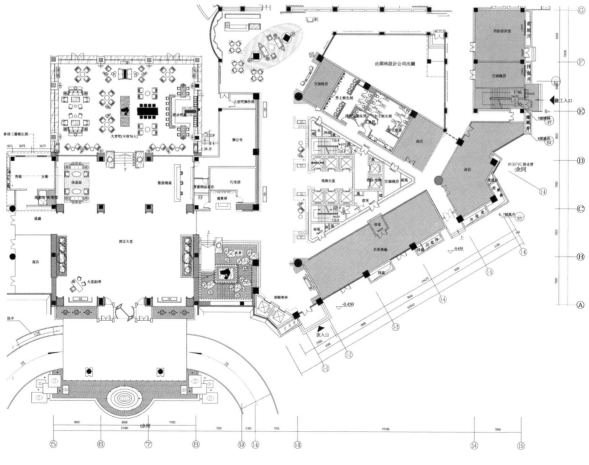

一层大堂吧平面图

海之韵 -
保利银滩海王星度假酒店
SEA CHARM-POLY SILVER BEACH NEPTUNE HOTEL

项目名称 _ 海之韵 - 保利银滩海王星度假酒店 / **主案设计** _ 何永明 / **参与设计** _ 道胜设计团队 / **项目地点** _ 广东省阳江市 / **项目面积** _2280 平方米 / **投资金额** _570 万元

A 项目定位 Design Proposition

本项目位于阳江，旅游资源十分丰富，山海兼优。独特的自然景观，悠久的历史和多资多彩的地方风情，具有很大的开发潜力。其资源以自然风光为主，以规模大、数量多、质量好、景观美的优质滨海沙滩为代表。而近几年对于旅游地产的开发趋势越发热烈，在阳江也急需与旅游相配套的设施，此项目初期作为地产的接待中心运营，后期改造为度假酒店，不仅节省施工成本还可以加快投资回报，也能够为阳江的旅游业提供一个优质的设计酒店。

B 环境风格 Creativity & Aesthetics

本项目四周环海的条件让整个设计将海的元素以及灵魂延伸到整个室内空间。设计本身希望将自然风光尽可能多的引入室内，借由借景的手法让整个空间充满活力，一些水元素的应用让空间沉稳中带有一丝丝清凉，如沐浴在海风之中。如天花上的吊灯好似鱼儿吐出的一串串泡泡，在欢快的游来游去，为空间平添几分雅趣，也仿佛让你置身在宽阔的大海，得到身与心的放松。

C 空间布局 Space Planning

空间布局遵循着建筑的走向，顺势而为，对称的建筑布局沉稳大气，宽敞的大堂能够让到访者放松心情，贵宾区向两边延展，贵宾区平面布局采用中国传统园林以及日本枯山水的表现手法，将整个空间打造成度假休闲、高端有品质感的接待中心和度假酒店。

D 设计选材 Materials & Cost Effectiveness

整体空间色调沉稳，浅蓝色家具搭配硬装的暖灰色调，使整个空间氛围 舒适而宁静。生态木的质朴结合大理石的刚毅，使画面大气之余更显稳重，在整个沉稳的气氛中处处流露自然的气息。略带中式韵味的家具与饰品，更突出空间的独特品味。

E 使用效果 Fidelity to Client

项目的完成度较高，很好的将设计理念表现出来，也得到了业主的肯定，在酒店运营方面，与同行业相比也十分出众，现已成为人气很高的一所度假酒店。

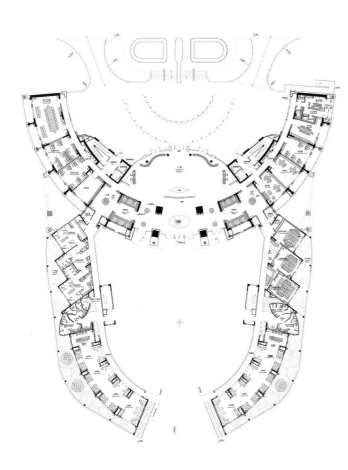

一层平面图

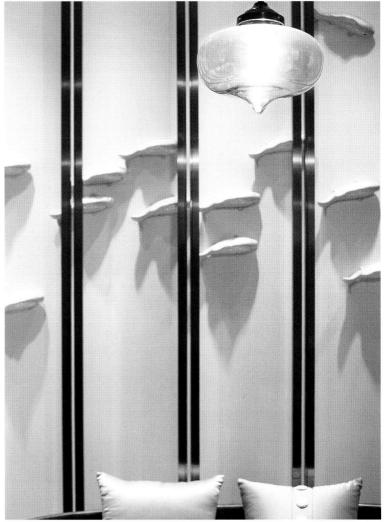

潍坊万达铂尔曼酒店
PULLMAN WEIFANG WANDA HOTEL

项目名称_潍坊万达铂尔曼酒店 / **主案设计**_姜峰 / **项目地点**_山东省潍坊市 / **项目面积**_50000 平方米 / **投资金额**_40000 万元 / **主要材料**_贵州灰木纹、索菲特金、黑仑金、金萍影、灰影木、皮革、艺术墙纸

A 项目定位 Design Proposition

潍坊万达铂尔曼酒店坐落于潍坊市中心，将当地悠久而精彩的风筝文化融入酒店的魅力氛围。从酒店步行即可抵达周边多家百货公司、写字楼以及 IMAX 影院，令访客感受到潍坊的城市脉动。酒店交通便利，距离潍坊南苑机场约 20 分钟车程，驱车前往火车站仅需 15 分钟。

B 环境风格 Creativity & Aesthetics

J & A 为了让本案的宾客产生与当地文化紧密相连的亲切感，为了让潍坊铂尔曼酒店实现这一愿景，精心打造出一个拥有独特个性的酒店。让地域文化与铂尔曼精神兼收并蓄，水乳交融，遍布酒店的每一个空间。该酒店以风筝为设计主线 并以当地建筑画和市花等为副线作为点睛。设计中萃取风筝的主要特点，抽象解构成的点、线、面的形式，融合现代的设计表现手法和材质，风筝、建筑画、市花等与空间有着完美的结合，空间中元素各具特点，又恰到好处的相互映衬。整体设计将酒店文化提升到一个新的高度。

C 空间布局 Space Planning

大堂酒廊面积达 250 平方米，风格现代，是进行商务会议活动或小酌一杯的好去处。品珍中餐厅提供地道的潍坊菜肴和鲁菜。在鸢园特色餐厅客人能品尝到来自中国华南地区的正宗粤菜和客家菜。美食汇全日制餐厅提供汇聚各国佳肴的自助餐。行政酒廊位于酒店 20 层，在这里客人可以欣赏城市优美的天际线。行政酒廊还拥有配备高科技设备的会议室，并全天候提供多种小食和饮料。客人也可以在酒店健身中心放松身心，设施包括健身房、桑拿室和温水游泳池等。

D 设计选材 Materials & Cost Effectiveness

艺术源于生活而高于生活，潍坊铂尔曼酒店坐落于山东省潍坊市，"草长莺飞二月天，拂堤杨柳醉春烟。儿童散学归来早，忙趁东风放纸鸢"正是这种艺术的生活方式之一，潍坊又称潍都，鸢都，制作风筝历史悠久，工艺精湛，潍坊独特的季风气候，孕育了独特的风筝文化，成就了"风筝之都"在国际上的地位。

E 使用效果 Fidelity to Client

铂尔曼是雅高旗下高端酒店品牌之一，专为经验丰富、兼顾商务和休闲的国际旅行者而设计。铂尔曼酒店和度假酒店坐落于全球主要城市及主要的旅游目的地，无论是商务出差、城际之旅或度假休闲，铂尔曼均能满足客人的各类需求。

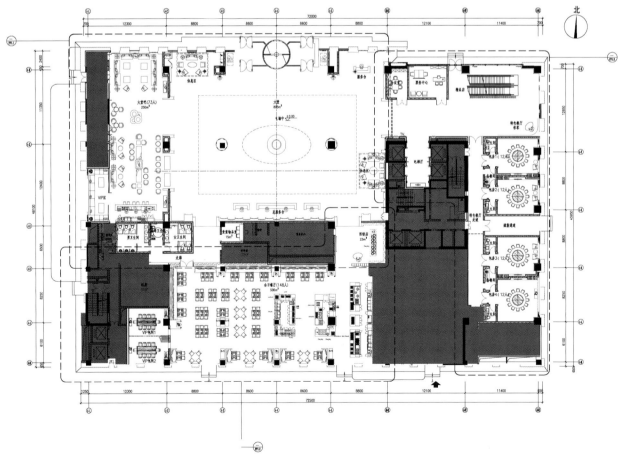

一层平面图

深圳雅兰酒店
Airland Hotel Shenzhen

项目名称 _ 深圳雅兰酒店 / 主案设计 _ 刘红蕾 / 参与设计 _ 杨宇新 / 项目地点 _ 广东省深圳市 / 项目面积 _ 21460 平方米 / 投资金额 _ 3400 万元 / 主要材料 _ 华枫木业、环球石材、道格拉斯

A 项目定位 Design Proposition

位于深圳的东部黄金海岸大梅沙海滨，是集旅游、休闲、商务会议于一体的综合型度假酒店。通过简约、纯粹的空间营造置身自然之美的惬意，令客人得到放松、愉悦的难忘体验。

B 环境风格 Creativity & Aesthetics

由于是改造项目，整体的预算并不高。在此情况下，尽可能的利用现有建筑弧线型空间格局，摒弃原有的繁杂与狭隘，充分考虑引入室外的自然景观、通风和采光，保持中庭及四周公共区域一个开放的空间，我们的意图是能够在整个空间内衔接自然形成风格一体化的纯净、自然淳朴而浪漫的氛围。

C 空间布局 Space Planning

在盈白简洁的场域里，藉由木纹与光影，构筑大堂共享空间的主体线条。项目充分调动阳光与空间内部的颜色互动，使得空间内随着时间的推移变幻出不同的表情，窗外艳阳穿透白色纱帘，洒落在墙壁与地面之间，随着时序推演，不同倾角的光影线条，交错出大自然的抽象画作。

在中庭与西餐厅衔接处，创造出如竹林般的天然屏风，生动的犹如海洋生物般的灯具点亮了这片竹林，既能适当地遮挡过往人群的视线，又能将餐厅内优雅、轻松的氛围巧妙地流露出去。西餐厅的色彩组合汲取了大自然的造物灵感，让整个以"自然海洋"的主题风格更加形象化。

大堂中庭莹白、简洁的碗状"鸟巢"形式与波浪的建筑空间形态浑然一体，纯净而独特，带给中庭别样的视觉亮点

D 设计选材 Materials & Cost Effectiveness

色彩的过渡带动材质的变化，带有反射光泽的玻璃与粗糙的石材表面和天然亚麻材质形成对比，高光泽度的石材又与渐层木纹表面形成强烈反差，丰富了简约场域里的空间层次。半空中星星点点的灯光点缀了整个中庭，在波浪般的场景下，犹如各式各样的海洋生物在海洋中自由自在地畅游。

E 使用效果 Fidelity to Client

房价翻倍仍供不应求。

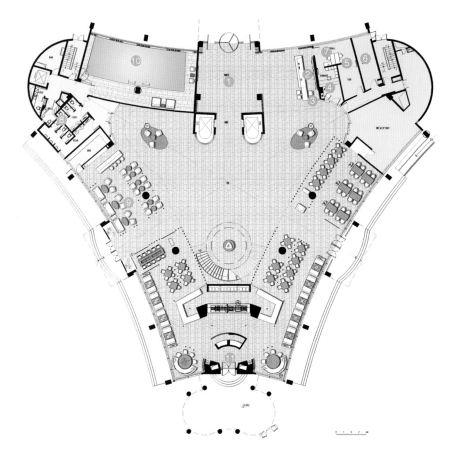

一层平面图

杭州西溪宾馆
HANGZHOU XIXI HOTEL

项目名称_杭州西溪宾馆室内设计/**主案设计**_陈涛/**参与设计**_黄珏、施锦飞、金武/**项目地点**_浙江省杭州市/**项目面积**_15000平方米/**投资金额**_9000万元/**主要材料**_环球、山花、新文行、科勒、太亿、亚伦格

A 项目定位 Design Proposition
本案位于杭州知名的西溪湿地景区，远离城市的喧嚣，融合自然的高档度假酒店。

B 环境风格 Creativity & Aesthetics
以西溪湿地独有的柿子园为设计灵感，提取柿子花为设计元素，公区的大堂、全日餐厅、会议区、中餐厅全部以春夏秋冬的概念进行设计，通过色彩、用材的搭配，建立各看见的独有个性。

C 空间布局 Space Planning
室内外空间相互渗透，借用天然景观作为室内设计的补充升华。

D 设计选材 Materials & Cost Effectiveness
选材崇尚自然、环保，从材料的本质及所展现的柔和色彩，均为入住者带来宁静舒适、亲近自然的度假体验。

E 使用效果 Fidelity to Client
自酒店投入营运至今，深受住店客人的青睐与好评，在当地众多高端品牌酒店群中，仍占据一席之地。

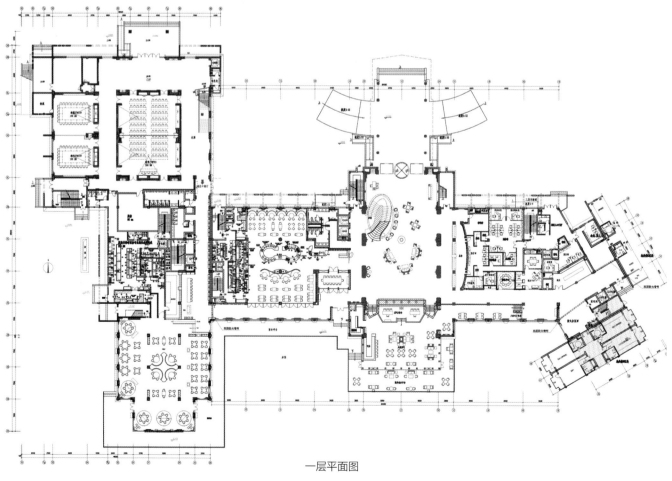

一层平面图

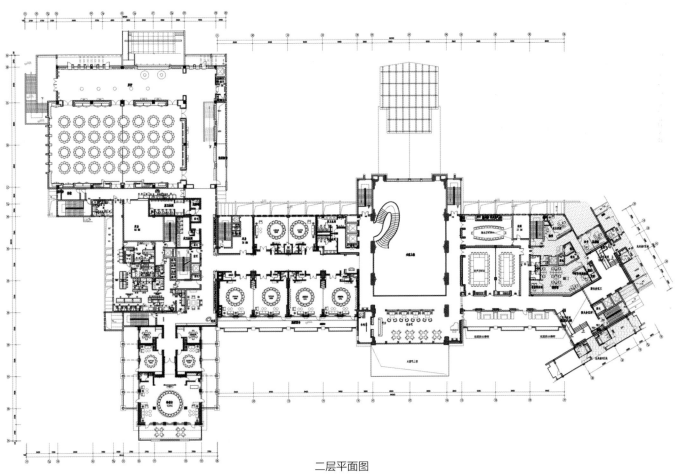

二层平面图

无锡艾迪花园精品酒店
Wuxi Addie Garden Boutique Hotel

项目名称 _ 无锡艾迪花园精品酒店 / **主案设计** _ 吕邵苍 / **参与设计** _ 王剑 / **项目地点** _ 江苏省无锡市 / **项目面积** _ 16000 平方米 / **投资金额** _ 8000 万元 / **主要材料** _ 木材、天然石材、金属、玻璃

A 项目定位 Design Proposition
以"品牌，时尚，特色，科技"为主要设计思路，着重突出自然 艺术 独特 体验，将酒店定位于设计型精品酒店。

B 环境风格 Creativity & Aesthetics
通过独特的设计来冲击人们的感官，带来一种全新，奇异与美妙的体验。

C 空间布局 Space Planning
各种转折形功能"声锁"，动线多变，聚强烈体验感。

D 设计选材 Materials & Cost Effectiveness
镜面电视的大量给住店客人带来了全新的感官体验。

E 使用效果 Fidelity to Client
在当地引领了设计型酒店新风尚。

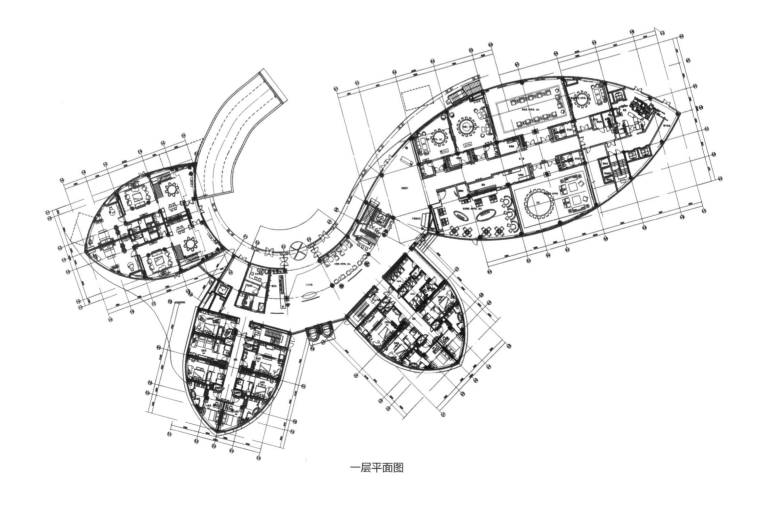

一层平面图

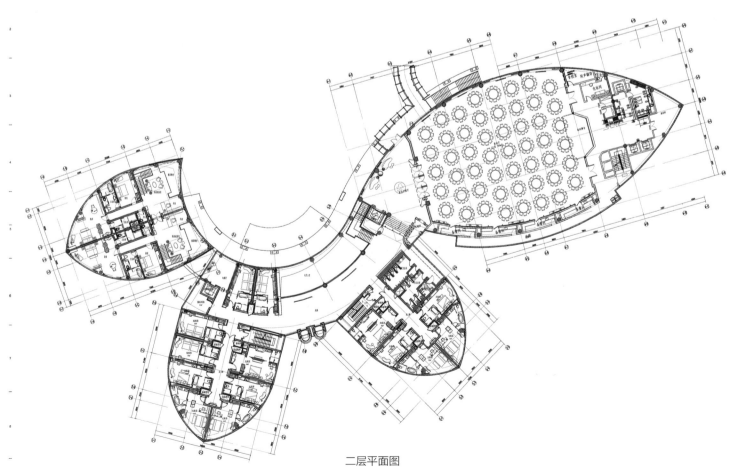

二层平面图

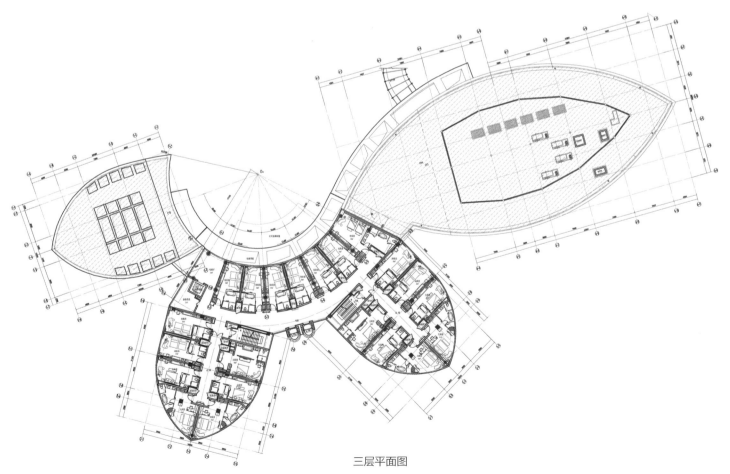

三层平面图

南昆山十字水生态度假村·竹别墅
THE CROSSWATERS ECOLODGE &
SPA BAMBOO VILLA

项目名称 _ 南昆山十字水生态度假村·竹别墅 / **主案设计** _ 彭征 / **项目地点** _ 广东惠州市 / **项目面积** _ 1248 平方米 / **投资金额** _ 1200 万元 / **主要材料** _ 竹子、实木、大理石复合竹、乳胶漆、夯土墙

A **项目定位** Design Proposition
一直以来，提供高级享受的度假村，往往与生态旅游的理念背道而驰；为了舒适、方便而过量浪费能源、制造大量废物、破坏环境，造成无法挽救的损失。然而，我们坚信：在生态度假村中，优质的旅游设施与维护环境，两者可以和谐并存，关键在于平衡。要取得平衡，必须由一开始便投入责任心、热忱和努力。

B **环境风格** Creativity & Aesthetics
十字水生态度假村是美国国家地理杂志推介的全球五十大生态度假之一，也是国内生态旅游发展的模范，不仅做到生态环保，而且是高品位、舒适的度假胜地。

C **空间布局** Space Planning
本次设计范围包括：精品店和画廊、康体中心、总统别墅、套间、竹别墅及园林。

D **设计选材** Materials & Cost Effectiveness
环保材料。

E **使用效果** Fidelity to Client
很好。

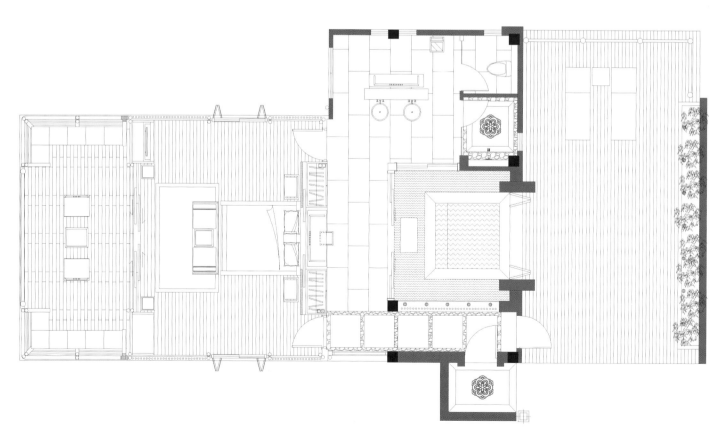

一层平面图

中信泰富朱家角锦江酒店
CITIC PACIFIC ZHUJIAJIAO JIN JIANG HOTEL

项目名称 _ 中信泰富朱家角锦江酒店 / 主案设计 _ 徐婕媛 / 参与设计 _ 曾芷君、陈向京、徐婕媛、谢云权、陈志和 / 项目地点 _ 上海黄浦区 / 项目面积 _40430 平方米 / 投资金额 _4000 万元 /
主要材料 _ 木纹石、青砖、铜、柚木

A 项目定位 Design Proposition
中信泰富朱家角锦江酒店位处朱家角古镇，作为千年文脉滋养古镇的朱家角，位于上海
西郊淀山湖畔，是上海周边家庭出游、商务洽谈的首选之地。可充分迎合上海周边休闲
度假及高端商务活动场所的需求，致力成为朱家角地区高端配套新地标。

B 环境风格 Creativity & Aesthetics
室内设计延续建筑的设计理念，在建筑营造的景框里面，以中国传统水墨画卷为主题，
让室内以中国水墨画的意境展现在建筑的画框里。

C 空间布局 Space Planning
根据酒店不同的功能区域，提取水墨画的绘画特点，以"泼墨、写意、工笔"为各区域
设计手法，在大堂区域以"泼墨"为主线，表达公共区域洒脱、豪放、淳化的气质，会
议区及休闲区以"写意"为主题，表达其气韵生动、应物象形、随类赋彩的气质，客房
区以"工笔"为主题，表达客房区雅致、考密、精细的设计理念。

D 设计选材 Materials & Cost Effectiveness
在材料运用上，采用意大利木纹石、青砖、铜、柚木等体现江南水墨感觉的材料，通过
对传统装饰纹样的抽象简化以及本土化材料的解析运用，将中式设计理念融入各功能空
间，揉古释今，化凡为雅，营造出极具中式情怀，并富有现代气息的酒店空间。

E 使用效果 Fidelity to Client
中信泰富朱家角锦江酒店 2013 年 9 月上海落成迎客，酒店内共设 201 间高档豪华客房，另
有 3 间餐厅和 2 间酒廊，可分隔式宴会厅足以满足容纳 400 人的会议需求。满足不同时间
段的游客参观体验。

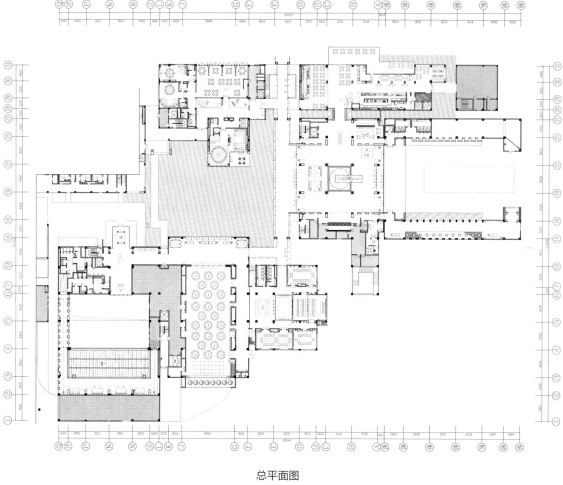

总平面图

Office
办公空间

未来对撞器—奇虎
360新总部办公室
FUTURE COLLIDER-Qihoo 360 New HQ Office

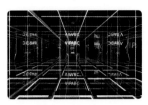

VIPABC 陆家嘴总部办公室
VIPABC Head Office

Teleperformance 西安办公室
Teleperformance Xian office

北京中关村东升科技
园泰利驿站办公室
Beijing Zhongguancun
Dongsheng Sci-tech Park

梁筑设计工作室
X-Girder Build Design Studio

威克多制衣中心
Vicutu Garments
Manufacturing center

易和设计小河路办公室
Ehe Design Office On Xiaohe Road

墨臣石灯胡同办公楼改造
Mochen New Office
Renovation Of Shideng Hutong

居然顶层设计中心
EASYHOME TOP DESIGN CENTER

一起设计
Designtogether

未来对撞器·
奇虎360新总部办公室
QIHOO 360 NEW HQ OFFICE

项目名称 _ 未来对撞器—奇虎 360 新总部办公室 / 主案设计 _ 何大为 / 参与设计 _Echo Zhang、Serena Shu、Tina Ren / 项目地点 _ 北京市朝阳区 / 项目面积 _36000 平方米 / 投资金额 _7800 万元 /
主要材料 _NOVOFIBRE 诺菲博尔麦秸板、东帝士地毯、竹地板

A 项目定位 Design Proposition
设计之初得知世界上最大的粒子加速器位于日内瓦地下的 17 英里长的大型强子对撞器 (Large Hadron Collider，简称 LHC) 已发现希格斯 (Higgs) 色子。这个新闻给设计师带来灵感，结合大型粒子加速对撞器与 360 的颠覆式创新公司文化，将对撞器概念导入 360 办公室设计。借由员工的脑力碰撞，去发现公司或中国互联网的未来。

B 环境风格 Creativity & Aesthetics
设计了 4 个"未来对撞器 Future Collider"在挑高两层的员工活动区，提供员工头脑碰撞出更多创意点子的空间，也碰撞出公司更好的未来。

C 空间布局 Space Planning
平面布局上，最大程度将员工工作位配置在沿窗带，可以享受最佳的视觉景观和自然采光。在不同的办公楼层，利用不同的墙柱颜色，区分了楼层或不同部门的属性，并用 360 的 logo 作为吊灯造型。

D 设计选材 Materials & Cost Effectiveness
所有的未来对撞器均是麦秸杆压制而成的麦秸板，这同样也被 2010 上海世博展馆选用为最主要的建筑材料。麦秸板是利用农业生产剩余物－麦秸制成的一种性能优良的人造复合板材。而在此空间里主要地面铺装是竹地板及人造草坪，尽量运用了不加修饰的天然材料来突显绿色环保健康办公室环境的设计理念。

E 使用效果 Fidelity to Client
设计理念不但关心了员工工作空间的环保性及舒适性，也是将 360 公司"用户体验"的公司精神文化转换为 360 办公室的"员工体验"了。

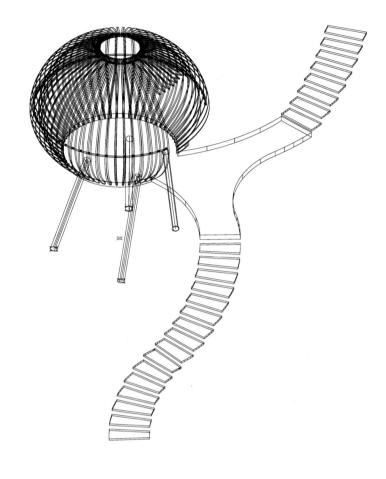

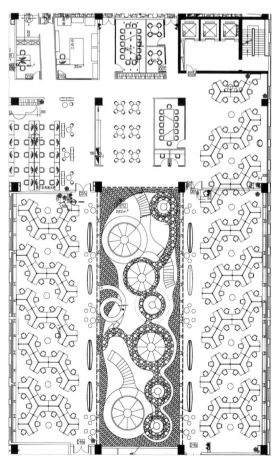

一层平面图

VIPABC 陆家嘴总部办公室
VIPABC HEAD OFFICE

项目名称 _VIPABC 陆家嘴总部办公室 / 主案设计 _ 陈威宪 / 项目地点 _ 上海浦东新区 / 项目面积 _2000 平方米 / 投资金额 _1000 万元

A 项目定位 Design Proposition
竞争者为 google office,yahoo, 英孚英语等网络公司研发中心，作品设计以国际化、自由、创新的舒适办公环境为目的。

B 环境风格 Creativity & Aesthetics
高科技与创造性的人文空间。

C 空间布局 Space Planning
体现管理风格的自由与创新。

D 设计选材 Materials & Cost Effectiveness
自然材质，精简配置。

E 使用效果 Fidelity to Client
空间意向强烈，达到总部的科技与人文文化意图。

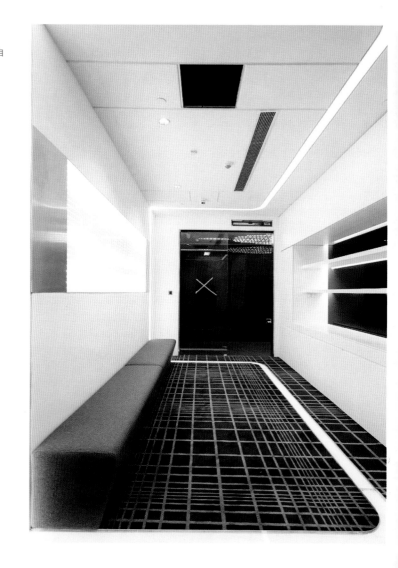

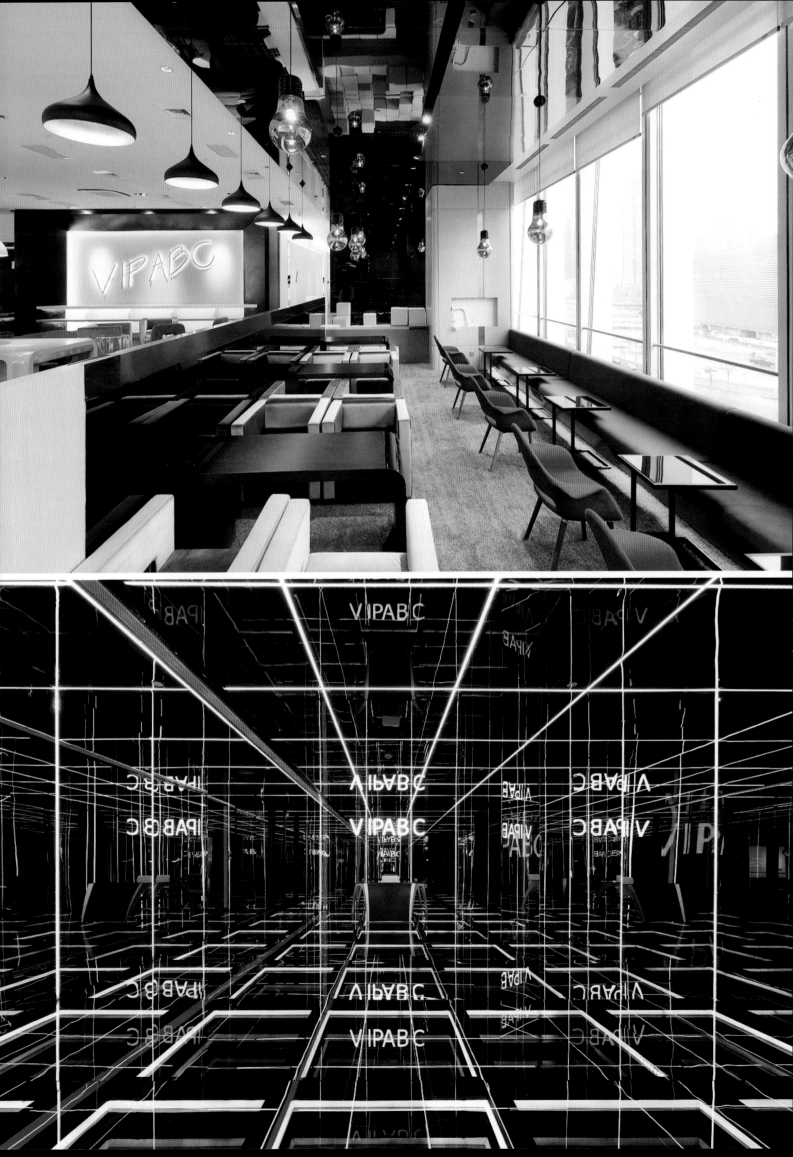

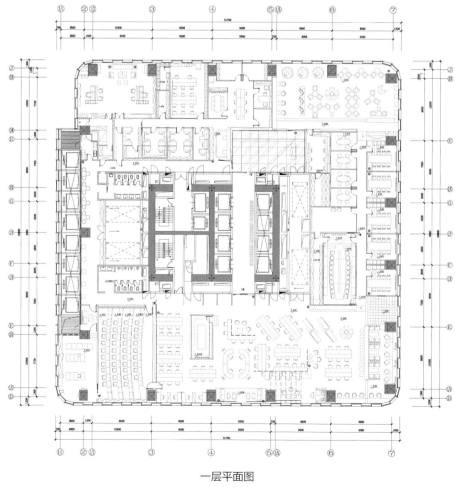

一层平面图

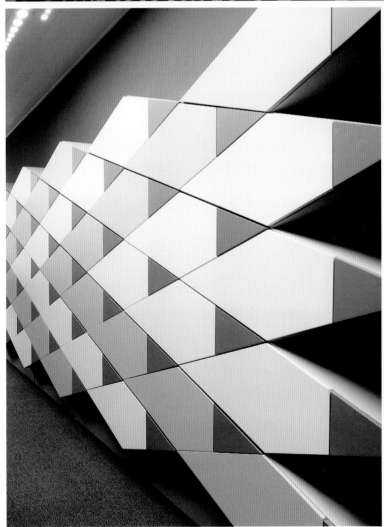

Teleperformance
西安办公室
TELEPERFORMANCE XIAN OFFICE

项目名称_Teleperformance 西安办公室 / 主案设计_陈轩明 / 参与设计_Arthur Chan、Warren Feng、Linda Qing / 项目地点_陕西省西安市 / 项目面积_4200平方米 / 投资金额_1300万元 /
主要材料_冠军, Interface, 阿姆斯壮, TOTO, Formica, Posh

A 项目定位 Design Proposition
Teleperformance 成立于 1978 年，主要为大型跨国公司提供 CRM 呼叫中心服务，总部
位于法国。目前全球的坐席数量位居全球第一（员工数超过 140000）；其业务遍及全球
50 个国家；全球客户超过 1000 家，拥有 268 个客户联络中心并可提供 66 种语言及方
言服务；每年客户联络超过 10 亿。

B 环境风格 Creativity & Aesthetics
整体设计风格简约现代，运用形态、颜色、图案等设计语言来营造轻松、高效的办公环境。
茶水间的设计突出色彩及家具材料的搭配，给人以营造出轻松自然的环境。座椅与吧台
的设计突出空间灵活性，让使用者可以有更多的选择。储物柜的设计也同样以 TP 相关
颜色，以点状布置手法来装饰，丰富的颜色搭配使得每一个储物柜都有着它不同主人的
色彩归属感。

C 空间布局 Space Planning
设计师把整个办公空间划分为：接待区、开放办公区、培训区、面试区、管理人员办公
区、休闲及辅助功能区六个部分。开放办公区、面试区、管理人员办公区分别有独立的
电梯入口及门禁系统，这样设计可以科学的控制人流及办公室安全。解决 TP 因为办公人
员密度较高造成的枯燥凌乱，噪音等问题，满足办公空间的使用功能。

D 设计选材 Materials & Cost Effectiveness
本项目主要装饰材料：喷漆玻璃、清镜、枫木、白色大理石、瓷砖、尼龙地毯、布料、
矿棉板天花。以此来呈现整个办公区域的空间感觉，而选择上所有的材料均为环保材
料，节能环保也是现今设计的主流理念。

E 使用效果 Fidelity to Client
该项目完工后，业主对装修效果、设备性能、环保、安全、工期控制等给予了充分的肯
定和赞许。该项目的设计效果，在业界起到了很好的广告效益，DPWT 的出色工作能力
也给业主的客户留下了非常良好的印象。为 DPWT 在与其他公司合作的项目上提供了潜
在商机。

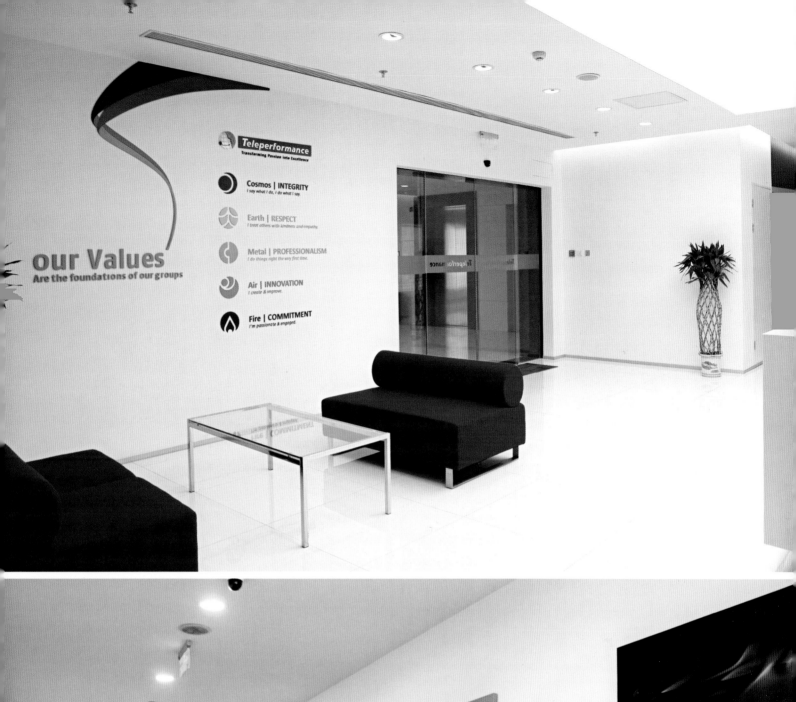

our Values
Are the foundations of our groups

Teleperformance
Transforming Passion into Excellence

Cosmos | INTEGRITY
I say what I do, I do what I say.

Earth | RESPECT
I treat others with kindness and empathy.

Metal | PROFESSIONALISM
I do things right the very first time.

Air | INNOVATION
I create & improve.

Fire | COMMITMENT
I'm passionate & engaged.

Air | INNOVATION

Fire | COMMITMENT

STEADY. STRONG. RADIANT.
I'm passionate & engaged.

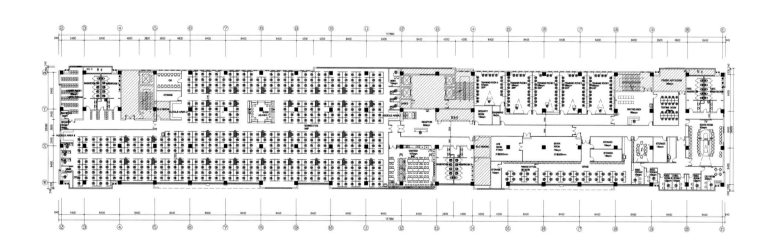

一层平面图

北京中关村东升科技园
泰利驿站办公室
BEIJING ZHONGGUANGCUN
DONGSHENG SCI-TECH PARK

项目名称 _北京中关村东升科技园泰利驿站办公室 / **主案设计** _李怡明 / **参与设计** _吕翔、贾文博 / **项目地点** _北京市海淀区 / **项目面积** _1500 平方米 / **投资金额** _800 万元 / **主要材料** _彩色地毯、张拉膜、足球网等

A 项目定位 Design Proposition
有别于传统的创新办公空间，本案想用梦幻的空间，梦幻的色彩，梦幻的光影来激发创业人员的梦想和激情。

B 环境风格 Creativity & Aesthetics
用自由的曲线及光带营造出科技未来感，条装的色彩、地面，让人放松、活跃并不时有走 T 型台之感。

C 空间布局 Space Planning
用一条自由曲线划分出不同的空间属性，并始终引领着视线，在立面上用不同的材质体现出从开放到私密的各种空间，创新型的家具布置方式，即使柱子变废为宝又满足了灵活分组的工作需要。

D 设计选材 Materials & Cost Effectiveness
大胆采用了彩色的地毯条形铺装，并采用了球网、张拉膜等不常规材料，突出创意的空间主题。

E 使用效果 Fidelity to Client
深受入住客户好评，成为整个大厦最闪亮、最引人注目的空间。

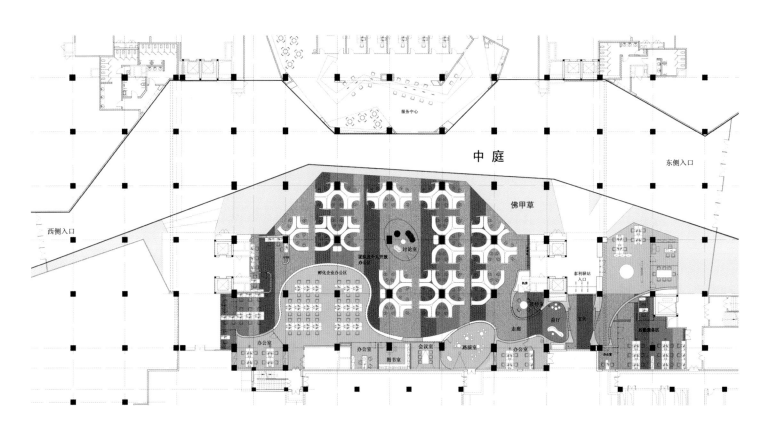

中 庭

东侧入口

佛甲草

西侧入口

服务中心

泰利驿站入口

团队龙个天开放办公区

讨论室

孵化企业办公区

路演室

前厅

走廊

宝莱

办公室

会议室

办公室

办公室

图书室

一层平面图

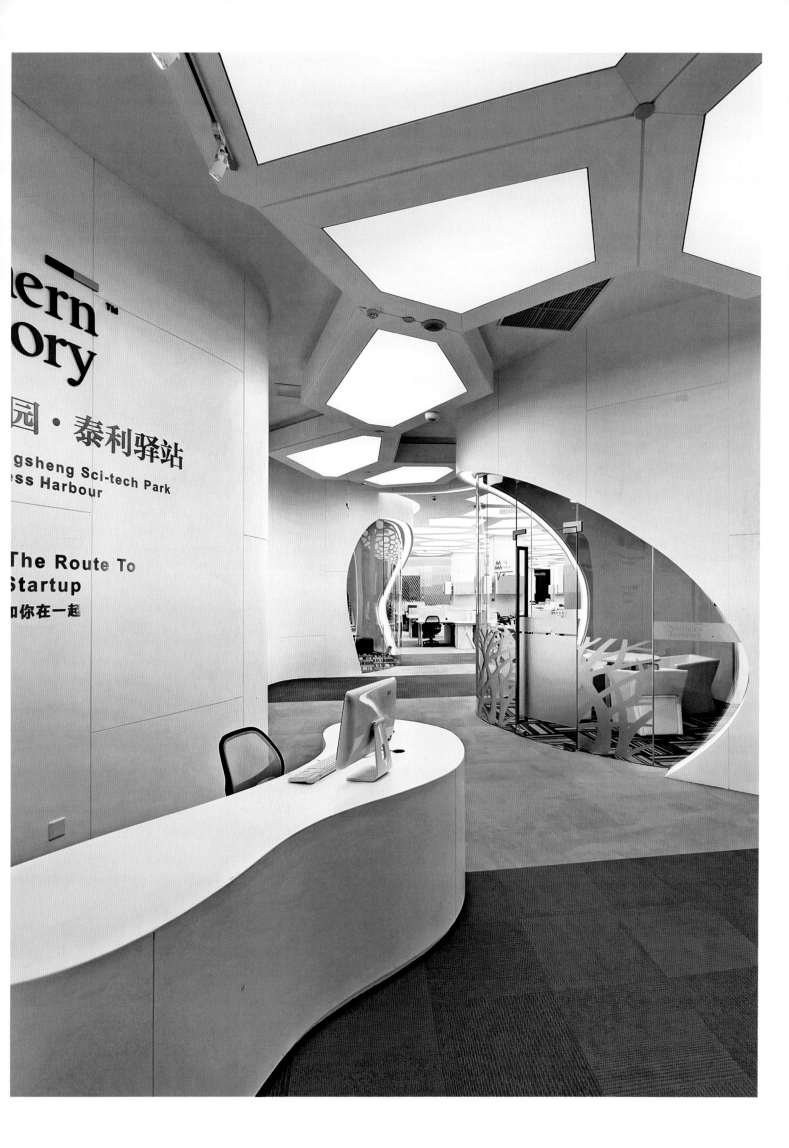

梁筑设计工作室
X-GIRDER BUILD DESIGN STUDIO

项目名称 _梁筑设计工作室 / **主案设计** _徐梁 / **参与设计** _郑怀玉、李祖林、潘楚楚 / **项目地点** _浙江省金华市 / **项目面积** _200平方米 / **投资金额** _50万元 / **主要材料** _富得利、科勒

A 项目定位 Design Proposition
它可以工作，可以社交、也可以PARTY的创意空间；设计师交流聚会的场所，结合来访群体特质，舍弃常规的办公，一个充满新鲜感的可以社交的办公空间。

B 环境风格 Creativity & Aesthetics
设计师希望能在这样的空间营造出一种工业现代感，在这钢板、钢筋、水泥、木头中提炼出有历史，有故事，有精神，有快乐的那些面；所有朴素、陈旧、生硬的原始材料如今在这里得到重生，部分材质和家具透露着人文和传统的气息，让有着历史的材料与当代的手法做结合，更让光明和黑暗产生对话。

C 空间布局 Space Planning
对空间布局做了新的定义，用建筑的思维方式来考虑室内空间关系，用空间的趣味性来替代无畏的装饰，空间整合后自然会形成好的装饰氛围。建筑本身就有一定的特质，和室内相比虽没有太多的语言存在却一样精彩。上午可以工作，下午可以有茶歇的地方，夜间每个角落都可以拿来聚会PARTY。

D 设计选材 Materials & Cost Effectiveness
钢板、钢筋、枕木、水泥等都是原始性的材料。

E 使用效果 Fidelity to Client
让更多人了解了这样一种方式去表达室内空间且满意。

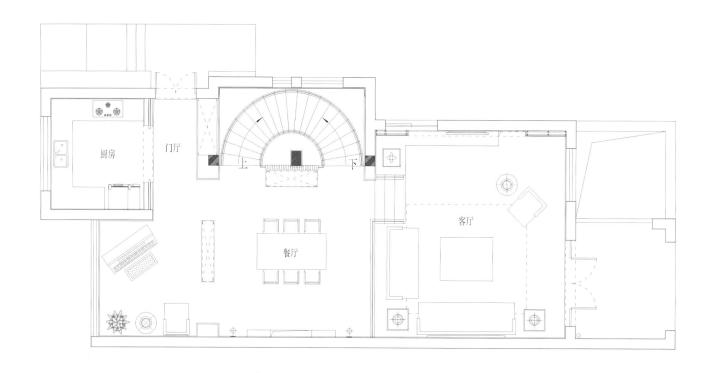

一层平面图

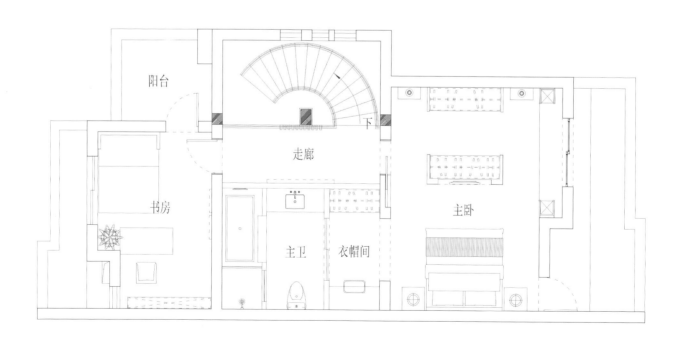

阳台

走廊

下

书房

主卫

衣帽间

主卧

三层平面图

威克多制衣中心
VICUTU GARMENTS MANUFACTURING CENTER

项目名称 _威克多制衣中心 / 主案设计 _张晔 / 参与设计 _纪岩、饶劢、郭林、韩文文、马萌雪、顾大海、刘烨、谈星火 / 项目地点 _北京市 / 项目面积 _10000 平方米 / 投资金额 _8000 万元 /
主要材料 _ 新特丽灯具、华艺灯具、波隆地毯、艺格地毯、科誉家具、SILVER 家具、FRITGHANS 家具、FRITGHANSE 家具、索罗托家具、洛斯保隔断

A 项目定位 Design Proposition
硬朗的设计语言、丰富的空间层次、简洁的材料选择烘托出威克多男装企业独特的内敛气质。

B 环境风格 Creativity & Aesthetics
与建筑景观浑然一体的室内设计，达到了设计语言高度统一，空间环境内外呼应，设计细节细腻宜人的效果，使整个人作品既完整又不孤立。

C 空间布局 Space Planning
室内设计改造时，力求在建筑及内部空间中直观形象地体现企业形象，创造成熟经典优雅创新，极富魅力的建筑空间。设计师对整栋楼进行了立体剪裁：
1）在整栋楼的外侧加建共享空间，以结合 logo 设计的索式玻璃幕为新立面；
2）借用共享空间，在楼层中形成丰富有趣实用的六边形空间单元；
3）在门厅处跳空楼板，改原有的单层单调的门厅为两层通高、轩敞震撼的大堂单元。

D 设计选材 Materials & Cost Effectiveness
利用恰当的质感、色彩、光、细节的搭配提升空间品味，使她在创意上、气质上和 VICUTU 企业、VICUTU 成衣相匹配。

E 使用效果 Fidelity to Client
投入运营后，受到企业领导的高度评价，提高了企业在同行之间的知名度。为企业带来了良好的声誉。使得威克多的企业形象达到了国际品牌的标准。

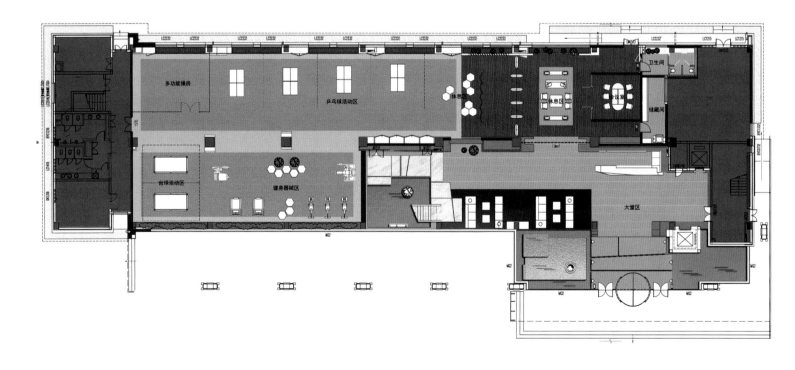

一层平面图

易和设计小河路办公室
EHE DESIGN OFFICE ON XIAOHE ROAD

项目名称 _ 易和设计小河路办公室 / **主案设计** _ 马辉 / **项目地点** _ 浙江省杭州市 / **项目面积** _1565 平方米 / **投资金额** _300 万元 / **主要材料** _ 乳胶漆、涂料、BOLON 地胶板

A 项目定位 Design Proposition
通益公纱厂的厂房是杭州市唯一的工业建筑遗存，经历了百年的风雨沧桑，是国家级重点文物保护建筑，浙江省园文局有着非常详细、苛刻的装修规章。本案是设计公司自用的办公空间，是由京杭大运河悠久的通益公纱厂的缫丝车间改造而成。

B 环境风格 Creativity & Aesthetics
设计师在保持原有文物结构不变动的前提对内部的格局进行了重新的规划改造，既保留了古朴自然的历史感，又注入了现代的时尚元素。环境风格元素集中体现在纯白色和绿灰相间的 BOLON 地胶板。

C 空间布局 Space Planning
空间布局上集中体现保留百年的木构架一起展现了整个空间的性格。对设计师来说，空间的解读和经历了百年岁月的木构架是的绝美之处，尊重原有的空间、尊重原有的材质、尊重原有的历史风貌，节制地使用设计语言，保护文物本体，做到增一语则多，减一语则少的设计境。

D 设计选材 Materials & Cost Effectiveness
设计选材上集中体现保留百年的木构架一起展现了整个空间的性格。

E 使用效果 Fidelity to Client
作品一经面世，就引来了社会各界的关注，通过作品的空间布局、色彩、材料的选择及细节向来访的客户和员工展示了易和设计企业的实力和文化。旧厂房的成功改造也为申遗运河增添了一道亮丽的风景线。

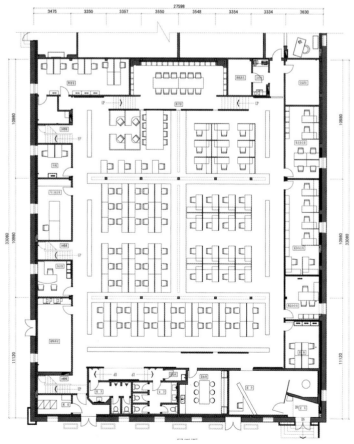

一层平面图

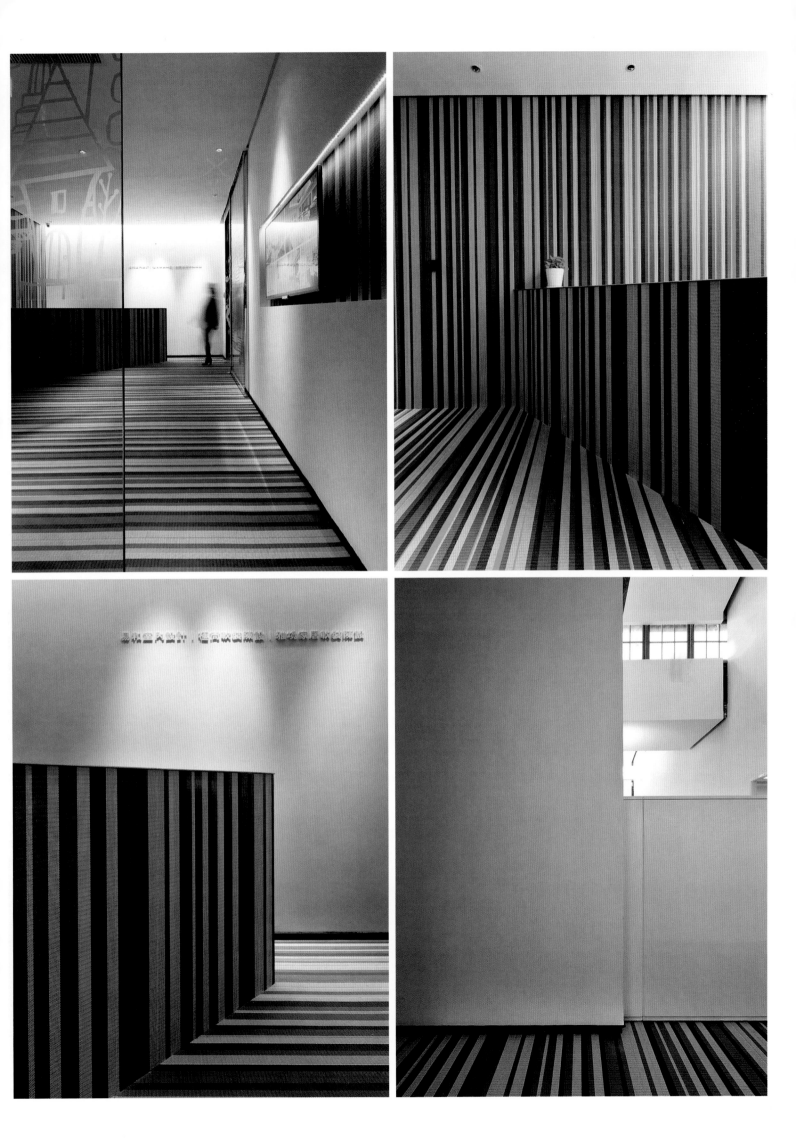

墨臣石灯胡同办公楼改造
MOCHEN NEW OFFICE RENOVATION OF
SHIDENG HUTONG

项目名称 _ 墨臣石灯胡同办公楼改造 / 主案设计 _ 赖军 / 参与设计 _ 杨卿、董世杰、景刚、王新亚、刘路平、周波 / 项目地点 _ 北京 / 项目面积 _700 平方米 / 投资金额 _400 万元

A 项目定位 Design Proposition

该项目位于西城区金融街石灯胡同，原建筑功能为办公空间，建筑形式一二层为半砖混结构，三四层为轻钢结构，总建筑面积 503 平方米。改造方案以修缮原有建筑为主，拆除部分主体结构对原有建筑进行加固与更新，原有室外楼梯改为室内钢梯。主要结构为：一、二层加建为钢筋混凝土框架结构，三、四层为钢结构，局部玻璃幕墙，改造后建筑面积为 700 平方米。

B 环境风格 Creativity & Aesthetics

整体建筑以现代风格为主，外观形式保留了原有建筑屋顶"Z"字形的特征，并把这种符号形式延伸到建筑的室内外，包括外墙分格、入口处理、前台设计处处体现。色调以清新淡雅的浅木色、白色为主。所有的办公家具全部为定制产品，结合使用特点而设计，灯光设计主要以反光灯槽结合办公桌面条状照明为主，顶面不设置点光源避免出现眩光点，营造漫反射舒适空间。室外一层庭院、二层休息平台与院外古树相结合，给大家提供了舒适的休闲空间。

C 空间布局 Space Planning

原有建筑为二层砖混框架结构，局部三层。三、四层局部为轻钢结构，旧结构的拆除与加固、改建部分与原有部分的合理结合成为此次改造的重点。

D 设计选材 Materials & Cost Effectiveness

原有建筑与改建部分相结合，交通空间与附属空间设计上尽量简洁、整齐统一，办公空间相对粗犷，把原有建筑结构顶板、改建部分钢承板外露并作简单刷白处理，体现了建筑的蜕变与新生。外立面设计形成几种材质的对比，四层设计大面积的玻璃幕墙并配合丝网印，与三层仿石涂料反差强烈。一层把 6 毫米钢板做成格栅形式围合建筑主要立面，与周边四合院住宅形成反差。

E 使用效果 Fidelity to Client

非常好。

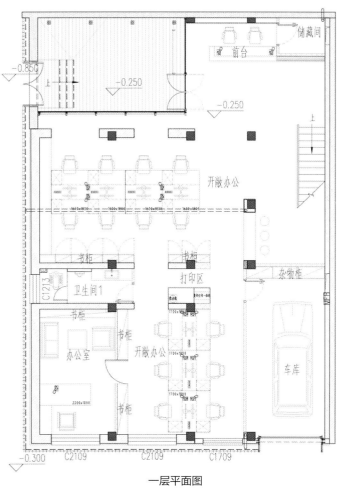

一层平面图

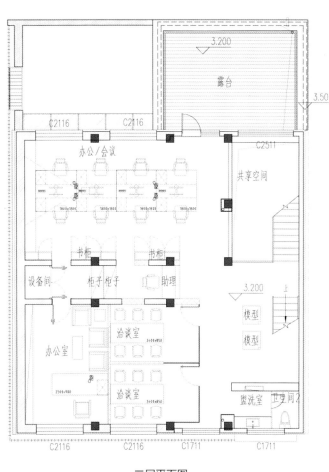

二层平面图

居然顶层设计中心
EASYHOME TOP DESIGN CENTER

项目名称 _ 居然顶层设计中心 / **主案设计** _ 梁建国、高飞 / **项目地点** _北京市 / **项目面积** _4000 平方米 / **投资金额** _2000 万元

A 项目定位 Design Proposition

居然顶层不仅仅是国际设计中心，这里也将是未来设计大师的摇篮，通过一些激励机制，鼓励新生代设计师的成长。居然顶层开创一种新的业态模式，为未来会员店的顺利过渡，提供实验性的探索经验。

B 环境风格 Creativity & Aesthetics

从建筑到室内及景观，我们希望创造一个整体的空间环境，消除建筑与景观的隔离，从而营造一个内外融合的空间氛围。打造绿色建筑，通过院落及采光天窗，达到采光、通风、空气调节的目的。

C 空间布局 Space Planning

通过院落营造写意空间，我们强调中国建筑的魂，不追求建筑外在的形。重新定义大小不一景色各异的院落空间，达到一方天地，藏纳风水，闹中取静的中式庭院意境。

D 设计选材 Materials & Cost Effectiveness

选择绿色、低碳、环保的建筑材料，不追求奢华，强调对自然、生态的开发利用及艺术化。

E 使用效果 Fidelity to Client

这里会是国际化的窗口，设计大师在这里展示和发布他们最新的设计作品，不定期的学术及设计交流活动，大师学院等。功能的多样性，交流的灵活性，未来的弹性和多业态模式共存，使得这里成为未来国际性的设计中心。

一起设计
DESIGNTOGETHER

项目名称 _ 一起设计 / 主案设计 _ 林琮然 / 参与设计 _ 侯正光、李本涛、姚生、王琰烔 / 项目地点 _ 上海市普陀区 / 项目面积 _1300 平方米 / 投资金额 _130 万元 / 主要材料 _ 水泥、木材、黑铁、黑玻

A 项目定位 Design Proposition

废旧的厂房内新起的一种办公室设计，将有限的设计的成本运用到无限的创意中去，完美地利用空间布局将老旧的厂房划分两层，活动的上下楼方式，更让沉闷地办公环境多了一丝俏皮，开放性的综合办公区域使人感觉放松、舒服，充分呈现旧空间再利用的根本。

B 环境风格 Creativity & Aesthetics

在面对偌大挑高的工业老厂房时，经过了反复不断堆敲，决定用一种简单而深具仪式性的空间布局，让长达 12 米宽的大阶梯，成为设计概念的主题。

C 空间布局 Space Planning

空间机能分布上，在大阶梯的上方放置大型会议室，让来访的客人也感受到那行走间的戏剧性，因此木头大阶梯的存在，构成了此地既流动又恒定的日常事件，成为主导空间的精神气质，内部空间的格局，考虑阳光空气等物理条件，把餐厅、图书室、洗手间与集团总监室放入阳光最好的南面，西面放入娱乐空间与多功能室，其余的主管室配置于北面，手法上采用开敞与玻璃的分隔方式，让日光直接进入挑空的中央工作区域，在内部建立一个自然的工作环境，利用这样的空间规划，清楚介定了一个完整的功能序列，满足了不同属性与性质各异的部门体系，另外增建的二楼空间在靠近主要挑空区，留设回廊迫使上下层间发生可互动的关系，二楼廊道底端终点的旋转滑梯，提出一种创意的使用方式，巧妙又顽皮地解决了下楼的问题，除了呼应厂房挑高的特色，完整组织出一严密的使用罗辑。

D 设计选材 Materials & Cost Effectiveness

在建筑材料方面，寻找出一种朴素的自然构建美学，这是种真实而单纯的回归。

E 使用效果 Fidelity to Client

简单，好用，这就是对办公室做大的评价。

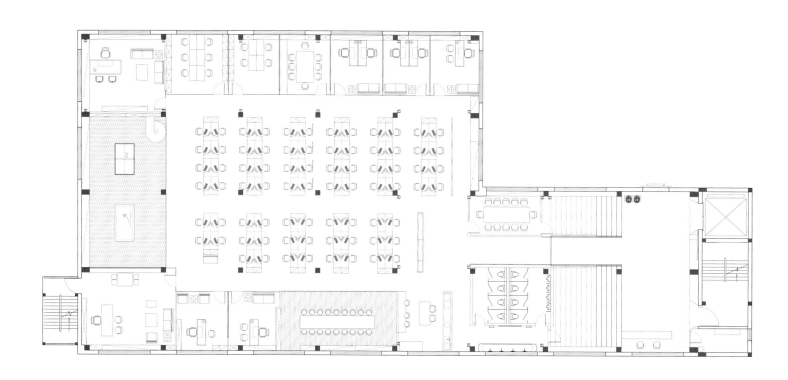

一层平面图

Catering

餐饮空间

动手吧
Dongshouba Resturant

神户日本料理
KOBE,JAPAN

雪坊 优格
SNOW FACTORY

苏浙汇·王府井店
Jardin De Jade (Wang Fu Jing)

云鼎汇砂丹尼斯·天地店
FRNTRSTIC CRSSEROLE

轻井泽锅物台南店
KARUISAWA
RESTAURST TAINAN BRANCH

扬州 东 园 小 馆
YANGZHOU DONGYUAN
XIAOGUAN RESTAURANT

北京丽都花园罗兰湖餐厅
Blue Lake Restaurant Ar
chitectural Landscape & Interior

北京侨福芳草地小大董店
Xiao Daodong
Roast Duck Restaurant

葫芦岛食屋私人餐厅会所
food house

动手吧
DONGSHOUBA RESTURANT

项目名称 _ 动手吧餐厅 / 主案设计 _ 沈雷 / 参与设计 _ 孙云、杨国祥、潘宏颖 / 项目地点 _ 浙江省杭州市 / 项目面积 _ 300 平方米 / 投资金额 _ 240 万元

A 项目定位 Design Proposition
完美不只是控制，还包括释放。

B 环境风格 Creativity & Aesthetics
动手吧告诉你，每个人都拥有破茧成蝶的能力。

C 空间布局 Space Planning
突破牵绊，以一颗不变的谦卑内核，留下印记。

D 设计选材 Materials & Cost Effectiveness
钢铁机械时尚。

E 使用效果 Fidelity to Client
业态与设计新颖，轰动全城。

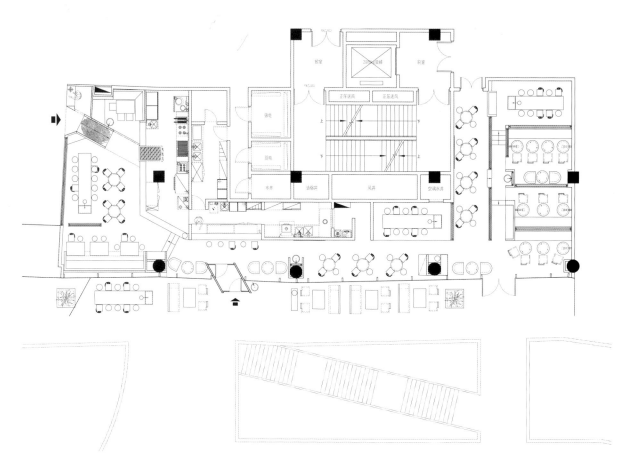

一层平面图

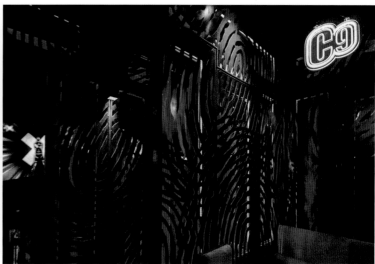

神户日本料理
KOBE.JAPAN

项目名称 _ 神户日本料理 / **主案设计** _ 孙洪涛 / **参与设计** _ 朱晓龙 / **项目地点** _ 吉林省吉林市 / **项目面积** _ 600 平方米 / **投资金额** _ 160 万元 / **主要材料** _ 竹子、和纸、橡木、仿古砖、硅藻泥墙面肌理涂料

A 项目定位 Design Proposition
神户日本料理是在吉林世贸万锦酒店内的一家特色餐饮店。餐饮主要经营定位是铁板烧和日本料理。

B 环境风格 Creativity & Aesthetics
本设计空间运用竹子和古木建筑结构元素，把古建筑的"古朴"元素用在室内空间，表现古建筑"本真"的木结构美。

C 空间布局 Space Planning
本设计以"融合"文化为核心。"融合"是思想的碰撞，新潮元素与传统元素以及文化的融合，体现既是中式的又是日式的，更是世界的。

D 设计选材 Materials & Cost Effectiveness
通常这种手法都会强调两种特质的冲突与对比的统一，具体现在材料的精心选用，适度空间的比例，以及灯光氛围的营造。在本案设计中都一一体现在每个细节里。

E 使用效果 Fidelity to Client
客户非常满意。

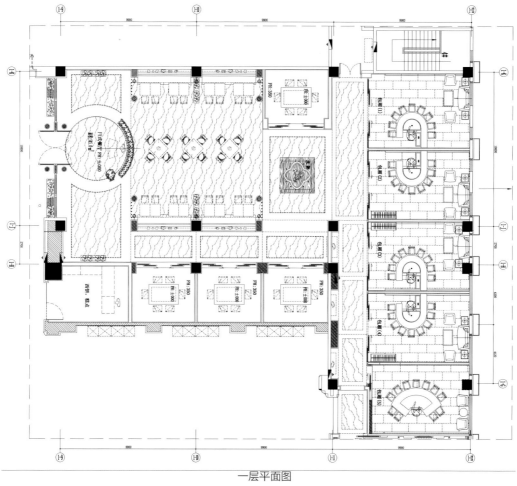

一层平面图

雪坊优格
SNOW FACTORY

项目名称 _ 雪坊优格 / 主案设计 _ 任萃 / 参与设计 _ 任萃 / 项目地点 _ 台湾台北市 / 项目面积 _ 44 平方米 / 投资金额 _ 60 万元 / 主要材料 _ 雪坊优格

A 项目定位 Design Proposition
《出埃及记》三章八节："我下来要救他们脱离埃及人的手，领他们从那地出来，上到美好、宽阔、流奶与蜜之地，就是到迦南人、赫人、亚摩利人、比利洗人、希未人、耶布斯人的地方。"

B 环境风格 Creativity & Aesthetics
座落于台北大安街区，澄净落地玻璃店面映照着来往人群，对比于建体黑色素铝板，一缕白色纯洁的跃然而出，令人联想柔软倾倒、甜香四溢，几个世纪以来众人缱绻着迷的乳制品，不禁使人带动一抿舌唇的嗜甜反射动作。而 Snow Factory 不锈钢字体镶嵌其上，舌唇的甜美记忆就在此处待你追寻，就在此处待你进入那美好传说中流奶与蜜之地。

C 空间布局 Space Planning
大片门扉以黑铁框条嵌强化清玻璃，亲切且不排拒任何人追寻甜美的造访，其清澈投影一如店家自豪的优格产品，其悉心制作以致拥有镜面般的凝固质地。

D 设计选材 Materials & Cost Effectiveness
推开门，宛如进入了优格白色纯滑的世界，缤纷色彩的严选高级水果在跳舞着，在纯白浓郁的空间中鼓着，以纯白人造大理石打造的柜台此刻慵懒的跃升，闪耀其钢烤白漆的雍容光泽，此刻玻璃柜熠熠闪耀的是那甜美、浓香的，在最初即承诺给予的纯净甜美。这在最初据说都是追寻着纯净的美好。

E 使用效果 Fidelity to Client
店内装置了英国真空管扩大机，搭配奥地利的黑胶系统与扬声器，在台北惯常雷阵雨后的午后，在推开门 Snow Factory 那一 那你会听见那 78 转逐渐遭人遗忘粗嘎却温暖而甜馨的乐声。

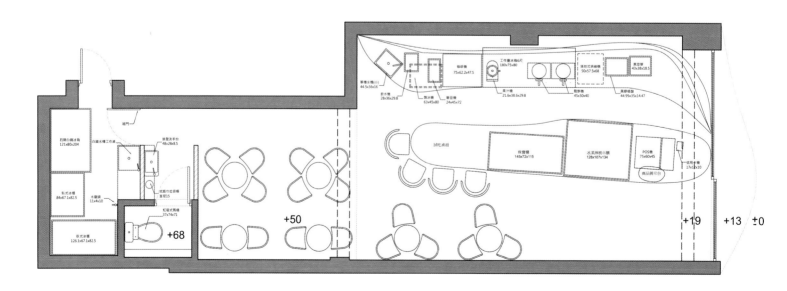

一层平面图

苏浙汇·王府井店
JARDIN DE JADE (WANG FU JING)

项目名称 _ 苏浙汇·王府井店 / **主案设计** _ 史毅晶 / **项目地点** _ 北京市东城区 / **项目面积** _1600 平方米 / **投资金额** _1500 万元 / **主要材料** _ 皇家金坛大理石、玻璃、黑拉丝不锈钢、墙纸、必美 - 比利时强化地板、天然木

A 项目定位 Design Proposition

我们在脑海里一直计划能设计一个与众不同却充满中国文化底蕴的抽象艺术的饮食空间。通过对市场定位及以北京当地传统中国文化为基础，实以时尚理念与传统文化的结合手法体现出新东方文化的餐饮空间。

B 环境风格 Creativity & Aesthetics

整个设计概念灵感源自于中国山水画之泼墨艺术。

接待台以巨型中国抽象书法画为表现手法，配合一排排以毛笔造型为设计灵感的装饰吊灯，把接待及酒吧两者融为一体，成为整个餐厅之中心及亮点。接待处一侧是酒库及等候区，白色大理石墙犹如流水行云之势，盆景及天然大树木材为摆设及座椅的运用，把中式园林引进室内。

餐区正中主题墙是整个设计理念之灵魂。主题墙分两个层次部分组成，后面是一幅纯白色巨大毛笔造型内凹立墙，秉承了国画的留白艺术，把色彩投影到前面一组抽象泼墨画玻璃屏风上，半通透屏风在灯光投射下透影出背面的立体造型，两者的结合运用体现了中国文化讲究虚实相生，景物相透的造型理论，不但调弄出氤氲山水之气，更把中国传统艺术以崭新的设计手法融汇结合，展现眼前。

C 空间布局 Space Planning

餐厅主要以半遮半掩的开放式用餐区及十多间私密包厢组成，此灵活布局提供予客人不同需要的餐饮环境。位于入口大屏风背后是半遮半掩的开放式餐区。店面以黑色金属窗花格及艺术玻璃相结合的半通透大屏风及生生不息的流动发水池把外界与室内巧妙地分隔开，不但开阔了餐厅内的视野，增加了空间的透视和层次感，更改善了建筑本身矮层高的结构缺陷。正对大门入口是精心设计的接待与酒吧一体的服务空间。

D 设计选材 Materials & Cost Effectiveness

色彩运用方面以黑白为背景，彩蓝和翠绿色泼墨为点睛，再采用适量天然木材和灯光效果，令整个空间布局及氛围呈现出全新的现代东方生活与美学心灵的餐饮艺术文化。

E 使用效果 Fidelity to Client

集时尚，传统文化，艺术渲染及舒适为一体的新中式餐饮空间为顾客提供了优质的用餐环境和服务，宾至如归的同时更丰富了内在的美学心灵。

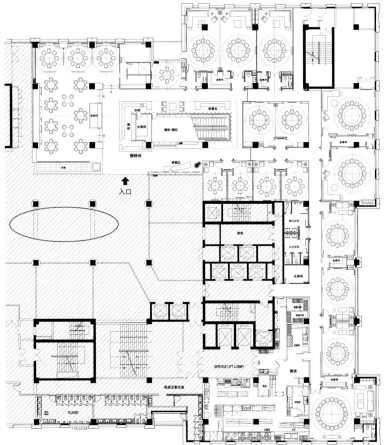

一层平面图

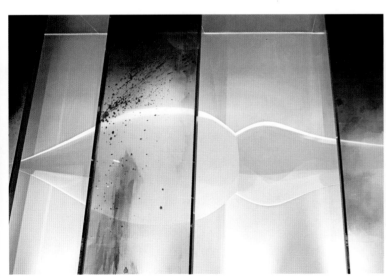

云鼎汇砂丹尼斯·天地店
FRNTRSTIC CRSSEROLE

项目名称 _ 云鼎汇砂丹尼斯·天地店 / 主案设计 _ 孙华锋 / 参与设计 _ 胡杰、赵彬彬、麻美茜 / 项目地点 _ 河南省郑州市 / 项目面积 _ 280平方米 / 投资金额 _ 50万元 / 主要材料 _ 石材、乳胶漆

A 项目定位 Design Proposition
由于到云鼎汇砂来的大多是家庭用餐或朋友小聚，设计理念既不可太超前又不可过于传统，所以我们从日常生活入手，找到了一些灵感，确定了设计理念：用常见的普通材料做装饰，引发人们对时光的眷恋之情。

B 环境风格 Creativity & Aesthetics
整个就餐空间以黑红为主色调，给人以清凉静谧之感，一如它的名字，透着几分神秘。

C 空间布局 Space Planning
现代的室内空间，在经历过所谓的奢华，简约欧陆之后，亲切质朴的令人容易接近的空间才是人们真正想去的地方，最普通的材料，最简洁的手法，最有效的布局才能更好的服务于顾客、服务于经营。本案我们采用钢筋做成"雨后彩虹"，但在钢筋、砖瓦之中，每个店又都有不同主题的、反映城市变迁的照片和绘画穿插其中，希望客人在就餐之余能有所念想。

D 设计选材 Materials & Cost Effectiveness
螺纹钢筋有序的排列，工业感十足，"洒上"鲜艳的色彩，打造出"雨后彩虹"般的梦幻空间。 老旧木头之中镶嵌着被遗弃的啤酒瓶，以强烈的灯光来突出玻璃的空灵，翠绿与深绿交错，组合的不只是纯粹的色彩美学，还有对客人善意的提醒，应该怀有一颗发现美的心。

E 使用效果 Fidelity to Client
云鼎汇砂投入运营后很快就有一大批食客集结而来，吸引人的不仅是它动态展示的烹饪过程、独家秘制云汁和适合每个人口味喜好的选择，还有独特的设计风格，让人就餐之余，心中溢满温情，情不自禁眷恋旧日时光。

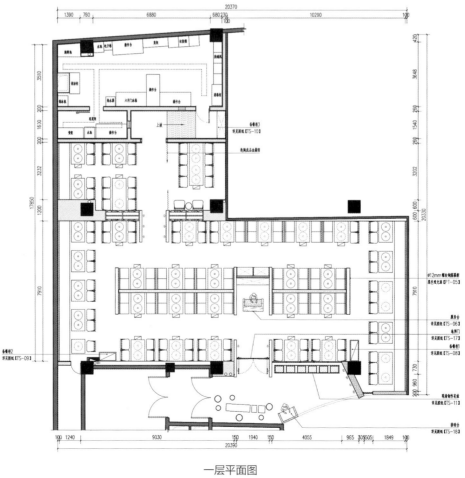

一层平面图

轻井泽锅物 台南店
KARUISAWA RESTAURST TAINAN BRANCH

项目名称 _ 轻井泽锅物 台南店 / 主案设计 _ 周易 / 参与设计 _ 吴旻修、蔡佩如 / 项目地点 _ 台湾台南市 / 项目面积 _1496 平方米 / 投资金额 _1000 万元 / 主要材料 _N/A

A 项目定位 Design Proposition

现代人对于"用餐"这回事，大概已经很难停留在单纯讨好味蕾的层次，随着商家们的竞争越趋白热化，除了舌尖上的激情与满足，包括空间的情境气氛、布置的内容、甚至灯光够不够情调？侍者们服务周不周到等等，都将成为整体评比的一部份。

B 环境风格 Creativity & Aesthetics

座落大道旁的"轻井泽"台南店面宽 30 米，很难想象这是由老旧铁皮家具卖场改造而成的地景艺术。顶部拉出水平线条的锈色金属轮廓，让建筑自然涌现安定与稳重，右侧墙面嵌上书法名家——李峰大师挥毫的巨大白色"轻井泽"铁壳字，相当具有辨识度。外廊中央象是不规则切开的几何门面，因为上半部多达上千枝缜密排列的悬空竹林阵列，数大便是美加上隐约的竹间投射而下的光束，让刻意内退原店面 8 米纵深，营造户外骑楼效果的廊下格外显得内敛幽深，设计师并贴着建筑物边界植上一排色鲜青翠的黄金串钱柳，夜里在地灯烘托下，既能掩映外部视线，也是室内借景的前置端点。

C 空间布局 Space Planning

从正面驻车处踏上三阶高度，导入舞台登高的隆重感，无论白天黑夜，如此壮盛的悬空竹林阵列，都是引人仰望的目光焦点，来客一踏上廊下的灰阶地坪，两侧即是一大一小、各拥奇趣的禅意水景，左边主水景宛如托高长盘，盘上点缀三方景石，颇有怀石料理摆盘的意境，盘面潺潺流动的水幕佐以唯美灯光，峥嵘奇石彷佛漂浮其上，右翼副水景则以朴拙瘤木为主角，氤氲的景致刚好是柜台区向外望的反馈。

D 设计选材 Materials & Cost Effectiveness

主要用餐空间都集中在一楼，大致呈回字形环抱中央的灯光干景，半空中由竹子排列而成的围篱，对应下方两座景石和类土俵的枯山水，后段的卡座比邻大面玻璃窗，窗外与邻栋建筑间植满生气盎然的翠竹林，从绿油油的后景竹林、中景的土俵枯山水到前端的水景、植栽，环环相扣的景链大大提升了"食"的机趣与深度。

E 使用效果 Fidelity to Client

卡座的铺陈也是一绝，深色木作打造如四柱床的连续结构，沈稳而安静，搭配金属构件与虫蛀板特制的背靠屏风，每方桌面都点上一盏古朴的斗笠灯，唤醒村居的随性自如，顺着香气四溢的水烟袅袅，过道竹篱对话窗外修长的竹林，流利的小风在摇曳的叶上沙沙作响，此间浓浓的禅意象是空气；如影随形。

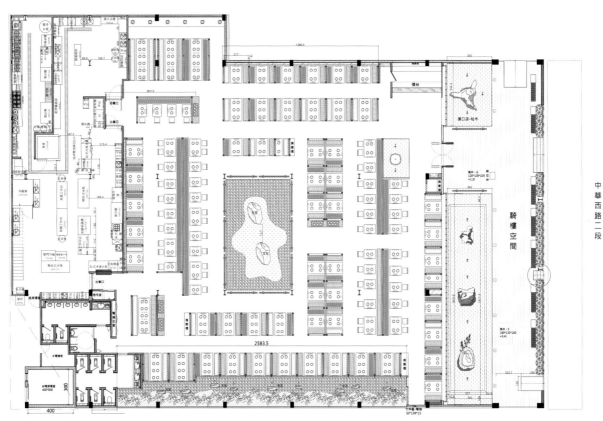

一层平面图

扬州东园小馆
YANGZHOU DONGYUAN XIAOGUAN RESTAURANT

项目名称 _ 扬州东园小馆 / 主案设计 _ 孙黎明 / 参与设计 _ 耿顺峰、陈浩 / 项目地点 _ 江苏省扬州市 / 项目面积 _ 430 平方米 / 投资金额 _ 200 万元 / 主要材料 _ 顺鹏陶瓷、德蒙玻璃、嘉乐丽

A 项目定位 Design Proposition

从产品策划角度，空间设计策划与业态市场定位，需要与物业所处基地文化调性与目标特征达成和谐，作为中等城市 CBD 核心 SHOPPING MALL，扬州时代广场在城市商业形象与消费"吞吐"力上都堪称区域翘楚，最受本地最活跃的青年目标客群所拥趸。为此，在空间风格方向上，主要着眼点就是如何呈现一线、二线发达城市的商业空间的品质感、国际化；而在业态设定上则侧重亲和"接地气"符合本埠目标消费习惯与消费能力——体验感特色化的地方饮食，这里也考虑了基数较大的周边白领的重复性消费的因素。

B 环境风格 Creativity & Aesthetics

在空间环境营造上，突出"生活化"的贯穿始终，在古典与现代的"家"的环境基调下，目标客群所能体验到的尽是放松、亲切、不设防，在舒朗简约的氛围中，整个业态空间流溢惬意又不乏小资腔调，餐饮功能与社交平台的双重作用自然贴切滴融合在一起。

C 空间布局 Space Planning

开敞、无死角是空间布局的第一原则，从全零点区设置到主入口到商场的出口，都体现了这一原则；而入口明档展示区与个性吧台背景则让这种统一原则中平添了变化和趣味，同时竖向的虚拟、半虚拟空间切割亦避免了因"一脉统一"的呆板直白。

D 设计选材 Materials & Cost Effectiveness

选材上遵循扎实、自然、平朴、机理生动原则，所有材料都倾向于对外传输亲切感与熟稔度，与项目空间定位、业态定位取得方向上的一致。而恰当比例的绿色皮革和毛砖的使用则在色彩与肌理上获得活化与提亮，避免大面积理性的金属与木色产生压迫感。

E 使用效果 Fidelity to Client

由于事前充分的市场调研，与精准的市场定位，本项目错开了所在区位与购物中心内的同质竞争，并由于价格和菜品亲民、空间的品质感和切准"五觉"的体验感塑造，开业以来一直生意火旺，其中周边白领的重复消费率接近 100%。

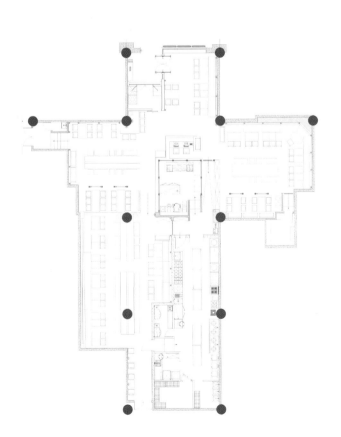

一层平面图

北京丽都花园罗兰湖餐厅
BLUE LAKE RESTAURANT ARCHITECTUR
AL LANDSCAPE & INTERIOR

项目名称 _ 北京丽都花园罗兰湖餐厅 / 主案设计 _ 陈贻 / 项目地点 _ 北京市朝阳区 / 项目面积 _ 900平方米 / 投资金额 _ 1000万元 / 主要材料 _ 大理石

A 项目定位 Design Proposition
掩映环绕在密林缓坡上的一座既现代又极富自然体验感的建筑体。对于那些身心疲惫而想要暂时逃离喧嚣都市并纵情于自然同时又想体验时光慢慢流淌的人们来说这里绝对是一个足够吸引人的名副其实的宁静场所。

B 环境风格 Creativity & Aesthetics
他是一个独特的能够融合周边自然环境，从树林中生长出来，并且仍能使得原有建筑生命气息不受任何干扰而继续自然而然的运行并流淌出来的全新建筑。把自然协调成建筑背后的驱动力，将一个保留历史记忆的但却是跟周边的花园景致完全融合的建筑空间呈现给使用者。

C 空间布局 Space Planning
结合了东方的阴阳合一理念，构筑了明馆（玻璃馆）和暗馆（实体馆）两部分。并同时在整体平面布局中规划出一个私密的室内庭院。

D 设计选材 Materials & Cost Effectiveness
建筑外立面大量的运用透明中空玻璃及菠萝格防腐木，使整体建筑看上去虚实结合。

E 使用效果 Fidelity to Client
使用方结合此项目自然清新的特点，策划了众多的婚礼及宴会活动，使整个空间的运用更加的具有多变性和丰富性。

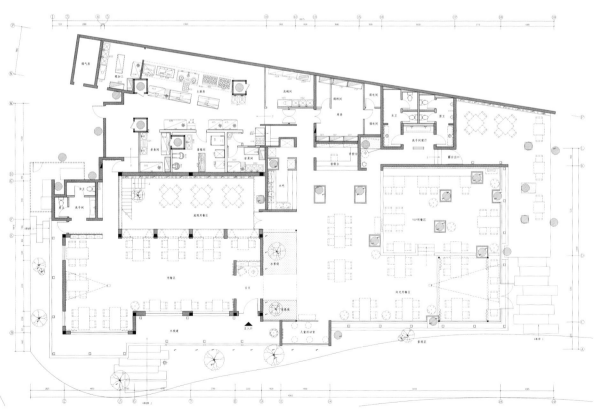

一层平面图

北京侨福芳草地小大董店
XIAO DAODONG ROAST DUCK RESTAURANT

项目名称 _ 北京侨福芳草地小大董店 / **主案设计** _ 刘道华 / **参与设计** _ 陈亚宁、张怀臣、马东阳、陈双喜 / **项目地点** _ 北京市朝阳区 / **项目面积** _ 400 平方米 / **投资金额** _ 160 万元 / **主要材料** _ 高级定制家具

A 项目定位 Design Proposition
小大董，位于优雅购物、艺文荟萃的"侨福芳草地"内。亦小或大，小文艺青年的惊鸿一瞥，摇不尽的繁花迷离，在唇齿之间，为自己找个家，留恋，回味。

B 环境风格 Creativity & Aesthetics
小大董就好像大董的少年版，带着一丝青涩走出来的全新品牌，既文艺又带着大董精益求精的味觉体验。和商场一派现代气息不同的是，小大董给人感觉是中式风格里面带着怀旧及禅意的气息。

C 空间布局 Space Planning
聚落的架构理念，牵引着各区域的衍生。动线的韵律指引、及徽派建筑形式移入室内，仿若我们行径在村落的小巷内，忘却世间百态，只留得一身"清"。小空间大智慧，外看简洁内看细节，虚实相生，加以当代艺术的配饰点缀，赋予空间摇不尽的繁花迷离。

D 设计选材 Materials & Cost Effectiveness
水泥、锈板、仿旧木作。

E 使用效果 Fidelity to Client
大董的品质，雅致、轻松愉悦的就餐氛围，实惠的价位，评价自然高。

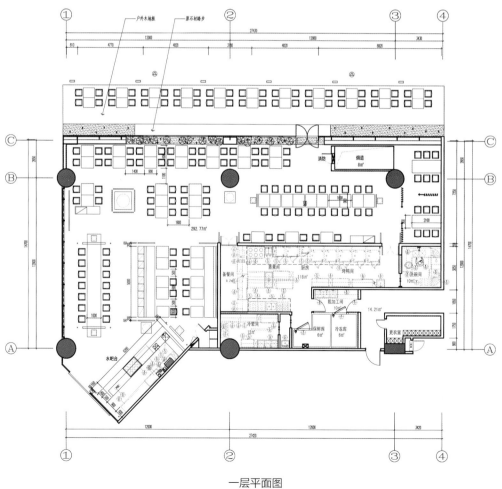

一层平面图

葫芦岛食屋私人餐厅
FOOD HOUSE

项目名称 _ 葫芦岛食屋私人餐厅会所 / **主案设计** _ 赵睿 / **参与设计** _ 燕群、刘方圆、曾庆祝、李龙君、伍启雕、邓猗夫、黄迎、郭春兴 / **项目地点** _ 辽宁省葫芦岛市 / **项目面积** _ 2101 平方米 /
投资金额 _ 500 万元 / **主要材料** _ 多乐士、雷士照明

A 项目定位 Design Proposition
营造一个与环境融于一体的情感化建筑。

B 环境风格 Creativity & Aesthetics
设计师根据海边的地形面貌，以梯级线的设计手法来弱化建筑，让建筑更好的融入环境
之中。保留了完整的植被，保持了原始生态而且让建筑更为松散自由，形成自然和谐的景观
环境。

C 空间布局 Space Planning
在室内的空间设计上，为了增加情感和体现生活的痕迹并与时间的交错，设计师将建筑
周围的树枝、贝壳、破碎的陶瓷等再次设计融入到其中，增强自然气息和生活本身的亲
和力。

D 设计选材 Materials & Cost Effectiveness
许多装饰材料就地取材，应用该地区的资源，自然的材料，废旧的材料，经过自己加工改
造再应用与建筑中，比如当地的海边贝壳，旧瓷器，树枝等等。该建筑为私人会所，主要
为接待朋友旅客，不作主要商业行为，造价和选材上有所考虑且进行更为细致的筛选。

E 使用效果 Fidelity to Client
自然和谐，从同一个地方孕育出的环境。

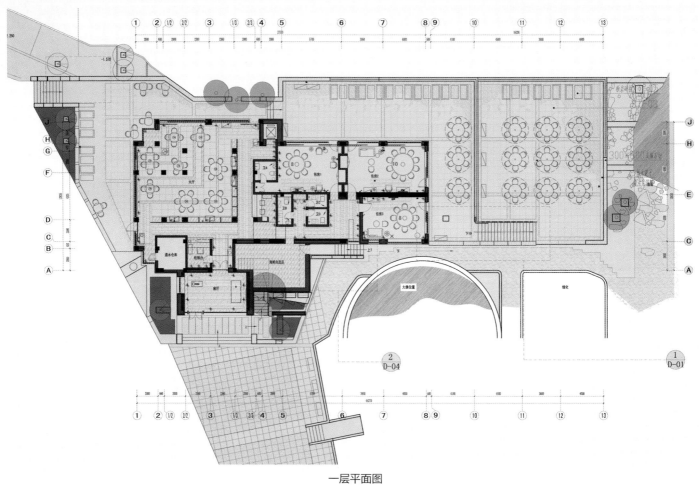

一层平面图

烟台九十海里新派火锅
YANTAI NINETY NM NEW HOTPOT

项目名称 _ 烟台九十海里新派火锅 / **主案设计** _ 王远超 / **参与设计** _ 王凡、王远超、何勇、庄鹏 / **项目地点** _ 山东省烟台市 / **项目面积** _2200 平方米 / **投资金额** _500 万元

A 项目定位 Design Proposition
90 海里是一家新派火锅餐厅，浪漫的地中海风与中国传统饮食文化相融合的食尚空间。海蓝色旧木条板．锈铁与白色涂料结合船桨、浮漂、舵轮、仿真旗鱼、古帆船模型等航海风格配饰，营造了一种蔚蓝色的浪漫。复古栀灯，旧木吊灯的应用令人遐想。餐厅入口处船型服务台与古造船图背景墙相映成趣。

B 环境风格 Creativity & Aesthetics
海蓝色旧木条板．锈铁与白色涂料结合船桨、浮漂、舵轮、仿真旗鱼、古帆船模型等航海风格配饰，营造了一种蔚蓝色的浪漫。复古栀灯，旧木吊灯的应用令人遐想。餐厅入口处船型服务台与古造船图背景墙相映成趣。一层"东经区"，感受漂浮在岛上的风情与浪漫，放眼窗外，翻滚的波涛，翱翔的海鸥尽收眼底。

C 空间布局 Space Planning
一层"东经区"，感受漂浮在岛上的风情与浪漫，放眼窗外，翻滚的波涛，翱翔的海鸥尽收眼底。一层"北纬区"可以欣赏璀璨的星空，繁星的点缀使就餐环境更贴近自然。二层包房以岛命名，岛名印在仿古书封面挂于包房厚重的木门上。神秘的航海图，经典老海报的点缀使餐厅处处散发着悠闲浪漫的情怀。三层的"夏威夷群岛"，几艘木船隔出了宽敞而又相对独立的餐位，让孩子有足够的空间在身边玩耍，厚重的木梁结构充满原始的粗狂美。凭窗望去，依旧是那片海，只因所处环境不同，感受才不同。

D 设计选材 Materials & Cost Effectiveness
使用做旧木板、锈铁与白色涂料结合，各种仿真模型。

E 使用效果 Fidelity to Client
得到了业主的肯定。

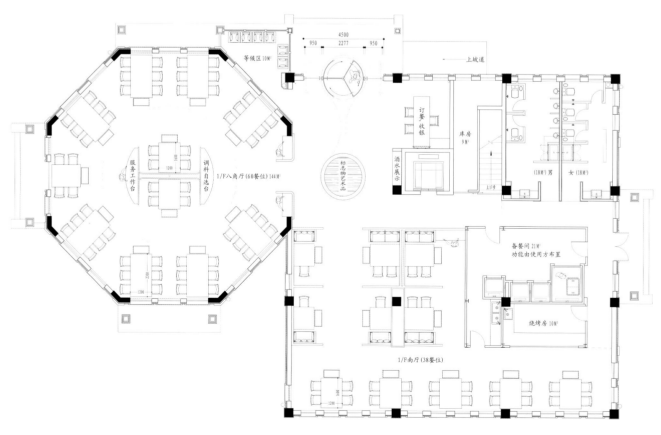

一层平面图

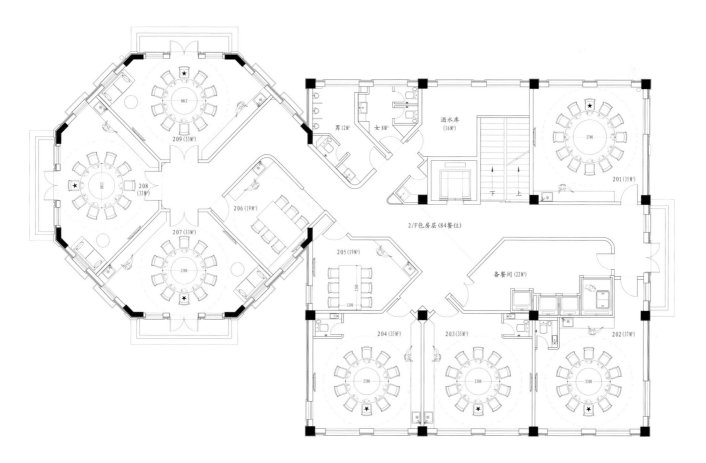

二层平面图

Shopping

购物空间

泡 泡 艺 廊
P.p Design Gallery

苏 州 自 在 复 合 书 店
Suzhou Zizai Bookstore

流 动 · 厦 门 ALVIN
高 级 定 制 摄 影 会 所
Xiamen Alvin Bespoke
Photography Club

西 安 大 明 宫 万 达 广 场
Xi'an Daming
Palace Wanda Plaza

邱 比特之舞 · 金吉泰光之廊
LIGHT GALLERY

新 世纪食品城世博源店
NEXTAGE FOOD
MARKET (ShiBoYuan)

宁 波狮丹努集团面料展厅
Seduno Material
And Product Center

芝 度法式烘焙馆 · 建政路店
Chido French
Bakery(JianZheng Road)

寻 茶
DISCOVER SAVOU

保 利 · 珠 宝 展 厅
POLY JEWELS

泡泡艺廊
P.P DESIGN GALLERY

项目名称 _ 泡泡艺廊 / 主案设计 _ 毛桦 / 项目地点 _ 深圳 / 项目面积 _340 平方米 / 投资金额 _78 万元

A 项目定位 Design Proposition
泡泡艺廊，它位于深圳市南山区华侨城 OCT 创意文化园北区。这个漂亮时尚的艺廊汇集了来自世界各地极具创意的设计品牌，将国际炙手可热的设计产品呈现于世人的眼前。

B 环境风格 Creativity & Aesthetics
在他们的设计中，我们能够强烈地感觉到经典的欧洲风格与东方审美相互融合，而那些直接源自国际品牌的独具匠心及高品质的家具和家居饰品更为他们的设计锦上添花。

C 空间布局 Space Planning
泡泡艺廊的开设是为了让更多的国内同行、客户、设计爱好者以及年轻的学子们能够足不出户与世界同步，及时了解最新的设计潮流，获得最前沿的原创设计理念。

D 设计选材 Materials & Cost Effectiveness
店内陈设的产品类别涵盖室内外家具、高品质的装饰品、极具设计感的灯具以及其他家居生活用品等，很多都是出自名家之手，为人们的生活带来别样的惊喜。

E 使用效果 Fidelity to Client
很好。

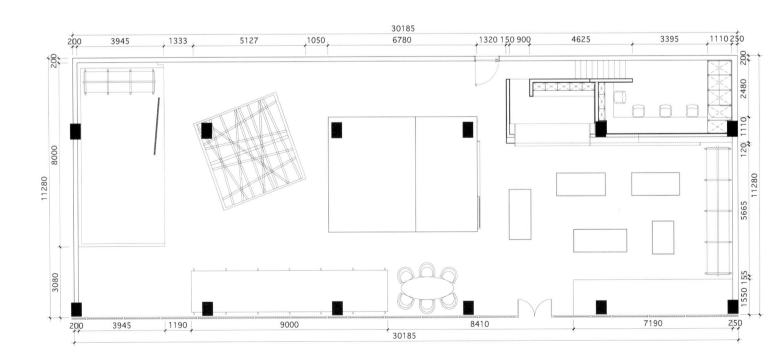

一层平面图

苏州自在复合书店
SUZHOU ZIZAI BOOKSTORE

项目名称 _ 苏州自在复合书店 / 主案设计 _ASMA HUSAIN / 项目地点 _ 江苏 苏州市 / 项目面积 _13000 平方米 / 投资金额 _390 万元 / 主要材料 _威盛亚防火板

A 项目定位 Design Proposition
自在复合书店是凤凰传媒打造的新的独立书店品牌，位于苏州凤凰文化广场，融合出版物、文创产品、咖啡、传统手工艺品，是一个全新、创新的文化场所。

B 环境风格 Creativity & Aesthetics
凤凰苏州书城阅读区。繁华竞逐地，唯心清宁。阅读无忧，运筹帷幄。

C 空间布局 Space Planning
取名"自在"，顾名思义一切按照自己的心意，可以安静的看书，悠哉的闲逛，或者坐在窗口品味一杯咖啡，都是一件惬意的事情，坐在窗口就可以望见星海广场至湖滨广场的众多高大建筑，在这种氛围下，感觉安静舒适。

D 设计选材 Materials & Cost Effectiveness
书店内部书架，书柜，家具，桌椅均采用原色木制品，在品味书香的同时给人清新自然的感觉。

E 使用效果 Fidelity to Client
开放以来，受到各方关注，被称赞为"中国最美书城"。店内商品面向城市中高阶层消费者。

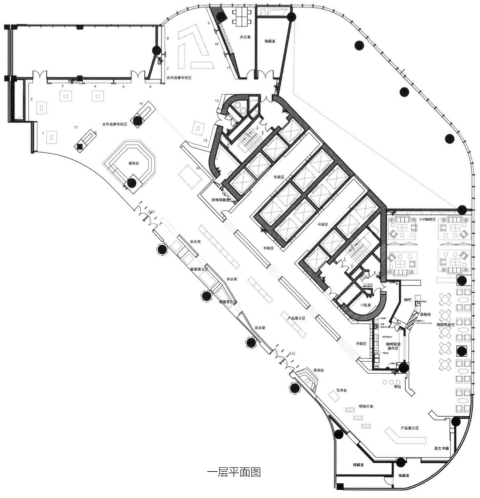

一层平面图

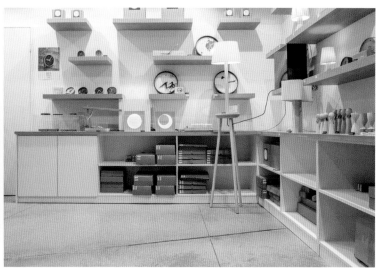

流动·厦门
ALVIN 高级定制摄影会所
XIAMEN ALVIN BESPOKE PHOTOGRAPHY CLUB

项目名称 _ 流动·厦门 ALVIN 高级定制摄影会所 / **主案设计** _ 翁德 / **参与设计** _ 梁剑峰 / **项目地点** _ 福建省厦门市 / **项目面积** _130 平方米 / **投资金额** _70 万元 / **主要材料** _ 德国马宝壁纸、黑白根大理石、古木纹大理石、亚克力垂直帘、钢化玻璃、明镜、西顿照明

A 项目定位 Design Proposition

ALVIN VISION 已被公认为是婚纱摄影的行业指标，任何一个看过 ALVIN VISION 婚纱摄影作品的人都会被其唯美的色彩和自然的幸福美感所打动。 ALVIN 定制摄影会所，市场的定位是局限于高端群体特定目标的服务，这里隐藏的是一种品牌的态度和方式：高贵性、私密性的享受，宁静内敛。提供者与个人身份相符或更高级别的服务、带来人文文化和商业化的环境，也给客户在此获得最高的服务附加值。

B 环境风格 Creativity & Aesthetics

无论流行风格如何变迁，现代奢华始终是人们的心中的最爱。奢华不是一种风格，不是镶金戴银而是一种态度，目的是为了一个可感受的，而非想象中的生活。奢华的空间定义不是高不可攀，而是细腻的风格描写加上丰富的设计机能贯注。因而让空间不再只是单纯的空间，它让人们再其中体验到一种有意义的空间感受。

C 空间布局 Space Planning

此次为 ALVIN 会所进行室内设计，企图解决客户那五十件顶级婚纱的收纳与展示，既满足了客户的功能需求同时，在规划上的布局灵感源自于集装箱体，整个平面布局就是一个个的集装箱，每个箱体有着它独特功能，每个功能同时又表达着它特有的性质。

D 设计选材 Materials & Cost Effectiveness

为了解决每个箱体的不受压迫与通透感，所以每个箱体都是采用玻璃围合。地面都是流水，在流水的映衬下犹如水中浮出的建筑概念。运用暗色亮面石材、金属、镜面、皮革等极具现代感的材质去表现高调奢华特有的素材。 以暗调灯光氛围来表达高雅品牌的形象，它不过于前卫，也不会过于华丽，它继承了日式的设计精细、欧式华美的传统，用凝练的色彩与线条构筑起最简单与华丽的感受方式。

E 使用效果 Fidelity to Client

投入运营后，该会所获得客户的交口称赞。吸引了很多潜在客户。为了更加强化人们对这个新开的定制摄影会所品牌的认知，设计师也无处不在设计中融入了 ALVIN 几个设计字母为设计元素，令整个设计概念更引人遐思。来凸显整个品牌，提升其品牌价值。

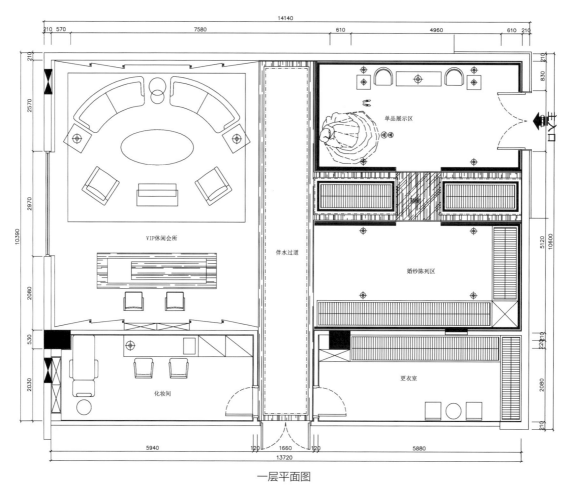

一层平面图

西安大明宫万达广场
XI'AN DAMING PALACE WANDA PLAZA

项目名称 _ 西安大明宫万达广场 / **主案设计** _ 冯厚华 / **参与设计** _ 谢贯荣、何家乐 / **项目地点** _ 陕西西安市 / **项目面积** _650000 平方米 / **投资金额** _100 亿元 / **主要材料** _ 九牛、三雄、TCL、东陶、汇泰龙

A 项目定位 Design Proposition

开启了西安综合体时代，建成后成为李家村改造后新的商业核心，全方位满足和创造新的消费需求，有效拉动和刺激了消费，同时也带动了区域的产业结构调整。

B 环境风格 Creativity & Aesthetics

在注重商铺效益利用的同时，结合西安地域特色与流水的设计理念，将现代和古韵融合一体，为西安古城带入了现代购物体验的新风潮。

C 空间布局 Space Planning

整个商场的细部设计呈现"行云流水"的理念，其中扶梯设计在构思时，匠心独运地设计成由冲孔图案形成的流水图案，远看又像一个个古钱币的集合，又如雨滴从天幕中散下，放在中庭位置既象征财富的聚集，又给人视野增添了活泼的元素，为画龙点睛之笔。

D 设计选材 Materials & Cost Effectiveness

电梯厅设计时以块面处理的设计手法为了吸引人流，以及达到交通上的导示作用，利用超白玻璃整体透光的形式，细节上结合当地文化的图案元素，在玻璃上处理成镜面效果，让消费者在购物同时享受不一样的味道。

E 使用效果 Fidelity to Client

与西安古都文化气息相融，引导城市新一轮的消费格局更新。辅以万达集团 24 年商业品牌和客户的积累，以其"不动产运营城市"的经营哲学，全方位满足区域群众的消费需求，提高北城人民生活品质，带动北城新经济中心成为西安国际化大都市的"国际时尚潮流商业中心"，助推西安城市发展和商业升级。

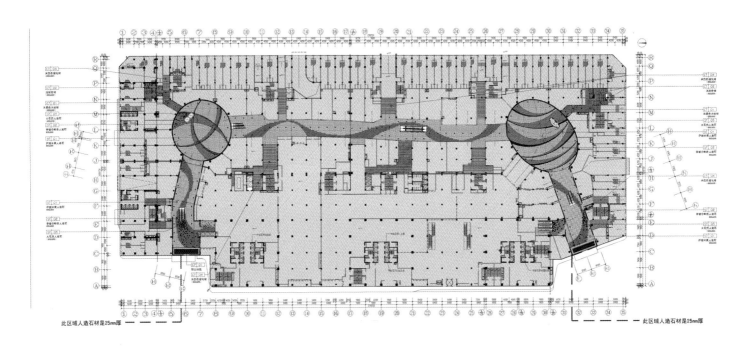

此区域人造石材是25mm厚

此区域人造石材是25mm厚

一层平面图

JITAISAPPHIRE

邱比特之舞·金吉泰光之廊
LIGHT GALLERY

项目名称 _JITAISAPPHIRE 的光之廊 / 主案设计 _ 林琮然 / 参与设计 _ 李本涛、姚生、涂静芸、文世友 / 项目地点 _ 江苏泰州 / 项目面积 _70 平方米 / 投资金额 _37】 万元 / 主要材料 _ 水泥、不锈钢管、LED

A 项目定位 Design Proposition

JITAISAPPHIRE 男装总监对话，提出了光之廊的概念，研究八心八箭又名邱比特车工，把钻石的切割比例解构为空间的密码，让代表邂逅、锤情、暗示、梦系、初吻、缠绵、默契、山盟这八个美丽意境与空间结合，产生蓝线分割空间以表达那男人最美丽的承诺，线条在空间内飞舞展出了几何构线，配合服装呈现出三度立体陈列观感，再由地面切分出的水泥多角块体，制造出高低有致的中岛与服务台，完美表现空间多重视觉的变化性，开创服装店一种经典与时尚美感。

B 环境风格 Creativity & Aesthetics

空间内用色简约，质朴的水泥灰与宝石蓝组成一前卫视觉画面，自然切割线条构成的空间藏有中国老子的东方哲学，不锈钢管所包藏光芒，如同老子所说的暖暖内含光，粗中带细圆中带芒的设计，使得店面粗旷中带有著细腻的韵味。"超现实的光之廊，由蓝与灰构成，满天光芒的线，展现出神秘的宇宙。"

C 空间布局 Space Planning

设计师有与设技流程，代表中国极高设计与工艺水准的进步，最终作品完美反应泰州这诞生梅兰芳大师的细腻工底，也开启了本土化与国际性的连结点，成熟的关注了自然 (nature)、艺术 (art) 与设计 (design) 这三者合成的空间 DNA 内涵，开启了泰州时尚新地标。

D 设计选材 Materials & Cost Effectiveness

设计师有著高度实验且 Moma 先峰精神的设计，符合年青潮流的显明形象，在 JITAISAPPHIR 实验店上如此大胆妙思，着实考验当地工匠的手工艺，直径 3cm 圆管内放入 LED 光带，随机 1cm 的开孔间接露出来的光芒，不同角度与长度的圆管组成多角形，由内而外组成整体网线，藉由现代的数位设计，使用 BIM 去做有效的节点控制，首创的特殊施工与设技流程，代表中国极高设计与工艺水准的进步，最终作品完美反应泰州这诞生梅兰芳大师的细腻工底。

E 使用效果 Fidelity to Client

作品设计投入以来获得多加媒体的赞誉，纷纷登入其室内杂志，尤其在美国室内设计中文网等得到良好的评价。

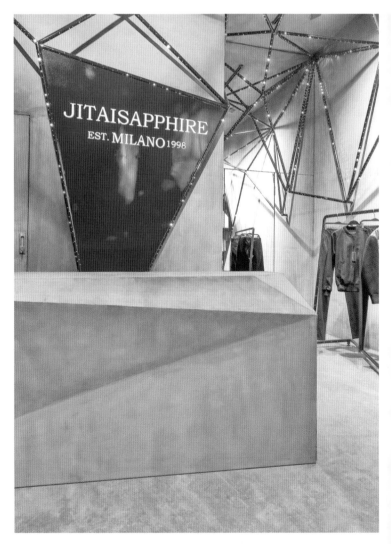

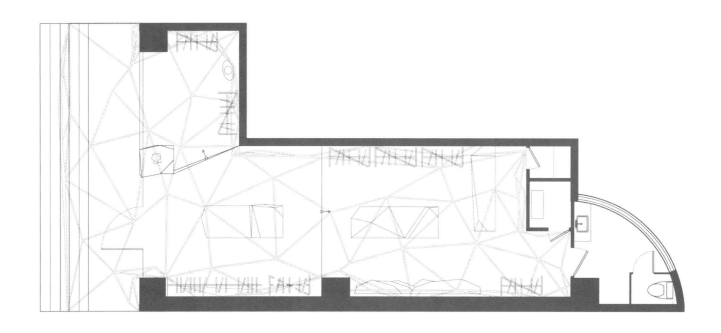

一层平面图

新世纪食品城世博源店
NEXTAGE FOOD MARKET (SHIBOYUAN)

项目名称_新世纪食品城世博源店 / 主案设计_平野裕二 / 参与设计_三枝信雅、贺炜、张志峰 / 项目地点_上海市 / 项目面积_5000平方米 / 投资金额_3000万元 / 主要材料_地面: 通体砖(深灰、浅灰、米色);墙面: ICI乳胶漆(灰)、木纹金属装饰、玻璃砖隔墙、;吊顶: 系统金属天花(灰色、白色、木纹色)

A 项目定位 Design Proposition
精品超市和餐饮店业态相结合,打造一站式服务,作为目前上海最大购物中心的主力店,解决不同顾客的饮食需求。

B 环境风格 Creativity & Aesthetics
采用《圣经》创世纪初伊甸园的"生命之树"为主题,传说吃了生命之树果实可以长生不老的美好寓意。设计创意主题性强、意义深刻,以食品城项目做概念非常贴切。

C 空间布局 Space Planning
根据业态主动线分区明确,通过巧妙设计的手法,不同业态间相互交融,达到大空间的整体设计统一。

D 设计选材 Materials & Cost Effectiveness
采用大量玻璃砖、水晶装饰条、玻璃装饰贴膜配合渐变色LED照明,最大限度营造通透梦幻的场景气氛。

E 使用效果 Fidelity to Client
担负起目前上海最大购物中心的主力店,很好解决了顾客的饮食需求,为提升整体商业品牌做贡献。

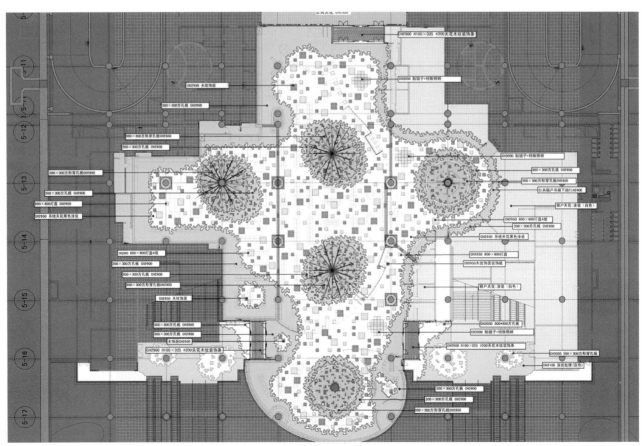

一层平面图

宁波狮丹努集团面料展厅
SEDUNO MATERIAL AND PRODUCT CENTER

项目名称_宁波狮丹努集团面料展厅 / **主案设计**_卓稣萍 / **参与设计**_卓永旭、覃小莉、徐群莹 / **项目地点**_浙江省宁波市 / **项目面积**_200平方米 / **投资金额**_60万元 / **主要材料**_金斧道具

A 项目定位 Design Proposition
应对当下面料市场的创新和品质需求，塑造一个纯粹、时尚，具有科技感的面料展厅，展现其节能环保、时尚创新、高科技高品质的产品，整合资源，发挥优势。通过设计、研发、整合推广，提高品牌影响力。作为极具设计感的面料展厅领跑者，独占市场制高点。

B 环境风格 Creativity & Aesthetics
设计以产品原料、产品展示为主题，在设计中突出展厅的"现代、经典、创新"。在设计表现手法上采用原创的理念，通过动态和静态来展示企业的产品形象。

C 空间布局 Space Planning
橱窗展示：延续面料展示的主题，采用彩色隔断，使空间富有张力，极具设计感。
三个创意场景展示：① 创意场景展示一：出样通过长岛台和圆管喷碳灰色金属漆面料，丰富面料展示形式；② 创意场景展示二：此空间是成衣和面料的综合体出样。设计通过不同方式的陈列柜组合，顶面采用爱迪生灯泡装饰，形成天地合一的感觉（深灰色、原木色、白色、暖光）；③ 创意场景展示三，可以说是展厅出样的尾声也是中间部分，他的展示背景是一个精彩的动态画面墙，所以场景展示三的道具整体性非常强，但不失细节。
服装道具展示：延续创意场景展示一和展示二的元素采用原木色及圆管碳灰色组合成道具。

D 设计选材 Materials & Cost Effectiveness
① 进门采用做旧铜板作为形象背景墙，使整个空间富有力量感和沉淀感；② 延续面料展示的主题，采用彩色布料隔断，使空间富有张力，极具设计感；③ 墙面通过原创石材与乳胶漆的对比，体现出原材料到成品面料展示的质变过程。

E 使用效果 Fidelity to Client
在纯粹、时尚，极具有科技感的环境中，赋予了面料更多的附加值，提升了品质。企业通过这样的设计、研发、整合推广，不但业绩大幅度上升，更是成为该行业的风向标。

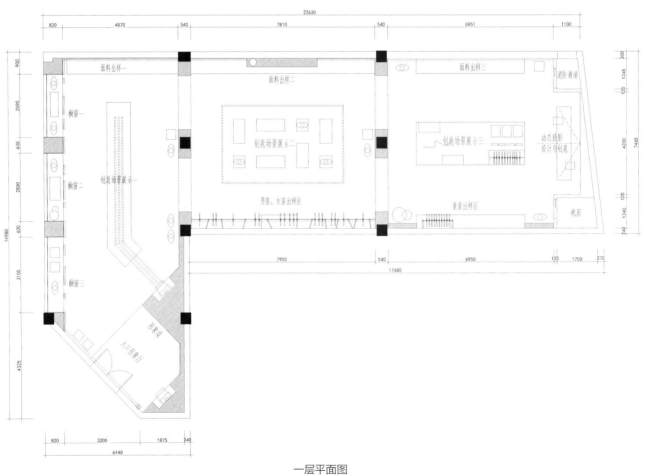

一层平面图

芝度法式烘焙馆·建政路店
CHIDO FRENCH BAKERY(JIANZHENG ROAD)

项目名称_芝度法式烘焙坊(建政路店) / 主案设计_徐代恒 / 参与设计_周晓薇、吴青青、黄仲谋 / 项目地点_广西省南宁市 / 项目面积_70平方米 / 投资金额_30万元 / 主要材料_品尚灯具

A 项目定位 Design Proposition
芝度的品牌定位是中高档的蛋糕店。因此设计师以精品店的品质来打造蛋糕店，每个店的设计风格都不尽相同，但都各有特色，各有惊喜。

B 环境风格 Creativity & Aesthetics
设计师以LOFT风格为主打，希望在闹市中打造出一处回归自然的宁静。

C 空间布局 Space Planning
在狭长的空间中，既要满足货品的摆放又要保留足够的活动空间供顾客走动，并非易事。设计师此次把壁灯和货架组合到了一起，很好的利用了有限的空间解决了照明功能与放置功能，并使整体效果事半功倍。

D 设计选材 Materials & Cost Effectiveness
大面积使用水泥材质与白墙，一改传统蛋糕空间的风格，看似硬朗而冷酷，但加入了实木面板，这些材质的强烈对比让空间性格更为鲜明，更为独特。

E 使用效果 Fidelity to Client
独特的设计风格、多样化的空间功能和烘焙品牌的独特理念，以及高品质的产品，使得芝度法式烘焙坊在投入使用后，每天都能保持较高的人流量，也带来了不错的营业额。

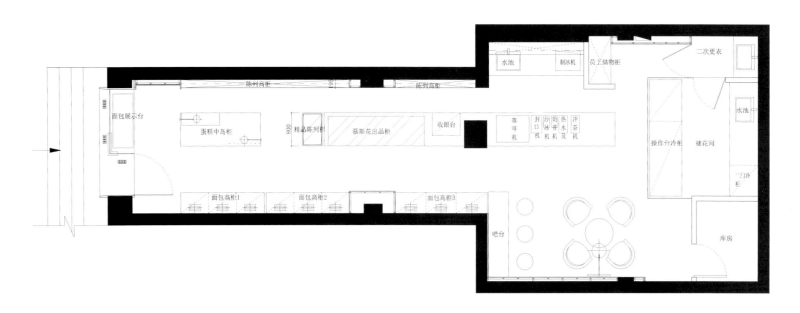

一层平面图

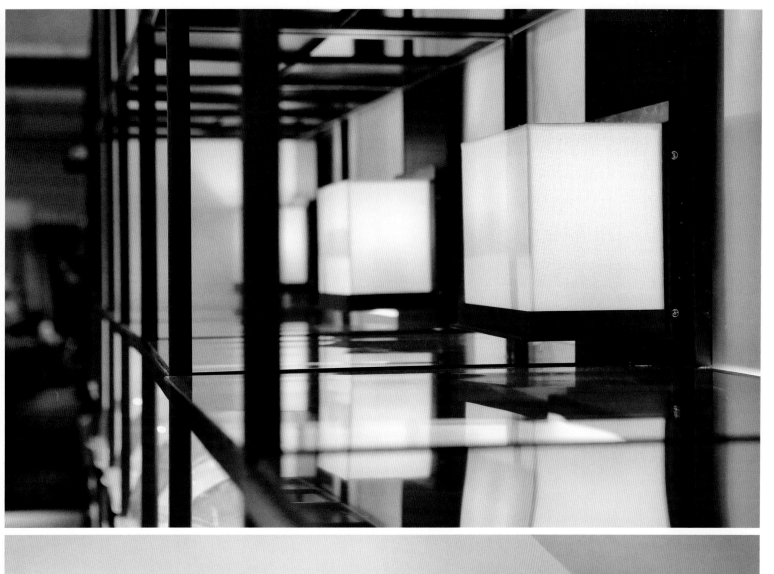

寻茶
DISCOVER SAVOU

项目名称 _ 寻茶 / 主案设计 _ 张瑞 / 参与设计 _ 黄雄斌 / 项目地点 _ 湖南省株洲市 / 项目面积 _ 80 平方米 / 投资金额 _ 12 万元 / 主要材料 _ 多乐士、西顿、道格拉斯

A 项目定位 Design Proposition

委托方希望设计方案在加盟商加盟时，要便于各种尺寸的店面灵活使用.所以中岛的原型来源于自然石块，本身无形，劈开形成客流通道.可以一分为二，也可再分为四，三分也行，遇到狭小铺面，独立一块也能成立，本身无形，则可适应各种变化.墙身展架由预制的转接构件和旧船木板组合而成，增减木板长度，如同竹节之间的生长，依不同尺寸的墙面进行调节，只需要一个规格的转接构件就能够完成.遇到不同条件的店面，都能够运用。

B 环境风格 Creativity & Aesthetics

萃取茶乡的古茶韵味，用抽象的手法表现都市"茶"的艺术空间。

C 空间布局 Space Planning

利用异形柜岛增加空间的变化、旧船木板的组合增加收纳、强化茶韵的艺术性。

D 设计选材 Materials & Cost Effectiveness

选材方面，选择便于异形岛柜的加工，同样材料的地面运用加强了销售区的整体感.旧船木，锈钢板的质感，映衬着手工陶的器物之美和福建茶岩骨花香的独特茶韵。

E 使用效果 Fidelity to Client

很符合品牌的产品理念，空间更有韵味，来店购茶客户可以从空间感受到茶韵。

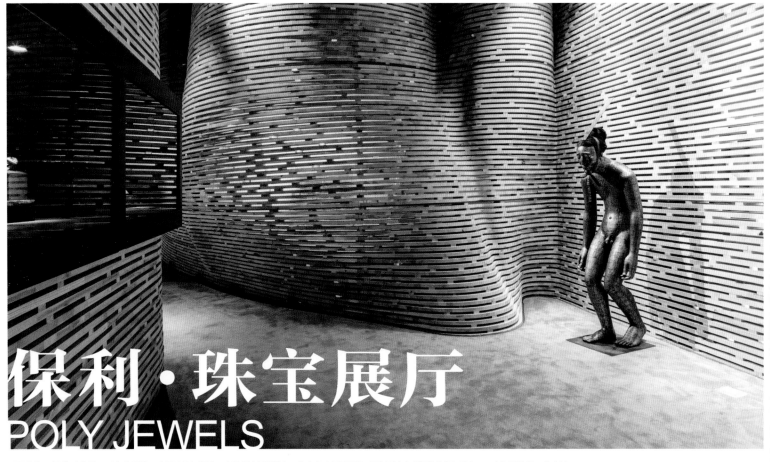

保利·珠宝展厅
POLY JEWELS

项目名称 _ 保利·珠宝展厅 / **主案设计** _ 陶磊 / **参与设计** _ 康伯州 / **项目地点** _ 北京市 / **项目面积** _150 平方米 / **投资金额** _120 万元 / **主要材料** _ 松木板

A 项目定位 Design Proposition
在打造高端、私人定制、高品质、稀缺性强的尚品展示空间的同时，为文化交流和产品推广提供个性化的平台。

B 环境风格 Creativity & Aesthetics
希望作品在环境风格上表达出与众不同的自然与人文气息，从自然形态中吸取灵感，创造出时尚与先锋的艺术氛围。

C 空间布局 Space Planning
在空间的布局上创造性地利用连贯的非线性的内衬，退让出展示与服务性空间。两种空间互为内外，形成了一个多变的极简空间，同时满足了对自然光线和人工光源的不同需求。

D 设计选材 Materials & Cost Effectiveness
作品在选材上，为了营造出更具人文特色的珠宝展示效果，主体选用了纯实木为建造主体，希望将原始森林的气息带入现代都市，同时镶嵌少量的金属与透明亚克力，这不仅是构造的需要，也是与珠宝的工艺取得一种默契。

E 使用效果 Fidelity to Client
投入运营后，使观众得到的是自然、宁静、时尚、高雅，富有艺术感的高级珠宝观展体验，与普通商场的珠宝店富丽堂皇的观感截然不同。

① 珠宝展览 / Jewellery Display
② 红酒展览 / Wine Display
③ VIP接待 / VIP
④ 办公室 / Office
⑤ 鉴定室 / Appraisal Room
⑥ 茶水间 / Tea Room
⑦ 橱 窗 / Display Window

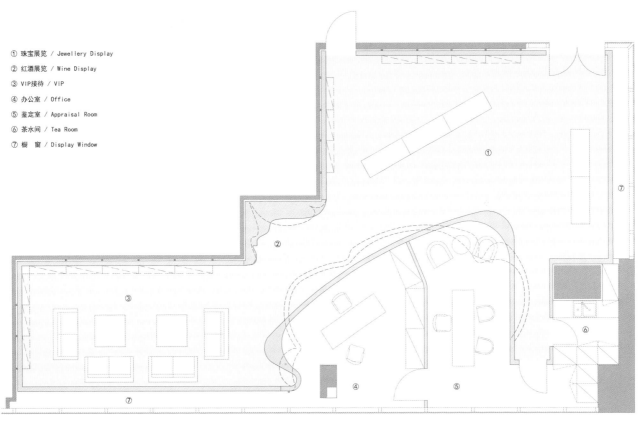

一层平面图

Public

公共空间

YouBike-台东都历游客中心
YouBike-Douli Visitor Center

中国光学科学技术馆
CHANGCHUN CHINA OPTICAL
SCIENCE & TECHNOLOGY MUSEUM

爱与梦想的重生
A reborn of love and dreams

环亚机场贵宾室
Palaza Premium Lounge

北京东方剧院
BEIJING EAST THEATER

婴儿园艾马仕幼儿园
Baby Kindergarten

无限竹林·吴月雅境
Infinity Bamboo
Forest-Moonlit Garden

P+ONE 体验馆
P+ONE Exhibition Hall

2¹空间美术馆
21 Space Art Museum

沈阳文化艺术中心
Shenyang culture and Art Center

YouBike-台东都历游客中心
YOUBIKE-DOULI VISITOR CENTER

项目名称 _YouBike- 台东都历游客中心 / **主案设计** _邵唯晏 / **参与设计** _杨咏馨、杨惠财、林庭羽 / **项目地点** _台湾台东县 / **项目面积** _室内 5000 平方米、室外 2650 平方米 / **投资金额** _1200 万元 /
主要材料 _ 富美家美耐板、pvc 地板、乳胶漆、清玻璃、保特瓶

A 项目定位 Design Proposition

东海岸国家风景区管理处的游客中心，定位上是给游客一个全新的角度来了解花东海岸，带点教育但不冗长乏味，游戏化取代传统的展览陈设，互动的多媒体科技增添趣味性与国际性视野，动态与静态的展示结合就像这片东海岸，看似平静却处处富有生机，同时也是台湾首次大量将计算机参数式设计方法导入室内设计，赋予空间戏剧性的张力。

另外，本馆也是全台湾第一座可以骑脚踏进入室内参观的展览馆，不用担心自行车离身的烦恼，在展示馆中忽高忽低的遨游参观，一种全新的参观体验。

B 环境风格 Creativity & Aesthetics

人说台湾最后一块净土就是美丽的台东，台东不论是感性的天然美景或是知性的人文生态，在地形上、生态上亦有其得天独厚之处，加上丰富的原住民、史前文化，共同织出东部海岸的迷人风华。而台东这所有的美好都能回归到最自然的三个元素 - 天、地、海，因而整个展览馆分为大地区、海洋区及天空区三大区，另外还有一个数位星空电影院，最后透过脚踏车道的串连和导引，有效将户外的地景和活动带进室内的展示空间。

C 空间布局 Space Planning

整体的空间布局是采开放式的策略，并透过全台湾第一座的骑脚踏道引入室内，空间上将被脚踏道穿针引线，创造出一个极具有趣及空间张力的空间布局。

D 设计选材 Materials & Cost Effectiveness

本案因为政府的标案，在最低标的既有政策下，在有限的预算及工期下，要如期完成形体复杂的展示厅，相当困难。为克服以上的先天劣势，及顾及工程质量，我们采用了最简单、最易取得及节能环保的材料。同时设计团队在设计前端采取大量的计算机辅助设计来介入整个流程，从设计的发想到施工图面的绘制，有效透过参数化的设计流程，终将本案执行完成。

E 使用效果 Fidelity to Client

本案完成后，大大增加了游客的参访量，同时成为全台湾第一座可以骑脚踏进入的展览馆，更增加了各种参观游客的类型，由其是针对中国的游客，成为台东的一个新地标景点，也让本来沦为相较冷门的台东都坜游客中心跃升成为东台湾重要的参观景点。

跟我來
Follow Me

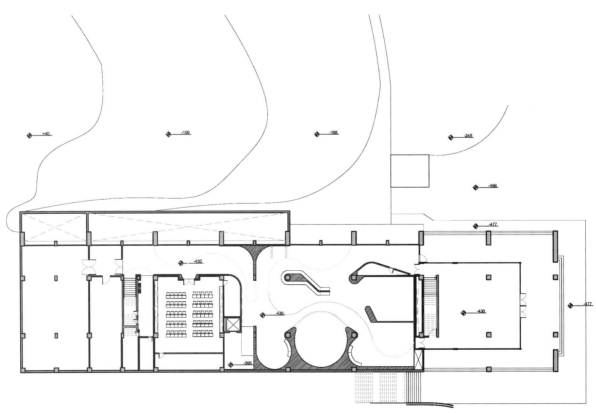

一层平面图

中国光学科学技术馆
CHANGCHUN CHINA OPTICAL SCIENCE & TECHNOLOGY MUSEUM

项目名称 _ 中国光学科学技术馆 / **主案设计** _ 王征宇 / **参与设计** _ 王玮、王春磊、刘小丽、庞淼、张瑞航、徐静、徐晓雯、胡红梅 / **项目地点** _ 吉林省长春市 / **项目面积** _3000 平方米 /
投资金额 _6600 万元 / **主要材料** _ 定制

A 项目定位 Design Proposition

中国光学科技馆落户中国光学事业的摇篮城市——长春，必将极大地提升吉林省在我国乃至世界光学领域中的竞争力和影响力，对于普及光学科技知识、展示光学科技成果、加强国内外光学科技交流与合作、加快吉林省光电子产业优化升级具有重要意义。

B 环境风格 Creativity & Aesthetics

设计师分别以"赤、橙、黄、绿、青、蓝、紫"，七色光作为各个展厅的基础色彩，在各展厅的门套、地面、天花灯饰、墙面装饰方面，处处装点与光息息相关的装饰，与展示内容相得益彰，让参观者包裹在满是光学氛围的七色展厅中，一步一光华，一眼一世界。

C 空间布局 Space Planning

用清晰流畅的展示动线串联丰富多变的展示空间，根据每个展示空间的主题及内容，提炼与升华，利用麦穗、长河、山峰、万花筒、交织的网等精彩的设计元素，创造独具特色、充满艺术氛围的展示空间，让空间内容与形式达到完美的和谐统一。

D 设计选材 Materials & Cost Effectiveness

运用市面上最常见的装饰材料，通过创新性的组合与演绎，让银河、光晕等奇妙的光学现象走近人们的身边，获得更符合光学特性的艺术展示效果。

E 使用效果 Fidelity to Client

以展示内容的引申和象征意义来提炼元素符号，并应用到空间设计当中，使枯燥而理性化的光学知识更加人文化、更加深刻而具有理念高度，更加通俗易懂、便于记忆。

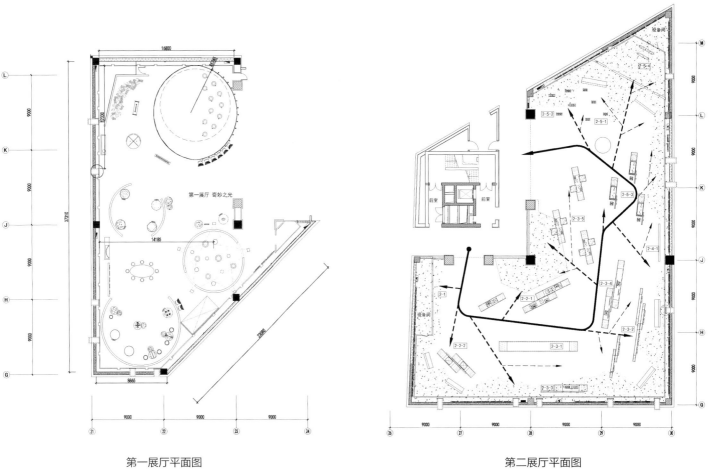

第一展厅平面图   第二展厅平面图

镜子的历史
History of Mirror
早期——齐家文化与商周铜镜

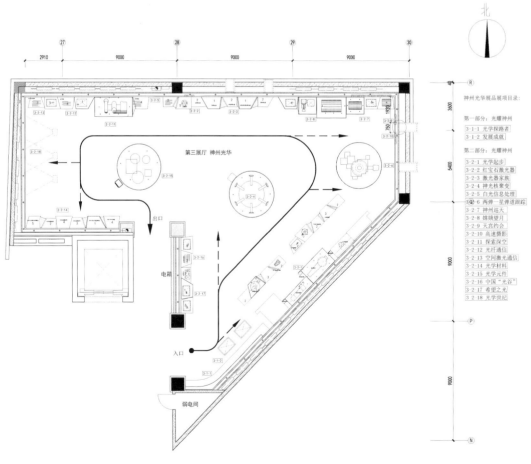

神州光华展品展项目录:

第一部分: 光耀神州
3-1-1 光学探路者
3-1-2 发展成就

第二部分: 光耀神州
3-2-1 光学起步
3-2-2 红宝石激光器
3-2-3 激光器家族
3-2-4 神光核聚变
3-2-5 白光信息处理
3-2-6 两弹一星弹道跟踪
3-2-7 神州运天
3-2-8 嫦娥望月
3-2-9 天宫约会
3-2-10 高速摄影
3-2-11 探索深空
3-2-12 光纤通信
3-2-13 空间激光通信
3-2-14 光学材料
3-2-15 光学元件
3-2-16 中国 "光谷"
3-2-17 希望之光
3-2-18 光学世纪

第三展厅平面图

爱与梦想的重生
A REBORN OF LOVE AND DREAMS

项目名称 _ 爱与梦想的重生 / **主案设计** _ 罗仕哲 / **项目地点** _ 台湾省台中市 / **项目面积** _283 平方米 / **投资金额** _500 万元 / **主要材料** _ 洞石、钢板、烤漆、山泥板

A 项目定位 Design Proposition

台湾中部的大肚山有座方舟教堂，其地下室与左侧的会馆在落成 30 多年后进行翻新。可弹性运用的复合式设计，让精简预算发挥丰富机能。时尚的风格不仅赋予老空间新生命、更贴近现代人从不同形式来亲近宗教的多元需求，也强化了教会与在地社区、社会大众的连结。

B 环境风格 Creativity & Aesthetics

诺亚方舟的故事元素 副堂位于地下室，主要为多个团契的活动场地，后段设茶水吧，因应团员自带餐点到教会分享的习惯。整座吧台的造型源自诺亚方舟。从天花垂下的水龙头象征大洪水的暴雨，吊灯的飞鸟造型则寓意那只衔回橄榄树枝的鸽子。杰克与魔豆的童话意涵梦想馆位于教堂旁，主要是提供孩子们上主日学的教学空间。整栋建物翻新表层，廊檐留住原有深度以抵御冬季的寒风与冷雨。又援引童话里的魔豆，以绿树往上发展的造型来传达孩子们的梦想，并且呼应建物周遭的绿意。

C 空间布局 Space Planning

三段式划分展现宽敞感 基于预算不高、空间无法扩建，而教会期待这两处能兼负多重功能；设计师将有限平面分割成前、中、后三段。以中段的开放空间为主，留出最宽敞的场域，前后两段则浓缩了各式机能。单一空间发挥多重机能 各区彼此支援，能弹性运用的主空间随时可视需求来变化机能。地下室，主墙背后利用楼梯底下打造收纳折叠椅的储藏室与讲员休息室，后方的吧台左旁藏有视听播放的机房。梦想馆的主墙，木作平台是主日学讲台，也是小朋友做敬拜赞美的表演舞台。中段的主空间为主日学教室，用隔板来分成三个才艺教室；大人与小孩上完礼拜或主日学，这里摆上圆桌与椅凳就成了食堂。隔板、桌椅，平时全收在后段的储物柜。

D 设计选材 Materials & Cost Effectiveness

十字架运用天光、照明来活化造型。梦想馆在原有的墙面凿出镂空的十字架造型，引入天光及户外绿意。

E 使用效果 Fidelity to Client

从冷漠到热络，人与空间的改造故事 原先很单调、沉闷的会馆，在规划成梦想馆之后，已成为教友们进行亲子互动的最佳空间。

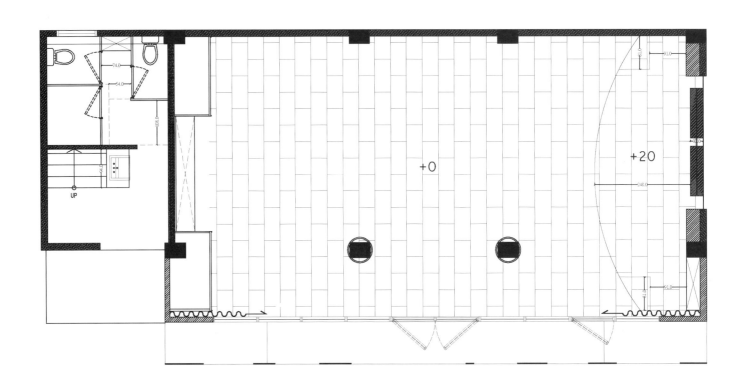

一层平面图

环亚机场贵宾室
PALAZA PREMIUM LOUNGE

项目名称 _ 环亚机场贵宾室 / 主案设计 _ 陈德坚 / 项目地点 _ 香港 离岛区 / 项目面积 _1400 平方米 / 投资金额 _500 万元

A 项目定位 Design Proposition
为强化品牌形象，甫进西大堂的全新环亚机场贵宾室，从入口至走廊，环亚之品牌标志即亮丽可见。

B 环境风格 Creativity & Aesthetics
陈德坚先生担纲设计，为贵宾室规划了多个区域，让宾客置身其中可享受到不同的服务体验和选择。

C 空间布局 Space Planning
走过设计亮丽的接待处，进入环亚机场贵宾室主要部份，各种各样的坐椅配置即尽入眼帘，为全新环亚机场贵宾室营造出一派时尚精致的风格。

D 设计选材 Materials & Cost Effectiveness
贵宾室之设计提供全面性选择，不论是个人旅客、情侣夫妇还是团体宾客，都可以任意选择作息坐区，例如独享卡位，或是共用一张长桌，又或是在舒适的沙发座椅里饱览机场跑道全景，眼前景致令人　为观止。贵宾室除了选用中性的色调以表达丝丝暖意外，设计师亦充分利用全线宽敞的玻璃窗，大量引入充足的自然光线进入贵宾室。

E 使用效果 Fidelity to Client
每个区域的设计均满载心思，宾客既可停下稍作舒缓、也可用餐，甚至专注进行中的工作，全新环亚机场贵宾室均以相应的设计迎合不同宾客的需要。

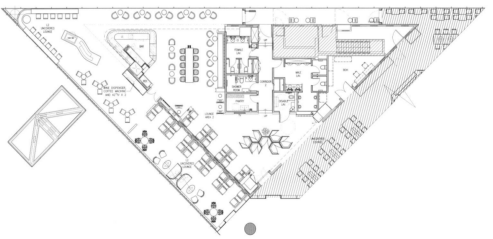

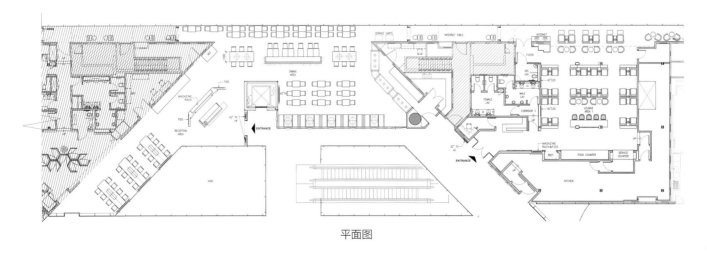

平面图

北京东方剧院
BEIJING EAST THEATER

项目名称 _ 北京东方剧院 / 主案设计 _ 陈武 / 参与设计 _ 吴家煌，王松涛，张春华 / 项目地点 _ 北京市 / 项目面积 _ 4000 平方米 / 投资金额 _ 2000 万元 / 主要材料 _ 水晶白大理石、白色研磨石、水晶、白色人造石、白色铝合金通、灰色艺术玻璃、地胶

A 项目定位 Design Proposition

现代都市空间的拥挤和局促让人们不断的把触角延伸到空中，在东方剧院的设计之中，设计师巧妙的为建筑引入了多个"院子"，它们如同毛孔一般令建筑开放通透，沟通便捷，设计师通过不同空间垂直高度上的彻底区别，用建筑结构巧妙分隔出的公共空间，既满足了人们对于空间的探索意愿，又进一步提升了开放式艺术空间和私密性演艺空间的舒适度。

B 环境风格 Creativity & Aesthetics

干净纯粹，明快清透，是走进这座剧院的直观感受，大堂顶篷是剧院收藏的铜雕艺术大师的作品"声音"，将无形的音乐律动转化为有形的室内造型，起伏流畅的铜雕造型与舞台艺术交相辉映。咖啡厅散发着浓郁的香味，环廊陈列着大师的画作，观众在欣赏舞台艺术之余，也可以体会绘画之美，这不是一个简单的剧院，而是一座艺术的聚集地，您心目中可遇不可求的艺术瑰宝，也许就在下一个转角。

C 空间布局 Space Planning

走进剧场，灿如漫天繁星的灯光下，柔和的米色墙面、红色的座椅与深色的舞台布景形成鲜明对比，弧形的剧场穹顶与规整平行的空间矩阵线条形成鲜明对比，当灯光变暗，整个空间所有人的目光，自然而然的聚焦到了舞台，剩下的，只需要观众静静的观察着舞台人物的悲喜人生……

D 设计选材 Materials & Cost Effectiveness

在东方剧院设计选材中，雅致的大理石于研磨石被用来塑造状况的空间感，而方通的应用也为巨型展馆空间带来轻盈。

E 使用效果 Fidelity to Client

东方剧院在东四十条桥西南角，与保利大剧院隔街相望，不是传统的正方体或者长方体，外表还全部被红铜色的金属管包裹，远远看去像一座金灿灿的管风琴，静静的俯视着如梭的车流，静静的提示着路过的人们："您已进入这座城市的舞台。"北京东方剧院至今运营良好，是已成为北京市民心中的文化地基。

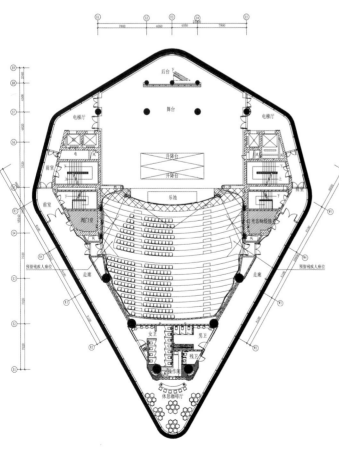

一层平面图

婴儿园艾马仕幼儿园
BABY KINDERGARTEN

项目名称_婴儿园艾马仕幼儿园 / 主案设计_李军 / 参与设计_张德超 / 项目地点_四川省成都市 / 项目面积_3320平方米 / 投资金额_800万元 / 主要材料_阿姆斯壮地板胶、富美家抗倍特板、科勒洁具、唯景生态木

A 项目定位 Design Proposition

该园的设计打破常规幼儿园充斥商业卡通形象，五颜六色混杂的现状，用原生态的设计与儿童的视野，把更多的想象余地和发挥创造舞台留给了孩子。

B 环境风格 Creativity & Aesthetics

整个园所像是进入了小动物的树下洞穴，吊顶全部采用弧形木纹铝天花造型，灯具是藏于间隙的天光灯布，仿佛走在大树根下的世界，天光就从树根的空隙散落下来，三个动物造型门洞——小猫、小熊、小兔的剪影更像是小动物穿梭留下的轮廓，童话动物王国就浮现在了眼前。楼上的木工房，隔断是用小剪刀小扳手的造型等组合，这样可以教小朋友将各类工具分别放入合适的位置。舞蹈室，整个弧形的顶全是蜂巢造型，置身于蜂巢中翩翩起舞会不会滴下甜蜜的蜂蜜呢。

C 空间布局 Space Planning

进入门厅左边是更新园所食谱与动态的电脑，家长可以自带U盘拷走以便了解小朋友的成长。右边就是园长办公室，让家长进入幼儿园第一时间便可接触到园长，省去了繁琐的奔波。教室的地台为空间增添立体感，孩子也可排排坐台阶上听老师讲故事。儿童集市上下两层孩子上上下下忙得不亦乐乎更可以锻炼小肌肉。一楼的早教中心地面全部软包，为步伐还不稳当的低龄段小朋友提供了安全保障，环形的布局利于围坐在一起教学交流，当小朋友在波波球池里撒欢，家长可以坐在角落弧形造型的凳子上歇息和监管。这一切都是从儿童的安全及身体感知需求出发，产生的自然而温馨的儿童环境。

D 设计选材 Materials & Cost Effectiveness

这是一个属于童话的王国，入口的左边是星球造型的花池，种上各色的植物代表了不同行星，种树封了木板的花池也可供孩子攀爬玩耍。右边是五颜六色的太空涂鸦墙饰以彩色黑板漆，小朋友可以用粉笔在上面任意创作并大胆展示。入口的路面有透水砖、沙子、石头、草地等材料，是为了让孩子感受丰富的材质。卫生间以环保天然吸味吸潮硅藻泥为涂料。原色实木家具自然健康。这一切都是由木质的温馨营造出来的。而考虑到环境温馨的同时，儿童的教育环境防火要求也很重要。所以我们采用了铝制天花及阻燃板墙面为基础的木纹效果的材料，这也是我们对儿童发自内心的关切。

E 使用效果 Fidelity to Client

园区所有的设施都是根据小朋友的学习需求贴身打造，儿童的日常生活非常便利。细节处的防滑防撞磨圆也为老师省去了很多不必要的安全担忧。

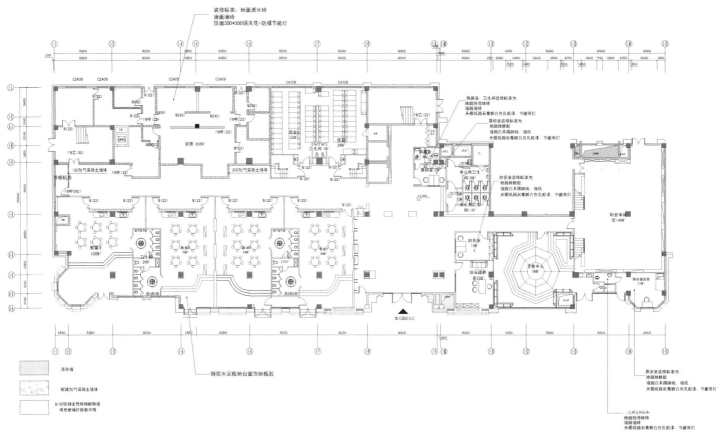

一层平面图

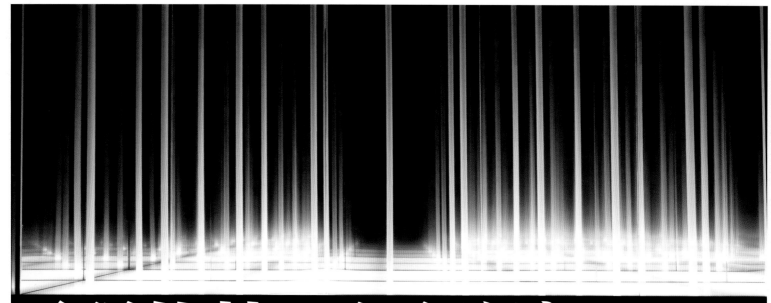

无限竹林·吴月雅境
INFINITY BAMBOO FOREST-MOONLIT GARDEN

项目名称 _ 无限竹林 _ 吴月雅境＃44 号 / **主案设计** _ 胜木知宽 / **参与设计** _ 小林正典、小林怜二 / **项目地点** _ 江苏省无锡市 / **项目面积** _210 平方米 / **投资金额** _60 万元 /
主要材料 _ 钢化玻璃、半镜膜、亚克力管、清晰的镜子、压克力板、钢化玻璃、日光灯、LED 灯上

A **项目定位** Design Proposition
项目所在地是中国无锡市。
一开始公众通道的这一附楼导致主楼的必要。

B **环境风格** Creativity & Aesthetics
所以这就是为什么我们用竹子形象为这个空间。
它像典型的日本建筑通道。

C **空间布局** Space Planning
而这个项目有有限的预算和空间和时间。
预算是有一点底和空间宽一点为它的应用。

D **设计选材** Materials & Cost Effectiveness
我们决定要切出设计一些空间。
只需使用 20 米通过一条直线空间和其他空间用于存储。

E **使用效果** Fidelity to Client
这样的设计是求在有限的世界无限延伸。
它仅适用于视觉，但我们可以发现无限的空间在那里

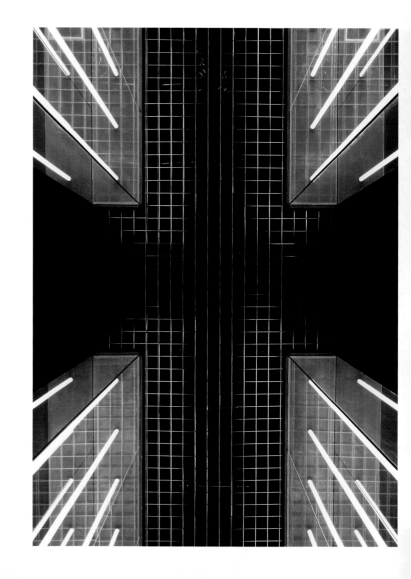

P+ONE 体验馆
P+ONE EXHIBITION HALL

项目名称 _P+ONE 体验馆 / 主案设计 _ 何思玮 / 参与设计 _ 梁穗明 / 项目地点 _ 广东省广州市 / 项目面积 _91 平方米 / 投资金额 _10 万元 / 主要材料 _ 二次木

A 项目定位 Design Proposition

展馆不仅仅是一个展示的空间，它还是未来建筑的一个雏形。我们希望，通过展馆的成功实现，在未来的建筑或商业空间的墙体上，有千变万化的形态。未来的建筑，除了本来的功能之外，还是一种艺术装置，通过弧形曲线的动态感，来增加整体的形态感。

B 环境风格 Creativity & Aesthetics

展馆创作灵感来源于自然界花朵绽放力量的瞬间，以 6.2 米高的 "花开" 的空间装置展示，构筑出怒放的花瓣状。通过内外渗透的展览空间，给予观者以五感体验。界面由二次木材组成 3068 个空心矩形盒子，结合传统工字砌筑，注入参数化，并利用力学原理，确定每一个支点拉力能稳固弧形墙面，然后获取弧线动态轨迹，创造出全新的内外弧形墙体，打破了传统封闭石墙形式。

C 空间布局 Space Planning

展馆 "花" 以生命存在，它可以是建筑、是景观、是空间、是时间……展馆中空位置，悬吊巨大的圆形屏幕，滚动投放的影像配合动感的音乐，让光影和声音穿透空心弧形。外部参观者随脚步移动，感受光与结构带来不同的视觉变化。内部参观者在中央区域仰视，用不同寻常的角度感受影像带来的视觉与听觉的冲击，获得灵感。

D 设计选材 Materials & Cost Effectiveness

当经济高速发展推动了城市化高速发展的同时，人们的生活方式也发生了巨大的变化。随着可持续发展逐渐成为全球化交流的主题，一方面建筑技术和经济的发展提升了人们生活的舒适度，但同时也带来了人们远离自然的焦虑、能源的消耗、生态的污染等种种问题。我们的灵感来源于大自然花开力量绽放的瞬间，所以选用了从市场、工地、展馆等地方丢弃的物料作为展馆的主要材料。一种非传统的材料与工艺，一种新的语言，创作一个别出心裁的空间。

E 使用效果 Fidelity to Client

一个充满感染力的展示空间，不仅以展示产品本身而存在，更在于承载和参与者的互动，让思维获得飞翔。简单的造型，环保的材质及隔而不断的空间，让展馆由此开放，与参与者对话。

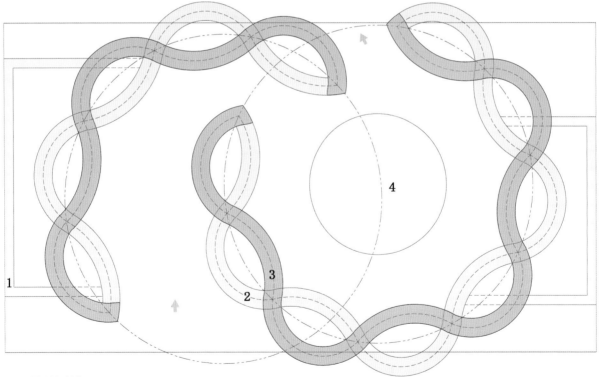

1 KNEE WALL
2 THE TOP WOOD BOX WALL
3 THE GROUND WOOD BOX WALL
4 PROJECTION SCREEN IN ABOVE OF MIDDLE SPACE

一层平面图

21 空间美术馆
21 SPACE ART MUSEUM

项目名称 _ 21 空间美术馆 / 主案设计 _ 倪阳 / 项目地点 _ 广东省东莞市 / 项目面积 _ 8000 平方米 / 投资金额 _ 2400 万元 / 主要材料 _ 多乐士、立邦漆、环球石材

A 项目定位 Design Proposition
美术馆是文化传承的一个载体，她的单纯性与复杂性同样重要，对空间的象征寓意要求极高，空间环境对人的精神气质修养也会形成较大影响，对人们参与互动体验的氛围要求敏感。因此除了传统经典的设计套路外需要有一定程度的突破，要在她的展示 / 流线 / 照明 / 运输 / 藏管 / 研究 / 商业拍卖 / 沙龙等功能形式的非确定性方面下功夫，使此作品体现出设计的可生长性。

B 环境风格 Creativity & Aesthetics
反映地缘文化的 / 体现绿色节能及智能控制。

C 空间布局 Space Planning
是一种颠覆观念 / 哲学思想 / 思潮 / 通过视觉形式表达的感悟启迪方式，跨距纵横时间轴的 / 互动体验的；不同视角体验 / 空间的质疑与颠覆——从户内走向户外，借景，窥视，流动，体验。

D 设计选材 Materials & Cost Effectiveness
绿色环保材料。

E 使用效果 Fidelity to Client
21 空间美术馆以当代中国艺术为其推广对象，其中尤以当代中国油画为重点，在学术上以全球化为背景，审视当代艺术与油画发展的整体状况，旨在揭示其与历史、现实、国家主流意识的内部关系与外部扩展。21 空间美术馆试图通过定期或不定期的专题展览，深入检讨存在于不同风格形态与表达目标的当代艺术现象与现实潮流之间的文化张力，并把这一张力嵌在中国社会变迁的情境中，从而把区域、国家、全球化，以及全球化当中所发生的事件，通过艺术批评的学术框架联结为整体，从而向人们提供独具个性的艺术景观，并突显其中的精神价值。

沈阳文化艺术中心
SHENYANG CULTURE AND ART CENTER

项目名称_沈阳文化艺术中心 / **主案设计**_文勇 / **参与设计**_王岩、俞国斌、曹鑫 / **项目地点**_辽宁省沈阳市 / **项目面积**_68700平方米 / **投资金额**_12000万元 / **主要材料**_伊奈陶棍、盈创GRG

A 项目定位 Design Proposition
建成后的沈阳文化艺术中心规模空前，将极大弥补沈阳文化演出场地不足的问题。这里可以举办舞剧、话剧、歌剧、芭蕾、音乐会、时装表演、综合晚会等众多艺术演出。

B 环境风格 Creativity & Aesthetics
建筑设计理念将浑河比作皇袍上的玉带，沈阳文化艺术中心宛若玉带上镶嵌的宝石。室内设计在延续建筑设计理念的基础上，将此象征性意象进一步予以彰显，把文化艺术中心与浑河沿区文脉肌理的微妙关系作为室内设计的主题出发点和诉求归宿，在各个空间中采用不同的表现手法，在细节中巧妙地体现出来。围绕此主题，室内各个空间犹如精彩纷呈而又彼此唱和的声部，共同谱写出沈阳文化艺术中心的辉煌乐章。

C 空间布局 Space Planning
本项目技术上的挑战是国内首个将音乐厅叠加在剧院观众厅上方的建筑，设计中从构造技术、设备到选材等必须满足隔声要求，同时满足音乐厅和剧院不同的演出声学要求。

D 设计选材 Materials & Cost Effectiveness
在公共大厅墙面，采用立体菱形陶棍，塑造出独有的肌理造型，开放式构造背后增加吸声构造，满足了大型公共空间的防噪声要求；剧院观众厅选用定制特殊LED灯光玻璃，用现代的材料技术演绎传统的地方元素，为观众厅增添了一抹亮色。

E 使用效果 Fidelity to Client
刚建成，还未正式投入运营。

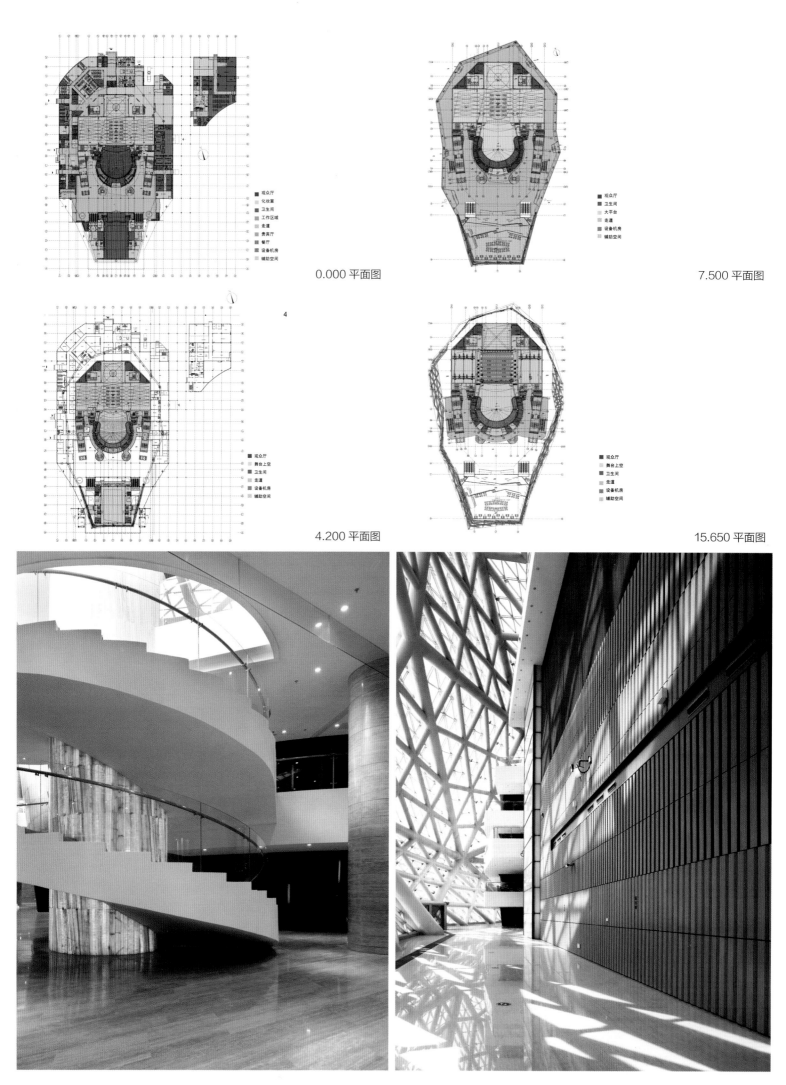

0.000 平面图

7.500 平面图

4.200 平面图

15.650 平面图

観众厅
化妆室
卫生间
工作区域
走道
贵宾厅
餐厅
设备机房
辅助空间

観众厅
卫生间
大平台
走道
设备机房
辅助空间

観众厅
舞台上空
卫生间
走道
设备机房
辅助空间

観众厅
舞台上空
卫生间
走道
设备机房
辅助空间

4

Residential

住宅空间

当代艺术宅
Contemporary Art Residential

赋·采
POETRY. COLORS

轴心
Axis

吴月雅境
Bamboo House

Deep In Nature

温莎堡·器宇
magnanimity

双生蜕变
METAMORPHOSIS

LOFT 27

掬一把天光
Light House

一扇窗·漫一室
Tung's House, Taipei

当代艺术宅
CONTEMPORARY ART RESIDENTIAL

项目名称 _ 当代艺术宅 / 主案设计 _ 郭侠邑 / 参与设计 _ 陈燕萍、杨桂菁 / 项目地点 _ 台湾省桃园市 / 项目面积 _178 平方米 / 投资金额 _60 万元 / 主要材料 _KD 地板

A 项目定位 Design Proposition

一个白色就能将世界上所有华丽的色彩都包含其中，延续近三分之一广度，自主地享受放大的空间漫步。白净通透宛如美术馆，使得空间的本质、生活的本身及大大小小的艺术品都尽兴地展演自己。艺术才是生活中的主角，艺术即生活；生活即艺术。
通透白洁平整格局，再映照着充裕天光，彷佛重现人与环境关系的美术馆，从容自在。
通透的格局，可以是艺廊也可以开派对，家具的陈设多以活动式为主，可以随不同需求进行调整，达到空间使用的最大效益。

B 环境风格 Creativity & Aesthetics

白净通透宛如美术馆，使得空间的本质、生活的本身及大大小小的艺术品都尽兴地展演自己。艺术才是生活中的主角，艺术即生活；生活即艺术。通透白洁平整格局，再映照着充裕天光，彷佛重现人与环境关系的美术馆，从容自在。

C 空间布局 Space Planning

为了营造空间情境，灯光设计上有间接光源及 LED 灯投射光，可随不同需求调整明暗，让空间使用共多元化。通透的格局，可以是艺廊也可以开派对，家具的陈设多以活动式为主，可以随不同需求进行调整。达到空间使用的最大效益。波浪形的景观露台，特别订制系统式的自家菜园，有机种植的阳台，俨然成为都市中的小绿洲。

D 设计选材 Materials & Cost Effectiveness

全部以白色的材料统合在一个空间，染白梧桐木的壁地板，不做天花板，节省建材的使用，加上玻璃反射扩展空间。

E 使用效果 Fidelity to Client

纯白干净的空间宛如美术馆、艺廊般的住宅，大家为之惊艳～

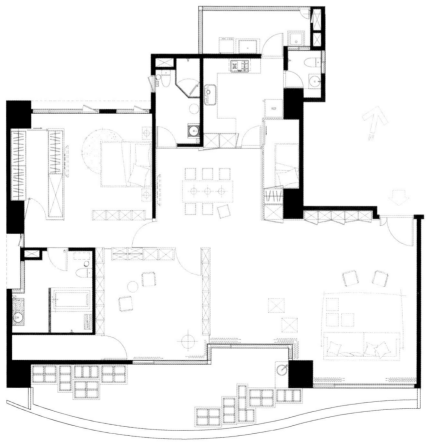

一层平面图

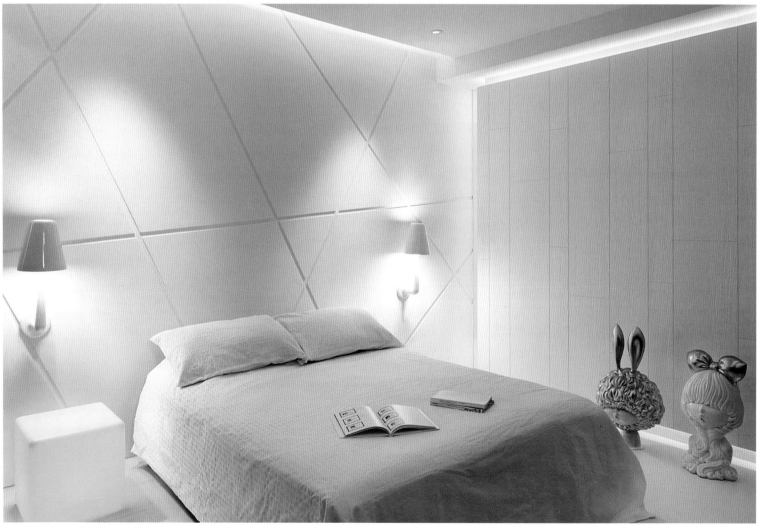

赋．采
POETRY. COLORS

项目名称 _赋．采 / **主案设计** _杨焕生 / **参与设计** _郭士豪 / **项目地点** _台湾省台中市 / **项目面积** _331平方米 / **投资金额** _300万元 / **主要材料** _鸟眼枫木木皮钢烤、镀钛铁件、木皮、订制画、大理石、布料

A 项目定位 Design Proposition
此空间将艺术融合在生活之中，14幅连续且韵律感的晕染画作，模拟大山云雾的虚无缥缈，镶嵌于垂直面域上，落实视角的想象，让连续性的延伸感蔓延至室，改变检视艺术的视角角度，实践内心期望的生活方式，一开一阖之间创造出静态韵律与动态界面屏风。

B 环境风格 Creativity & Aesthetics
这案件位于市中心高楼的顶楼，坐拥眺望交错起落城市光景，公共空间大面L型的落地窗环绕，提供了最佳视野，想把这无尽无边的辽阔感延伸至室内来，从玄关、客餐厅至厨房，长型的建筑空间，达到完全开放的尺度，只让连续性的画作串连空间，去除那份属于都市中，或繁忙或冷漠的，让去芜存菁的空间能回应居住者的初衷与内涵，同时也拥有属于家的放松与温度。

C 空间布局 Space Planning
以实用机能、丰富采光、通风对流、动线流畅作为主要的设计原则，藉由视角延续的开阔、公共空间彼此交叠，为空间引导渐进式的层次律动，由空间结构、节点的延伸，叠合出独特而丰饶的居住体验。

D 设计选材 Materials & Cost Effectiveness
镀钛铁件用流线的弧形线条展现刚的流动，而订制画、大量的布料柔软穿梭于空间，物件与材质配合的工法，是刚柔并济的展现。公共空间沉稳深色的家具搭配相较于轻盈的灰白大理石使其平衡，私人空间利用中性色调的木皮展现放松与温和的质感，而卫浴亮色大理石，用轻透的金属使人焕然一新，每一空间，每一面视野都有自己的诗篇在流露，创造优雅又舒适美好生活。

E 使用效果 Fidelity to Client
《赋．采》让画作与色彩巧妙融入生活，结合创作艺术与精致工艺。给予这空间，看似"非诗非文"的定义，同时也是"有诗有文"的内涵：及、比"文"还赋有风采，比"诗"还更多韵律，重新给予它像新生命绽放般的色彩。体现人文与艺术的和谐，创造空间另一独特风貌。

轴心
AXIS

项目名称 _轴心 / **主案设计** _王俊宏 / **参与设计** _林俪、曹士卿、陈睿达、黄运祥、林庭逸、陈霈洁、张维君、赖信成、黎荣亮 / **项目地点** _台湾台北市 / **项目面积** _300 平方米 / **投资金额** _220 万元 /
主要材料 _BOLON、PANDOMO

A 项目定位 Design Proposition
以高端订制作为设计主轴，从格局动线安排到材质表现、运用，包括实用机能的配合，均跳脱制式规格与限制，采独一无二的客制化订做。

B 环境风格 Creativity & Aesthetics
面山的好景，在顶楼专属空间一览无遗，利用自然素材与户外家具，与环境呼应，建构私人聚会的家宴场域。

C 空间布局 Space Planning
以餐厨空间作为家的重心，所有设计都从此区延伸，原本遮蔽光线的梯，改以利落的钢构，轻盈的线条，凸显现代感，不仅保留基地原有采光，也创造视觉焦点。

D 设计选材 Materials & Cost Effectiveness
从厨具面板延伸至玄关的黑色薄片拓采岩让设计风格贯彻一致，为黑白对比的色彩计画定调。餐厅桌面颠覆传统思维，大胆搭配皮革材质，显现豪宅大器风华。

E 使用效果 Fidelity to Client
把凝聚情感的餐厨空间变成生活重心，让散居四海的家人，得以共享天伦。开放的公共空间，圆融祥和的隔间区划与静谧的私领域气氛营造，让回家，成为毕生的想望。

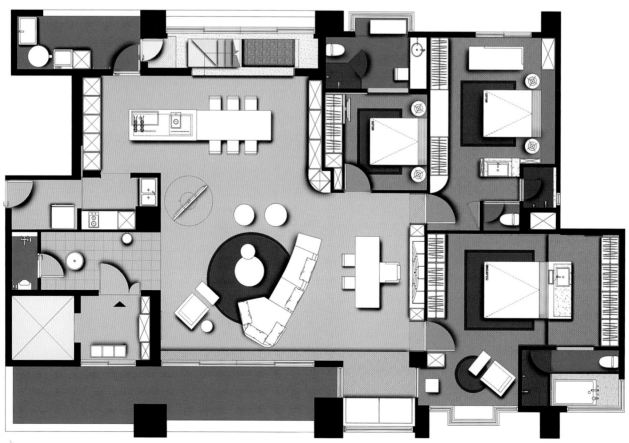

一层平面图

吴月雅境
BAMBOO HOUSE

项目名称 _ 吴月雅境 / 主案设计 _ 何宗宪 / 参与设计 _ 林锦玲、陈小艳 / 项目地点 _ 江苏 无锡市 / 项目面积 _757 平方米 / 投资金额 _555 万元 / 主要材料 _Essenza Interiors Ltd.

A 项目定位 Design Proposition

作品在于脱现实城市生活中的繁嚣，带有一种避开世俗繁琐的感觉。 让业主能逃离城市中生活上的压力。作品把居住空间的本质还原到生活，舍弃浮华外表，使居住者感受生活。

B 环境风格 Creativity & Aesthetics

竹林常给予人一种避开世俗繁琐的感觉，同时生机处处或方正或圆带出恬静、安逸的特质，设计师利用这一种优雅境像，植入生活的空间。 避俗是当代人极力追寻的事物，当下生活常使人活感到困惑与疲惫，作为压力缓冲的居所，因此设计师以呈现竹林意境的手法，营造出恬静闲息的氛围。

C 空间布局 Space Planning

首层利用简单的动线，厨房、早餐区、室内用餐与室内用餐区，各个区域以直线连接起来，条理分明。 首层与地下层起居室分别担当著静与动态的一面。而首层是静态一面的起居室，整个氛围会比其部空间较为沉淀，没有添置多余装饰。楼底悬挂著如宛生于屋内的一组竹子，而地面的地毯有如置身在自然的沙面上，使空间更为广阔。

D 设计选材 Materials & Cost Effectiveness

作品选材创新，方案以"竹"点题，但采用物料上，却并不是采用竹，而是以一种由竹加工处理的材料。饭厅内看似竹竿拼砌而成的灯造型，与带半屏风作用的竹节，其实是由一种竹作原材料的特制品，成品令整体铺排干净利落。

E 使用效果 Fidelity to Client

业主把一些生活的习惯，随空间的影响令生活变得更为诗意，因空间采取更多安静的空间，释放出生活原来上的压力，感受到"慢活"。

Deep In Nature
DEEP IN NATURE

项目名称 _Deep In Nature / 主案设计 _ 廖奕权 / 参与设计 _Wesley Liu / 项目地点 _ 澳门 / 项目面积 _245 平方米 / 投资金额 _350 万元 / 主要材料 _Catellani & Smith, Ligne Roset

A 项目定位 Design Proposition
In the past as of the future, trees will support our earth. Coming home to it below your feet brings peace, human nature and oneness with life. The tree-inspired design motifs within this space are aplenty, and aim to make residents feel at peace with nature and be human-oriented。

B 环境风格 Creativity & Aesthetics
Its design allows residents to enjoy their personal space and feel truly free in one's own home。

C 空间布局 Space Planning
The balcony is purposely widened to become even more spacious。

D 设计选材 Materials & Cost Effectiveness
Looking around, you'd find that the apartment is founded on a number of wood-inspired motifs with other raw materials。

E 使用效果 Fidelity to Client
Abstract tree branches in the living area are accentuated by the pendant lamps from 'Catellani & Smith' which immediately gives the place an air of mystery. Earthy tones and choice of natural elements enhances the natural feeling within the space。

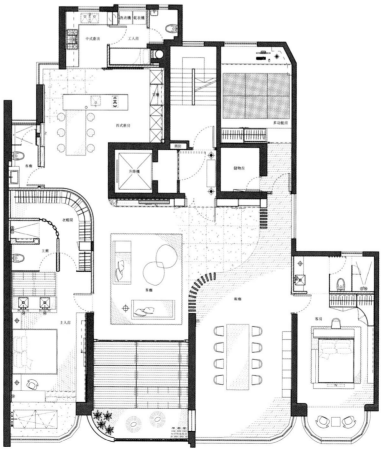

一层平面图

温莎堡·器宇
MAGNANIMITY

项目名称 _ 温莎堡·器宇 / **主案设计** _ 俞佳宏 / **项目地点** _ 台湾省高雄市 / **项目面积** _231 平方米 / **投资金额** _200 万元 / **主要材料** _ 盘多魔、板岩、石英砖、木格栅

A 项目定位 Design Proposition
现代减压的空间对忙碌的都市生活提供一个自在的避风港。

B 环境风格 Creativity & Aesthetics
以大地的色系与异材质的混搭，创作新的空间价值。

C 空间布局 Space Planning
双十轴线将整体空间串连。

D 设计选材 Materials & Cost Effectiveness
空心砖与不锈钢的搭配，看似冷冽但配以木头却使整体空间平衡了粗旷休闲现代感。

E 使用效果 Fidelity to Client
创造现代人文的新空间，发表后造成惊人的询问度。

双生蜕变
METAMORPHOSIS

项目名称 _双生蜕变 / **主案设计** _江欣宜 / **参与设计** _吴信池、卢佳琪 / **项目地点** _台湾台北市 / **项目面积** _198 平方米 / **投资金额** _145 万元 / **主要材料** _铁件、爱马仕壁纸、施华洛士奇水晶壁灯、灰网石、橄榄啡石、安格拉珍珠石、实木地板、柚木地板、雕刻白、意大利磁砖

A 项目定位 Design Proposition

以巴黎 30 年代的装饰风格，营造出低调却奢华的生活质感。置入 Hermes 设计师 Jean Michel Frank 强调的简约处理态度，美好的比例，丰富的装饰性，涵盖多元材质的搭配组合，颠覆传统的美学表现，却又明显看出历史经典的关连性。

B 环境风格 Creativity & Aesthetics

在中山北路上富有巴黎气息的香榭道路上，缤纷设计团队串连街景融合法国二零年代工艺文化精神打造兼具人文与感性的浪漫生活空间。

C 空间布局 Space Planning

在空间配置的中心位置，摆设开放式中岛吧台，结合长型方型餐桌具环绕动线的设计，让居住的上下两代能有紧密的互动也能惬意的生活；考虑家庭成员的自主性，所以在卧房规划上均设定全套的套房配备，让社会新鲜人的新新女性有着独立思索的发想空间。
在不到 200 平方米的空间内，藉由专业的平面整合、动线规划、缤纷设计团队设计出气派优雅的客、餐厅以及设备完善的三间套房、机能实用的开放式中岛，到陈设艺术精神的置入，为屋主打造能够透过岁月洗练的生活空间。

D 设计选材 Materials & Cost Effectiveness

客厅背墙已 Hermes 经典布艺裱框为视觉焦点，沙发抱枕、卧房床头壁纸同样置入 Hermes 布艺元素，彰显业主对经典工艺崇高致意，是另一种艺术品的展现，也犹如家徽、家训时时提醒着家庭成员，展现另一重传承的手法。画作美好的比例，丰富的装饰性，空间中则涵盖多元材质的搭配组合，颠覆传统的美学表现，却又明显看出历史经典的关连性，与 Hermes 设计师 Jean Michel Frank 设计理念不谋而合。

E 使用效果 Fidelity to Client

此案成功融入经典工艺品牌 Herhems 布艺之美，广受高端客户喜爱，让时尚品牌 Hermès 爱马仕钦点缤纷运用顶级布艺品牌 DEDAR 的设计，收入布艺与壁纸全球精选范例里，这是唯一亚太区获选的住宅项目。

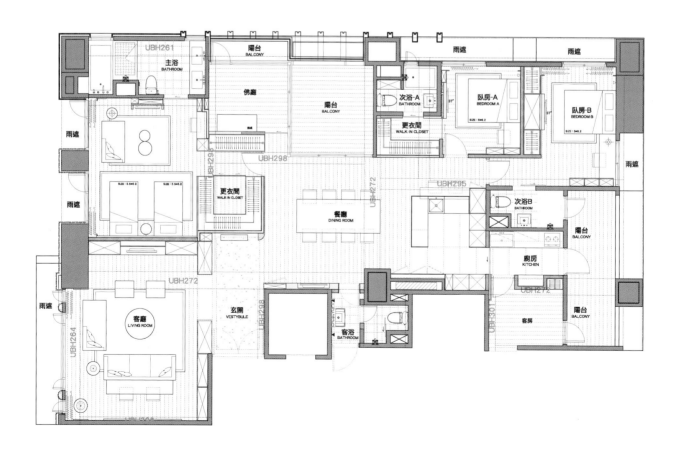

一层平面图

LOFT 27

LOFT 27

项目名称 _LOFT 27 / 主案设计 _张凯 / 参与设计 _吕仲雯 / 项目地点 _台湾省台北市 / 项目面积 _89 平方米 / 投资金额 _70 万元 / 主要材料 _ICI TOTO

A 项目定位 Design Proposition
作为现在少有的纯白色系，搭配抢眼的橘色沙发，让沙发成为画龙点睛的色系主角，并且衬托出整体空间的白净优雅。白净的简洁空间，营造出一种新型态的 LOFT 风格。

B 环境风格 Creativity & Aesthetics
白色简约时尚空间的极致呈现，有如建筑语汇般的造型白色玄关隔屏，轻盈清透的书房玻璃隔墙，与白色铁件屏风相辅相成，营造出一种极度时尚前卫的 LOFT 宅空间。在电视区则是与白色调空间相对称的黑色金属与原木质感电视墙，为整体白色调空间增添一分趣味性。

C 空间布局 Space Planning
优点格局方正、原本客厅书房稍微壅挤，经过改正成玻璃式隔间后，整体空间放大并且营造相当宽敞舒适而且活用的第三间房间。

D 设计选材 Materials & Cost Effectiveness
电视墙采用隐藏式门片设定，平常是可以用大型拉门将电视收纳在柜体内部，并且让整体空间更具整体感与优雅感。

E 使用效果 Fidelity to Client
跳脱出行型态的 LOFT 简洁风格，同时完整的整合空间收纳机能。

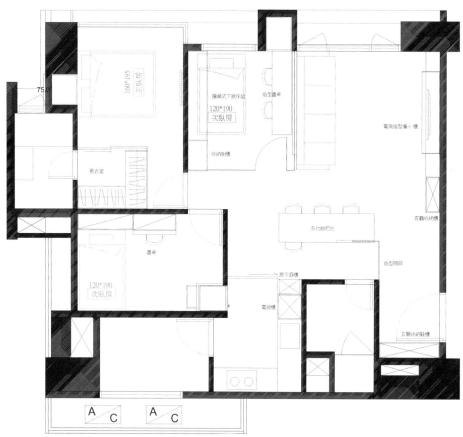

一层平面图

掬一把天光
LIGHT HOUSE

项目名称 _ 掬一把天光 / 主案设计 _ 林宇崴 / 参与设计 _ 白金里居空间设计团队 / 项目地点 _ 台湾省台北市 / 项目面积 _198 平方米 / 投资金额 _100 万元 / 主要材料 _Minotti

A **项目定位** Design Proposition
空间、绿荫和采光，对台北的居民来说，是奢侈的！透过空间配置的巧思，以及如何为业主创造全新的家庭生活，进而将绿景纳入为生活的风景，将采光收藏为家中的自然资源，让居住在尘嚣中的台北市，竟也有大自然的洗礼和享受。

B **环境风格** Creativity & Aesthetics
将不规则的五边形空间转换成每一个惊叹！除了依着空间的本质去发想设计概念，引光入室是一大重点，重新排列每一个格局，让自然的采光在空间中演绎发挥。

C **空间布局** Space Planning
将公私领域画分在两个楼层，上层为起居室和书房，下层为客厅、餐厅、厨房、主卧、儿童房以及休闲吧台。空间配置上以光线为首要考虑之一，让每个空间都有对外窗，赋予白天和夜晚不同的自然面貌。

D **设计选材** Materials & Cost Effectiveness
穿透式的设计手法搭配铁件、石材、色彩等元素，随着时序和光影的移动，让光影重迭恣意添加丰富表情。

E **使用效果** Fidelity to Client
好客的业主在新居落成后，邀请了超过百位朋友齐聚一堂，不论空间配置、生活机能、动线与设计巧思，都受到朋友们的赞美和喜爱。宾主尽欢！

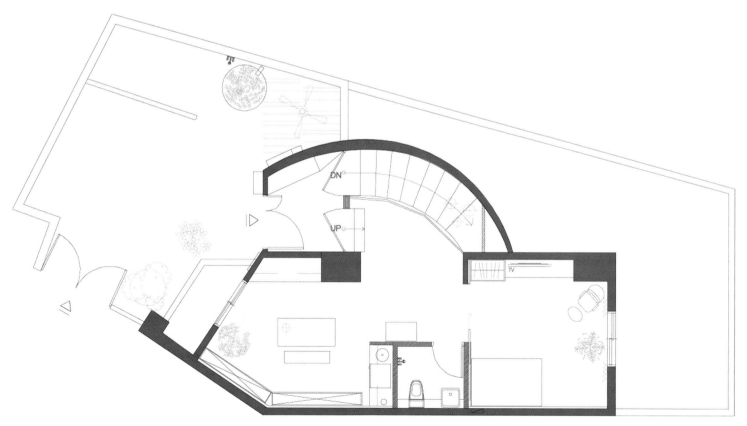

一层平面图

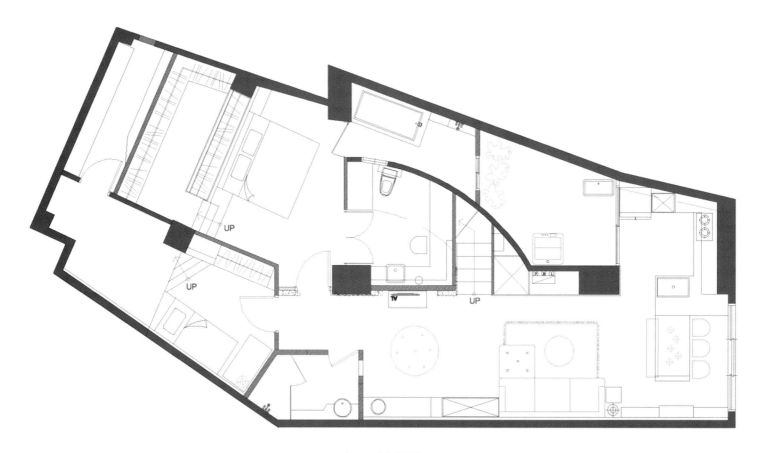

地下一层平面图

一扇窗·漫一室
TUNG'S HOUSE, TAIPEI

项目名称 _ 一扇窗·漫一室 / 主案设计 _ 邵唯晏 / 参与设计 _ 邵方璵 / 项目地点 _ 台湾台北市 / 项目面积 _150 平方米 / 投资金额 _160 万元 / 主要材料 _KD 梧桐木钢刷、富美家、美国 DuPont(杜邦)CORIAN

A 项目定位 Design Proposition
有别于市场上针对特定风格或是相较流行的古典风格，本案以中性及写意的定位来描写对于住宅的诠释，回应的是业主对于美学的素养及生活的态度，而不是追求流行风格的定位。

B 环境风格 Creativity & Aesthetics
本案大量的开窗，有效的将户外的自然光及绿意带进室内，白天都不需开灯，自然通风也很流畅，企图与环境共融共生，也为住宅注入节能的绿思维。

C 空间布局 Space Planning
弹性隔间的设计，让整体空间的格局拥有最多的可能性及弹性，也符合业主爱好自由及好客的生活习惯及需求。再者，可弹性使用的多层界面，有效将空间流动、声音穿越与视线交集做不同层次的搭配，藉此回应使用者对于空间非线性使用的需求。

D 设计选材 Materials & Cost Effectiveness
整体设计质感展现自然的低调美学，在样式及配色上都以自然宁静的色彩与材质出发。房子得天独厚的绿意、迁移的时间与光线，搭配老木特有的香气，再加上屋主本身内蕴的艺术涵养，自然将人的五感融合于空间。无需刻意装饰，亦无需华丽材料，丰富的人生足以成就一个强而有力的空间氛围。

E 使用效果 Fidelity to Client
本案完成后受到业主的喜爱，虽本案不是商业空间，无商业经营的压力，但本案完后的确大大增加了业主朋友的来客量，也符合了业主好客的生活习惯及需求。

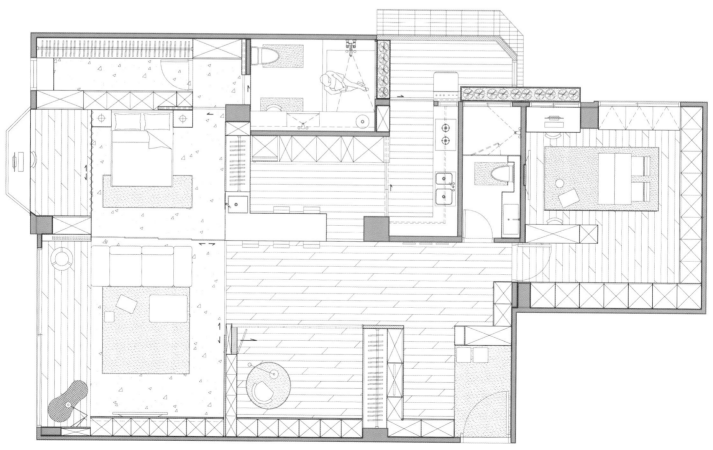

一层平面图

Villa
别墅空间

台 州仙居和家园别墅
Xianjuhe Villa

金 华华欣名都17-A
Huaxin Mingdu 17-A

国 玉／阔
capacious

稍 纵 即 逝
Fleeting

半 山 建 筑
Semi-mountain Architecture

蜀 风 停 苑
Shu feng Garden

人 文 挹 翠
Nature & Humanism

光 合 呼 吸 宅
Photosynthesis house

路 Way

宁 波 石 浦 · 宅 院
shipu house

台州仙居和家园别墅
XIANJUHE VILLA

项目名称 _ 台州仙居和家园别墅 / **主案设计** _ 杨钧 / **项目地点** _ 浙江台州市 / **项目面积** _450 平方米 / **投资金额** _300 万元 / **主要材料** _ 地面：哑光洞石、软木地板、船木地板；立面：老船木、涂料、柚木

A 项目定位 Design Proposition
业主是一位年近 60 的单身老人，通过对业主的个人爱好和审美的了解，作为一个成功的商人他还缺少什么呢？我想给这座房子述说一个故事 《光阴的故事》。光阴似箭，岁月无痕。围绕这个主题让主人在自己的房子里轻轻地触摸和感受，从中找到答案。

B 环境风格 Creativity & Aesthetics
摒弃很多流行元素，设计师通过光影，自然以及讲故事的能力，利用记忆和现实的交替，营造出意味深长且充分亲近自然又足够舒适、令人愉悦的居住空间。

C 空间布局 Space Planning
打破原有固定对称布置手法，完全不拘泥于形式，体现自由、开放。用简单巧妙的手法利用原来很难使用的窗户，变成图形和室内相呼应，达到光影效果。在有限的空间特意设计一个玻璃房做为茶室，当电动百叶开启时，入眼便是户外的自然景色，使室内与室外有机结合，让建筑的肺部吸入从外浸润而来的自然气息。使得建筑在林间自由欢快的呼吸。

D 设计选材 Materials & Cost Effectiveness
使用老船木和涂料等材质，回归原生态原点，通过最普通的方法表达对生活的态度。通过材质描绘出那一份怀旧的色彩，让人对于时间对于空间产生无限的遐想。

E 使用效果 Fidelity to Client
逃离喧嚣都市并纵情于自然，在居家中慢慢让时间流淌。把记忆作为业主的人文诉求点，让时间流转成为空间的诠释。让每个前来阅读她的人都能感受到他对艺术和收藏的狂热。

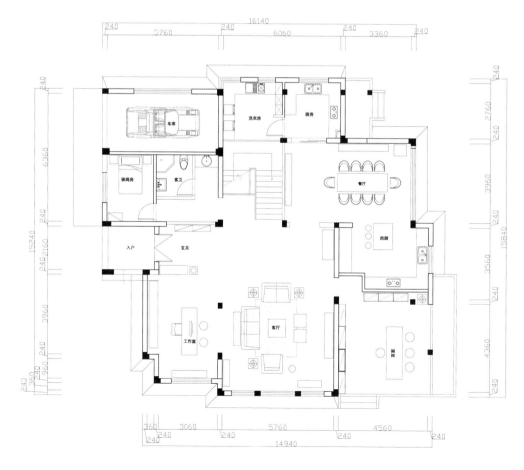

一层平面图

金华华欣名都 17-A
HUAXIN MINGDU 17-A

项目名称 _ 金华华欣名都 17-A / 主案设计 _ 徐梁 / 参与设计 _ 李祖林 / 项目地点 _ 浙江省金华市 / 项目面积 _ 440 平方米 / 投资金额 _ 140 万元 / 主要材料 _ 帅康整体橱柜、富得利、锐驰家具

A 项目定位 Design Proposition

针对时尚、年轻的家庭的居住环境，满足当代社会的时尚群体的需求、对生活的态度、艺术的自由做了新的诠释。

B 环境风格 Creativity & Aesthetics

整体墙地面运用了硬朗的石材与特质的木地板的结合，让居家在环境上表述硬朗的同时也有柔软温馨的一面，随意散放的摆件品提升空间的内在气质，也展现出主人的自我品味。

C 空间布局 Space Planning

穿透式的整体布局，扩大了一层的视觉效果，对室内的楼梯位置进行的变化与改造，让每个空间的对话更加直接、简洁明快。

D 设计选材 Materials & Cost Effectiveness

特质实木地板铺设在楼梯空间墙面从底层贯穿到顶层楼板，整个楼梯扶手采用了透明的弧形玻璃在空间更为灵巧。

E 使用效果 Fidelity to Client

作品在交付后得到业主的一致好评，与业主家庭的生活习性紧密结合，创造了温馨舒适的家居氛围。

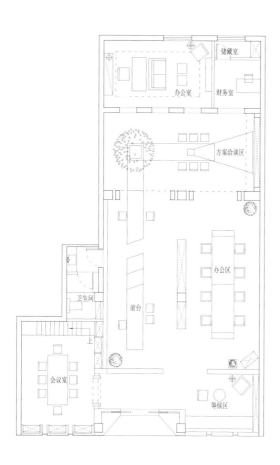

一层平面图

国玉·阔
CAPACIOUS

项目名称 _ 国玉·阔 / 主案设计 _ 俞佳宏 / 项目地点 _ 台湾台北县 / 项目面积 _635 平方米 / 投资金额 _300 万元 / 主要材料 _ 清水模、石皮、木纹漆、意大利石英砖、木格栅、铁件

A 项目定位 Design Proposition
复层互动的空间架构，各自独立亦相互串连。

B 环境风格 Creativity & Aesthetics
人文禅风的大器风范。

C 空间布局 Space Planning
空间分为 2 栋，布局上每层空间各自独立而鲜明。

D 设计选材 Materials & Cost Effectiveness
大面积的清水模，石皮与铁件的搭配，使空间沉稳大器。

E 使用效果 Fidelity to Client
复层空间的代表案例。

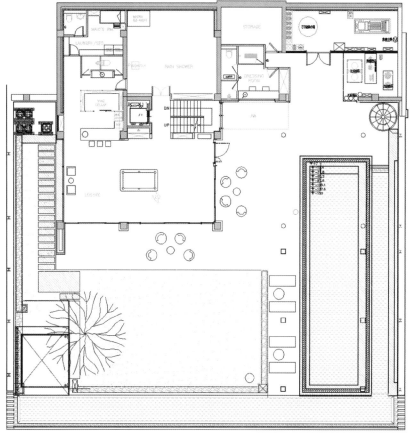

一层平面图

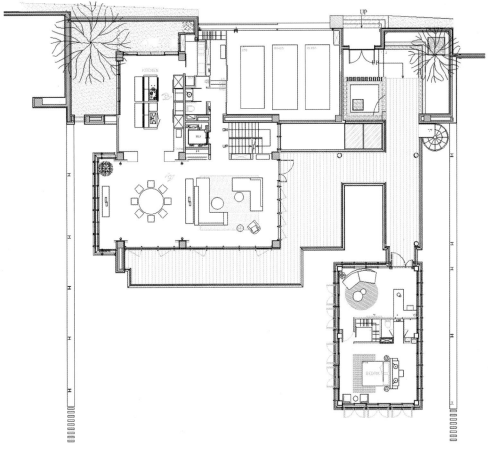

二层平面图

稍纵即逝
FLEETING

项目名称 _ 稍纵即逝 / **主案设计** _ 吕秋翰 / **参与设计** _ 廖瑜汝 / **项目地点** _ 台湾台北县 / **项目面积** _135 平方米 / **投资金额** _80 万元

A 项目定位 Design Proposition
藉由天光的变化使的都市人体会时间，放慢脚步。

B 环境风格 Creativity & Aesthetics
有了天窗，使得此空间的白，随着不同时间色温不断的改变，而感受时间经过；在匆忙的都市生活中，由此感受步调停下脚步。

C 空间布局 Space Planning
区隔空间的墙面，置换成所需的机能物件，以看似摆设的方式呈现空间立面的节奏，形成一种被划分的自由空间，无拘无束的动线方式。

D 设计选材 Materials & Cost Effectiveness
白色的磨石地转，此材料来取代能够呼吸的木材。

E 使用效果 Fidelity to Client
自由的动线和光线，使得屋主更能够掌握生活的节奏！

一层平面图

半山建筑
SEMI-MOUNTAIN ARCHITECTURE

项目名称 _ 半山建筑 / **主案设计** _ 杨焕生 / **项目地点** _ 台湾南投县 / **项目面积** _379 平方米 / **投资金额** _600 万元 / **主要材料** _ 清水模、天然桧木、订制家具、黑色大理石、桧木实木地板

A 项目定位 Design Proposition

这栋建筑位于八卦山台地、视野辽阔、可以远眺中央山脉群山，也可俯瞰猫罗溪溪谷，宁静优雅的文化与风土，随台湾现代化交通系统与通讯网便捷，在这半山与都市接轨却无比方便。因此创造与大自然和谐共存，让居住融于自然的空间。

B 环境风格 Creativity & Aesthetics

业主委托设计新家时，这栋半山建筑附近均是大片低矮茶园，希望建筑落成时能在室内也能欣赏这份景致。自然流动在其间的不只这些自然元素，包含了人的动线，功能的布局，视线的角度，身体的感触；这一流畅的空间可以孕化一个人身处半山环境身心，并随着空间文法的流动微妙的改变居住者的心灵变化。

C 空间布局 Space Planning

本案利用重叠、错离及融合构成方式组成，由次要空间水平向延伸右边 16 米乘 3.5 米长的户外雨庇及左侧 12 米长钢结构车库顶棚形成一水平长向白色建筑量体。

D 设计选材 Materials & Cost Effectiveness

室内建筑以清水混凝土墙构筑，室内桧木屏风与室外的孤松，形成光影对话，建筑构法简单及清净但依然讲究建筑所重视的光影、通风与地景的微气候效应。

E 使用效果 Fidelity to Client

这肌理曼妙流动于宁静光影空间之中，空间是背景，生活是主体，利用简化格局与宽阔动线拉长空间距离，为了铺成丰富层次，让人难以一眼望尽屋内所有动态，特意配置多道屏风界定空间虚实开合，借以定义场域里外属性。

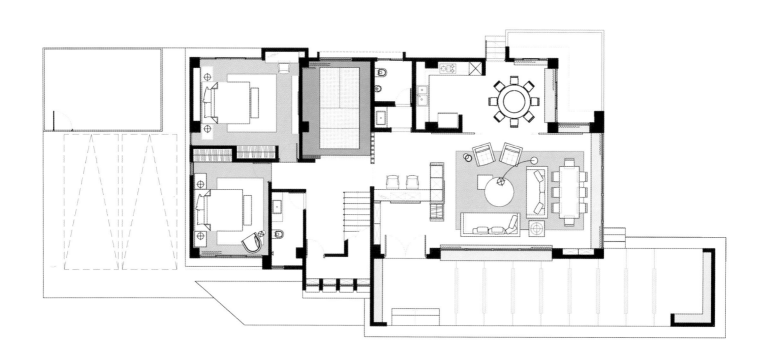

一层平面图

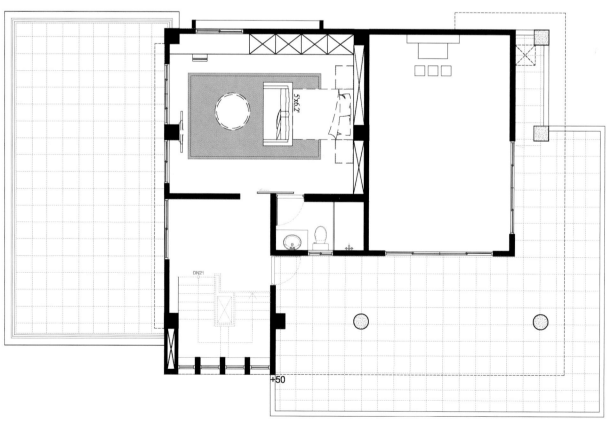

二层平面图

蜀风停苑
SHU FENG GARDEN

项目名称_蜀风停苑 / 主案设计_郑军 / 项目地点_四川省成都市 / 项目面积_300平方米 / 投资金额_150万元 / 主要材料_简一大理石瓷砖、安信木门、汉斯格雅浴室五金、德贝橱柜、顶固五金

A 项目定位 Design Proposition
蜀风花园比邻金沙遗址,整个外建筑充满西蜀风情,当今成都都市人生活在,西方文化不断融入的大环境中,不断发展,城市于我们是一个陀螺,不断旋转,设计师运用柔软元素打造此空间。打造舒缓宁静的空间,为家留下一片恬静。

B 环境风格 Creativity & Aesthetics
中式和欧式的结合,犹如现代人们,洋房西装,卷发红唇,一开口还是纯粹的中国话,到生活本质上不失本真。本案中欧式和中式演绎的淋漓尽致,小脚高细的吧台椅,和璀璨琉璃灯,在中式元素,蜀绣、陶艺、白兰花的包围中消去浮华,剩下静好岁月。在城市中,慢下脚步,缓中悟道。

C 空间布局 Space Planning
本案首先更改入户门厅的位置,延长进门动线,走过小桥水池再进门,给人中式庭院的风味。进入小院首先映入眼睑的是小桥水塘,小桥蜿蜒幽深。楼梯扶手取自中式屏风造型,垂直到顶,和室外小桥的弯曲呼应,一曲一直平衡整个空间。客厅加以扩大,在开阔空间的同时,沙发背景镂空和蜀绣,地面类似祥云图案地毯,软质元素安抚大空间的生硬感,达到空间的平和。厨房顶面透光石和室内镂空隔断的运用,软化模糊了空间分割线,空间融为一体,别具一格。儿童房的简单造型,寓意孩子的未来有无限种可能,留一片空白让他自己填写。白和兰的简单搭配。墙面大面积留白,既中国书画中"留白"的手法,空白处非真空,乃灵气往来,生命流动之处。

D 设计选材 Materials & Cost Effectiveness
室内中式和简欧的碰撞,软木地板和不锈钢的对比融合,打破中式的沉重,保留空间感。

E 使用效果 Fidelity to Client
客户非常满意,搬家时来了许多亲朋好友都赞不绝口!

人文抱翠
NATURE & HUMANISM

项目名称 _人文抱翠 / **主案设计** _张祥镐 / **参与设计** _高子涵 / **项目地点** _台湾省台北市 / **项目面积** _800 平方米 / **投资金额** _350 万元 / **主要材料** _Minolti,Kuan livig,Etai design living

A 项目定位 Design Proposition

都会里的庸碌，使陌生的两人相遇并决定携手共度往后的人生，然当孩子出生之后，生命里多了甜蜜的牵绊，有感于城市里生活狭迫拥挤，因此举家迁徙至邻近大自然的独栋楼宇，展开洋溢幸福的未来日子。

B 环境风格 Creativity & Aesthetics

餐厅、客厅与中岛餐台排列组合，打造视觉的进深层次，厨房场域以灰色石材嵌入黑镜包覆表层，延续于结构柱体调适空间多元媒材的转变，简单而富人文质感。

C 空间布局 Space Planning

无窗内引光景的地下一楼，挑高四米五的空间将尺度轴线拉阔，以序列至顶的十字旋转门引申进入室内的迎宾氛围，创造饭店式接待大厅的轩敞气度，黑玻晶透围塑儿童游戏间，运用木质地坪温润孩子席地而坐的馨暖；外侧地面石砖与长廊彼端拼贴粗犷质感的岩石皮层，导入户外自然绿意，自反映虚实景象的天花板悬挂中西韵味混和的吊灯，溢散内敛光晕与点状光源彼此主配衬映，整合一处蕴含时尚况味与朴质自然的入口。

D 设计选材 Materials & Cost Effectiveness

随纯白廊道步入三楼主卧房，床头主墙以奢靡质感的媒材套件组合饭店式精致享受，框架线条以垂直水平利落构筑，诠释现代时尚质感，旁侧格状铁件书柜以玻璃取代实墙，穿透光线打造清爽视感，纱帘轻筛阳光直晒的热度，打造舒适宜人的私密场域。透过镂空书柜的转折进入书房，一张柔软却具皮革质感的沙发与茶几，勾勒闲静的阅读时刻，生活更趋写意。两个小孩的卧房与起居室空间则配置二楼，延续简单适意的设计概念形塑空间样貌。

E 使用效果 Fidelity to Client

扶疏绿意——度假会所式概念。

一层平面图

二层平面图

光合呼吸宅
PHOTOSYNTHESIS HOUSE

项目名称 _ 光合呼吸宅 / **主案设计** _ 郭侠邑 / **参与设计** _ 陈燕萍、杨桂菁 / **项目地点** _ 台湾省桃园县 / **项目面积** _496 平方米 / **投资金额** _200 万元 / **主要材料** _ 原园石材

A 项目定位 Design Proposition
旧建筑、旧格局、非常狭长的空间，但透过生态环保工法的改造设计，让阳光、空气、水都进来了。建筑体中段的天井设计，引入自然光，让整个狭长的空间明亮起来，并配合空气塔的概念，达到环保省电的功效。景观水池流水的设计，有效的降低室内的温度。

B 环境风格 Creativity & Aesthetics
阳光、空气、水都是我们人所必须要的生命元素，可以把这些元素引进到我们的家庭生活，靠自然去调节光和空气，不要再透过电器设备去控制我们的生活。把生态工法引用到室内设计"家"的范畴中，从最基本的家做起节能减碳，进而到影响到社会、国家、全球。

C 空间布局 Space Planning
看着由天井洒落的阳光、听见潺潺流水声、感觉空气中的温湿度、触摸环保天然材质的质感、用心去感受这一切，原自于光合效应的五感生活。利用五感：意、视、触、听、味的五感去体验生活。这才是真正的生活。

D 设计选材 Materials & Cost Effectiveness
大量使用天然石材、原木、黑铁、抿石子，让空间呈现最原始自然的元素，以利阳光、空气、水的自然对话。

E 使用效果 Fidelity to Client
非常满意。

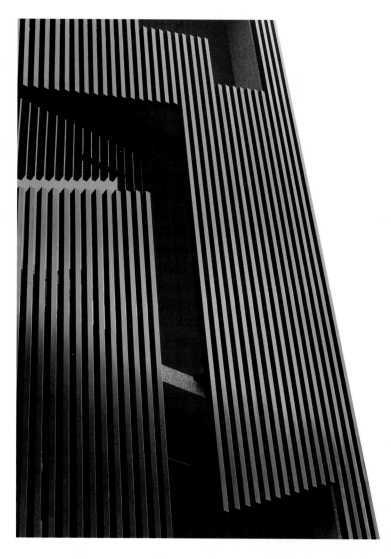

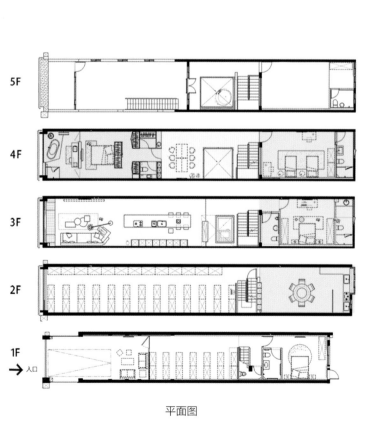

5F

4F

3F

2F

1F

→ 入口

平面图

路
WAY

项目名称 _ 路 / 主案设计 _ 孟也 / 项目地点 _ 北京市 / 项目面积 _ 450 平方米 / 投资金额 _ 450 万元 / 主要材料 _ 杜马家具、大自然地板、进口 IRIS 瓷砖

A 项目定位 Design Proposition

之所以将此项目命名为"路 ", 缘由来自于设计师对客户的真切了解及美好的祝福, 两位主人相濡以沫、相互依偎与跟随、无论平坦曲折, 一路走来, 从年少到白发, 共同建造了属于这个家庭的和谐与美好, 是空间中需要表达的核心价值。

B 环境风格 Creativity & Aesthetics

整个设计中, 设计师孟也以现代空间打造的手法, 融合中西方感人的审美情趣, 赋予空间模棱两可的多元素风格感受, 块、面、体、形一气合成, 使用上更让空间充满情趣、和美, 达成了中国人居最美好的愿景。

C 空间布局 Space Planning

空间中重新规划的动线中, 在满足了高效的使用同时, 恰到好处的体现了这条路的幽远、曲折、起伏与回转, 移步一景, 体现了进门后内花园的概念感受。设计师在动线设定中有意拉长人的进深运动长度, 欣赏沿途风景, 曲转之间游走于计划好的视觉感受中。

D 设计选材 Materials & Cost Effectiveness

卧室中, 高挑的空间给了云朵灯更多飘摇的愿望, 日本设计师给灯赋予了东方特有的细腻感受。空间主要家具全部为中国艺术家们精彩的作品, 充满东方审美情趣, 并不时结合西方印象, 与国外设计师的小件配饰家具呼应, 成为空间国际化印象的重要组成部分。

E 使用效果 Fidelity to Client

非常满意。

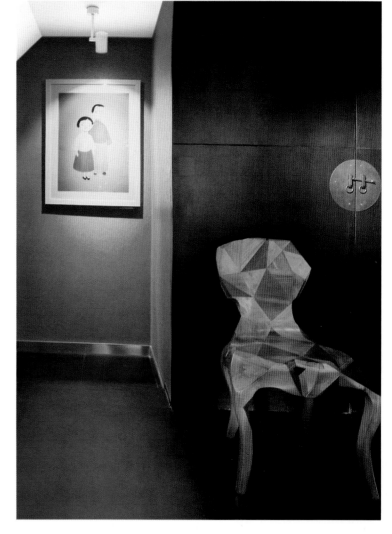

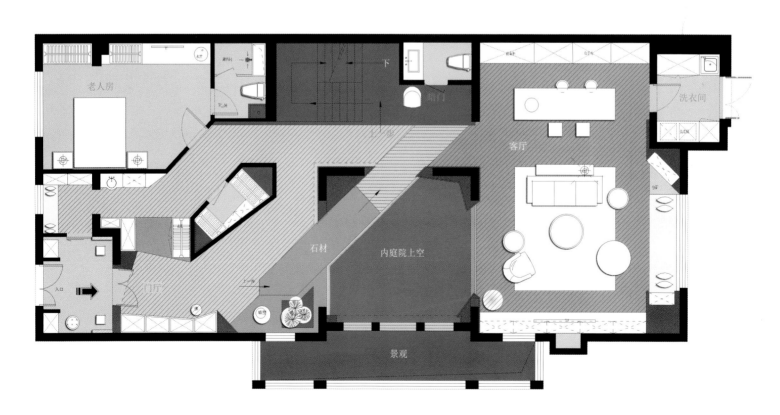

一层平面图

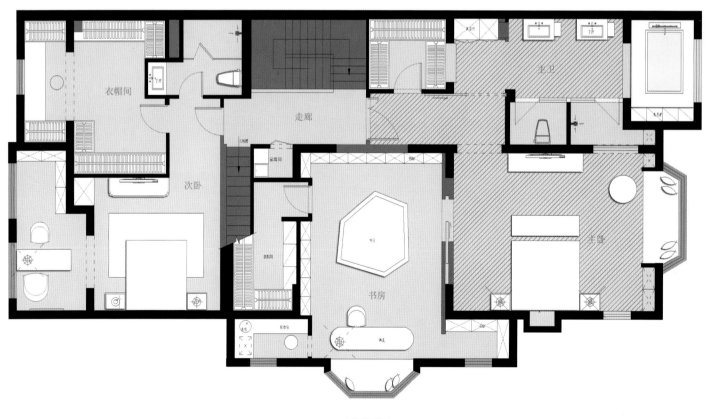

二层平面图

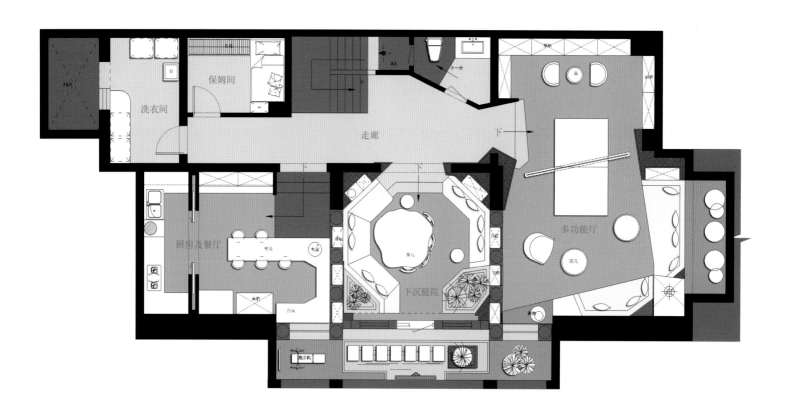

地下一层平面图

宁波石浦·宅院
SHIPU HOUSE

项目名称_宁波石浦·宅院/**主案设计**_查波/**参与设计**_冯陈/**项目地点**_浙江省宁波市/**项目面积**_700 平方米/**投资金额**_200 万元/**主要材料**_白木纹大理石、灰木纹大理石、古木纹大理石、维可木、青石板、实木板

A 项目定位 Design Proposition

室内设计师能决定建筑结构的机会不多，往往都是在木已成舟的无奈中，继续勉强的去达成设计的期望，而这一次不同……在中央塘村的老街静巷旁，我们展开了对农村典型性透天独栋住宅建筑的另一重探索。

B 环境风格 Creativity & Aesthetics

石浦镇，地处东海之滨、象山半岛南端，渔港古村是这里的印象写照。建筑的基地狭长，且是斜坡，四周皆是传统中国农村的典型性自建房，任何有明显风格的建筑都会在这里显得突兀不和谐。白墙黑瓦灰隔断在设计师处理下，比例尺度、颜色对比都显得安静和谐。整体环境风格上做到了层层有阳台和绿树，层层阳台可以相互互动对话。

C 空间布局 Space Planning

相信一栋好到让人充满各种想象的空间意向，就隐藏在这栋家屋几层玄关、阳台和楼梯处上方的一线天内，这个拨开的缝隙揭露了老街坊邻里的空间场景，它不仅因尺度的友善而温暖，也常常蜿蜒曲折提供了不期而遇的生活乐趣，串联起许多共同的记忆。

D 设计选材 Materials & Cost Effectiveness

反顾别墅的设计过程，联合建筑师、材料商和项目经理共同反思传统建筑的问题，总结并提出创造性的解决方案，尺度的紧张感时时挤压着设计的想像，我们必须在无有的生成之间，时时检视空间、素材、光线乃至于生活的建筑与空间品质。使用中国传统材料是设计的一贯坚持，一来既廉价环保易得来，又可以传承千百年来的传统工艺和文化，即使是一块老砖一片老瓦，只要设计师赋予新的设计语言和先进的施工手法，就可以让老材料焕发新生命。

E 使用效果 Fidelity to Client

难得的是，设计施工团队在打造建筑的历程里共同示范了一种可贵的实践：设计师与业主营造形成了友好而信任的对话关系，在往来的沟通间互相启发、共同深掘出住宅建筑的各种可能。

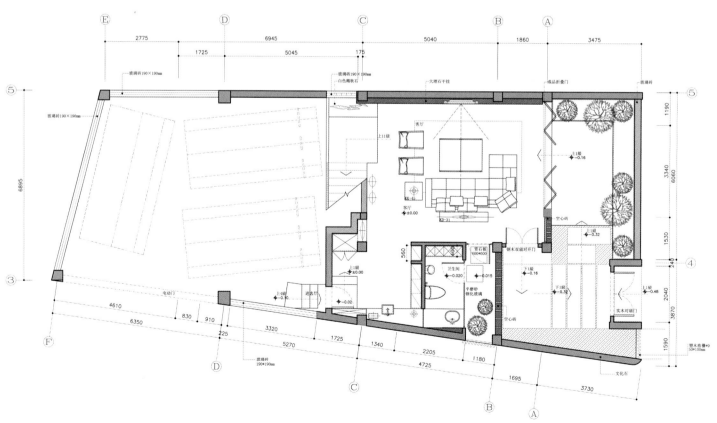

一层平面图

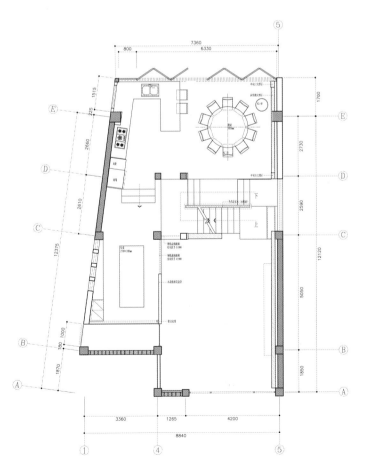

二层平面图

居 然顶层设计中心·梁建国之家
House Of Liang Jianguo

江 西宜春江湖禅语销售中心
Zen Resort & Spa Sales Center

诚 盈 中 心
CCT center

新 竹 青 川 之 上 售 楼
处 · 乐 章 悠 扬
The Ki, The River, The Music

上 海 徐 汇 万 科 中 心
Shanghai Xuhui Vanke Center

深 圳花样年幸福万象
C-02 户 型 样 板 房
Shenzhen Fantasia Happy Vientiane
C-02 Model Room Apartment

沐 暮
Twilight

杭 州 美 和 院 样 板 房
Haugzhou And
Courtyard Example Room

时 代云
Times Cloud

杭 州 万 科 郡 西 别 墅
Vanke Junxi Villa

居然顶层设计中心·
梁建国之家
HOUSE OF LIANG JIANGUO

项目名称 _ 居然顶层设计中心·梁建国之家 / **主案设计** _ 梁建国 / **项目地点** _ 北京 朝阳区 / **项目面积** _200 平方米 / **投资金额** _220 万元

A 项目定位 Design Proposition
传统与当代、工业与自然的相互融合，在传统的东方文化上创造的家居生活体验。

B 环境风格 Creativity & Aesthetics
用大量的留白来回归自然的纯净观感，体味东方的包容空。

C 空间布局 Space Planning
颠覆传统家居的概念，用步移景异，不拘泥于格式化的布景方式体现整个空间。

D 设计选材 Materials & Cost Effectiveness
当代手法演绎古文明的活字印刷，以画为原型，意化形的铜树，太湖石鱼缸，未经过多雕琢的青石，还原自然本真的味道。传达不断完善自我每个作品都在未完成的状态下进行展示的态度，契合本家具品牌"制造中"的含义。

E 使用效果 Fidelity to Client
中国的国际设计师交流展示平台，注重设计师"生活方式"的方向转变。

制造·

制造·...

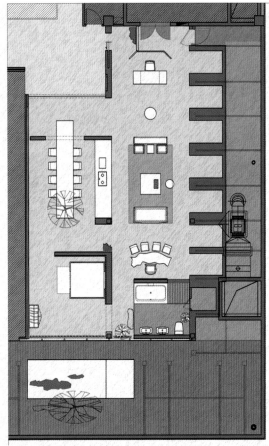

一层平面图

梁建国之家 LIANG JIAN GUO'S PROTOTYPE ROOM

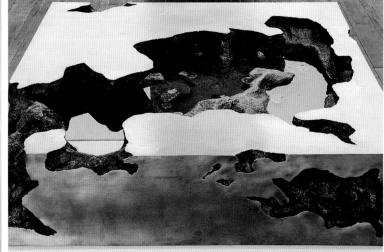

江西宜春江湖禅语销售中心
ZEN RESORT & SPA SALES CENTER

项目名称 _ 江西宜春江湖禅语销售中心 / 主案设计 _ 邱春瑞 / 参与设计 _ 张帆、罗辉、冷蔚、于畅、潘寿炯、袁晓路、薛国钊、胡绮云、易晶 / 项目地点 _ 江西宜春市 / 项目面积 _ 800 平方米 / 投资金额 _ 650 万元 / 主要材料 _ 深圳市墨林地毯有限公司，利德利装饰材料有限公司，深圳市圣丽达装饰材料有限公司。

A 项目定位 Design Proposition

销售中心隶属于江湖禅意旅游地产开发综合项目，地理位置为向西靠近秀江御景花园住宅区，向东毗邻御景国际会馆，南朝向化成洲湿地公园。从地理位当其冲的占据了优势，面对的客户群体主要是中高端客户。项目原址是一家经营多年的海鲜酒楼，在其拆迁之后对建筑和室内进行改造。

B 环境风格 Creativity & Aesthetics

在设计风格上，室内外均采用现代融合中式禅风，设计师并没有一味的照搬中式的具象代表符号，而是用格栅来阐述中式意味。竹，乃"四君子"之一，彰显气节，虽不粗壮，但却正直，坚韧挺拔；不惧严寒酷暑，万古长青。通过把竹意向成格栅，同样让这些境界呼之欲出。

C 空间布局 Space Planning

借鉴中式传统庭院布局，设计师让室内空间后退将近 10 米，预留出半开放式的水景区域，这样的布局，既能很好的过度室内外景观，同时也能增加建筑设计的体量感。室内空间划分为主要的三个功能区域：接待区、洽谈区和展示厅，通过意向的通透式的人造隔断墙，使这三个空间若即若离，同时也正好迎合了中式园林中的借景原理。

D 设计选材 Materials & Cost Effectiveness

在保持原有建筑的前提下，考虑到成本和工期的原因，设计师尽可能采用施工便捷的材料。如建筑外立面采用钢结构，室内的木质隔断墙，有毒气体挥发较快的木饰面等。

E 使用效果 Fidelity to Client

反响很大。

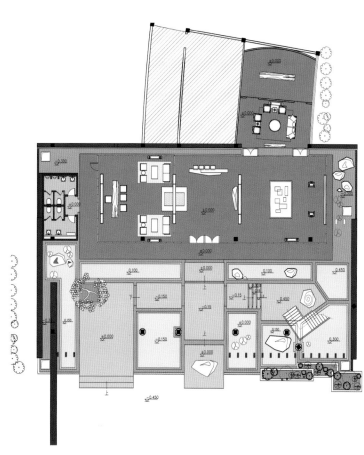

一层平面图

诚盈中心
CCT CENTER

项目名称 _ 诚盈中心 / 主案设计 _ 罗劲 / 参与设计 _ 张晓亮、高山 / 项目地点 _ 北京市 / 项目面积 _1036 平方米 / 投资金额 _1000 万元 / 主要材料 _ 镂空铝板、彩砂地坪、定制家具、定制灯具

A 项目定位 Design Proposition

诚盈中心是集售楼和办公为一体的综合类项目。我们提供了从建筑到室内的整体设计服务。用地是一个等腰直角三角形，建筑在沿主干道退红线后完整地反映了这一地段特征。

B 环境风格 Creativity & Aesthetics

办公售楼楼中心由两层组成，一层为销售展示区及洽谈会议区，二层为内部办公区。建筑主体采用体块削切、虚实对比的造型手法，其外观如一条不规则的连续框筒沿三角形路径立体交错、搭建连接在一起，并通过首层玻璃幕墙及两个锐角的悬挑削切，配以贴近底部的浅水景观处理，呈现了强烈的悬浮感，给人带来鲜明突出的视觉冲击力。

C 空间布局 Space Planning

我们将建筑造型语言延伸到了室内空间。进入室内，首层为一处开敞挑高的接待大厅，自然光透过顶部天窗引入室内，使得建筑内外相融，渲染了洁白素净的室内空间氛围。视线尽端的三角形建筑形体连同铁锈色挂板皮肤通过天窗直接穿入室内，由一处轻盈的连桥同二层主体连接起来。我们通过对首层空间的合理分割，在大厅内部分别设置了展示区、开放洽谈区、VIP洽谈区和签约室等，形成了各具特点的不同功能区域。从室内向外看，窗外的景观被镂空挂板重构成了新颖多变的取景框，也形成了新的半透的肌理屏风，给室内带来了丰富的视觉体验。二层空间主要设置为内部办公区和会议区，开放办公区通透敞亮，三角形会议室独具良好的景观视野，透过双皮幕墙的采光形成了丰富的室内光感效果。

D 设计选材 Materials & Cost Effectiveness

建筑采用了双层皮幕墙系统，内侧为玻璃幕墙，外侧为铁锈色立体镂空铝单挂板。我们根据镂空图形的大小设计了三种规格模数，每一个镂空图形单元均有一边向外折出，形成了强烈的立体观感。这种虚实相间的双皮幕墙不仅带来了鲜明的外观特征，而且将直射的阳光过滤，创造形成了斑驳变化的室内光影效果。

E 使用效果 Fidelity to Client

整个建筑外形独特，极具视觉冲击力，内部简洁明亮，光影斑驳，给办公人员及客户极佳的观感，对销售功能起到了促进作用。

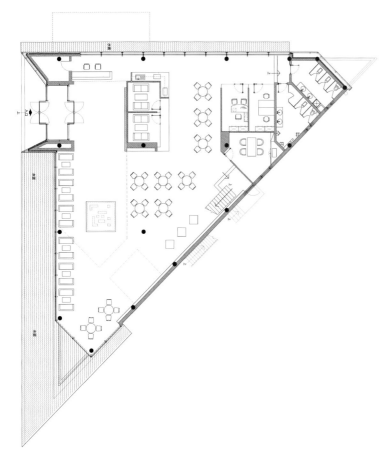

一层平面图

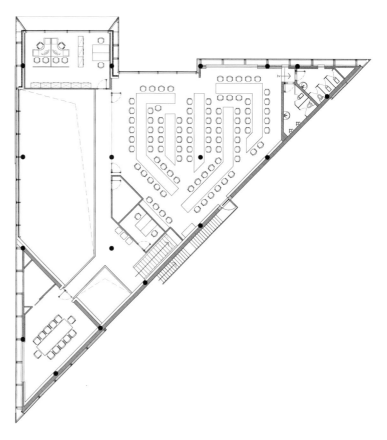

二层平面图

020 样板房售楼处 *The model of the housing sales offices*

新竹青川之上售楼处·乐章悠扬
THE KI. THE RIVER THE MUSIC

项目名称 _新竹青川之上售楼处·乐章悠扬 / **主案设计** _张清平 / **参与设计** _潘瑞琦、洪宏松 / 项目地点 _台湾新竹县 / 项目面积 _990 平方米 / 投资金额 _410 万元

A 项目定位 Design Proposition
将音乐的旋律融入到空间的创作中；以光影为前导，代替乐谱；动线转折与空间过渡是旋转的韵律；材质界面的整体协调就如弦乐。

B 环境风格 Creativity & Aesthetics
门厅入口在细部做了三叠式展翼设计，背隐灯光，强化了建筑立面的层次感。

C 空间布局 Space Planning
层层放射的半椭圆形，座落在如镜面一般地面，像太阳从水平面升起，有如融入自然景观水、影间，创造一个具有气场循环的概念。

D 设计选材 Materials & Cost Effectiveness
建材即是空间感对人的直接体感。象是顽固的五线谱，对人们影响是直接、利落，丝毫不隐匿优与劣。建材如同因音符在空间的旋律，甚么样的风格节奏，藉由设计师对建材的思维，让建材有了生命。

E 使用效果 Fidelity to Client
非常好。

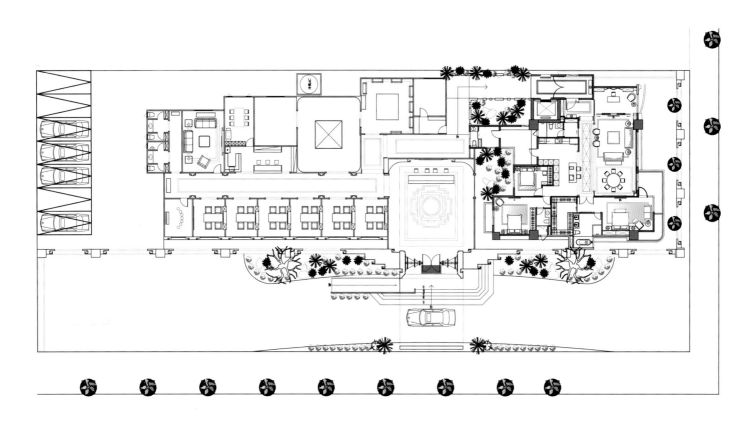

一层平面图

上海徐汇万科中心
SHANGHAI XUHUI VANKE CENTER

项目名称 _ 上海徐汇万科中心 / 主案设计 _ 颜呈勋 / 项目地点 _ 上海 徐汇区 / 项目面积 _ 450 平方米 / 投资金额 _ 270 万元

A 项目定位 Design Proposition
设计伊始，我们将本案风格定位为一个现代简约的售楼空间。

B 环境风格 Creativity & Aesthetics
重点突出模型区域，并充分利用现有层高，打破传统模型台给你留下的刻板印象，转而采用地面抬高形式，在该区域，将区域模型与地块模型并和，突出地块模型。

C 空间布局 Space Planning
在空间造型上，天花，墙面，地坪均以流畅的线条凸显空间的时尚感，最终为大家呈现一个简约而时尚的销售空间。

D 设计选材 Materials & Cost Effectiveness
白色石材，透光膜等材质，强化空间这一简约现代的特质。

E 使用效果 Fidelity to Client
售楼处满足了基本功能同时兼顾了艺术效果，提高业主和购房者的关注度。

深圳花样年幸福万象
C-02 户型样板房
SHENZHEN FANTASIA HAPPY VIENTIANE
C-02 MODEL ROOM APARTMENT

项目名称 _ 深圳花样年幸福万象 C-02 户型样板房 / **主案设计** _ 韩松 / **项目地点** _ 深圳市 / **项目面积** _78 平方米 / **投资金额** _28 万元 / **主要材料** _ 木地板、墙纸、灰镜、不锈钢

A **项目定位** Design Proposition
深圳的生活
有太多的现实，
有太多的残酷，
有太多无休止的奔跑，追逐
有太多的欲望魔鬼……

B **环境风格** Creativity & Aesthetics
我们也许
无法选择财富，
无法选择成功，
也许无法选择喧嚣与否……
但是
我们可以选择自由，
选择随心而动的生活……

C **空间布局** Space Planning
在建筑空间的设计上，城市组通过科学的手段实现一个人与人、人与建筑互动的空间媒介。

D **设计选材** Materials & Cost Effectiveness
新颖。

E **使用效果** Fidelity to Client
很好。

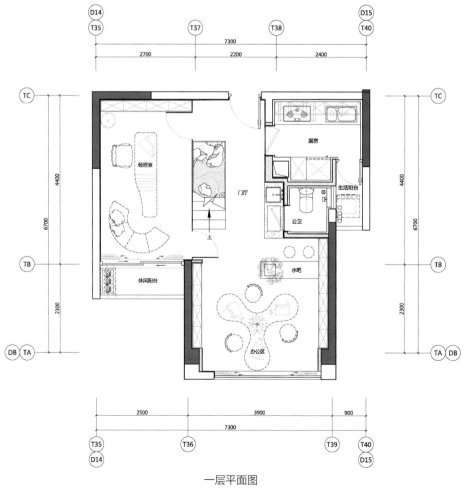

一层平面图

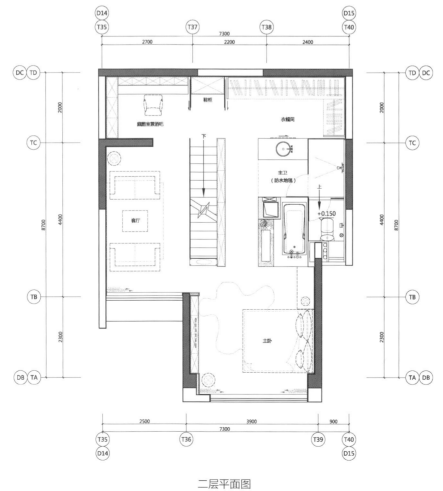

二层平面图

沐暮
TWILIGHT

项目名称 _ 沐暮 / 主案设计 _ 唐忠汉 / 项目地点 _ 台湾高雄 / 项目面积 _ 99 平方米 / 投资金额 _ 300 万元 / 主要材料 _ 石材、壁布、玻璃、铁件、钢刷木皮、木地板、波龙地毯

A 项目定位 Design Proposition
沐浴夕阳暮色，和煦清风吹拂。刻意将各领域的界定打开，让视觉穿透，使光影交错，每一个空间，都成为另一个空间的端景。利用利落的线条分割，架构空间的虚实关系，导入温润质朴的媒材，创造出人文的本质语汇。

B 环境风格 Creativity & Aesthetics
生活领域交叠出空间的核心位置，以客厅为家的中心，延展至其他区域，使其和每个空间环节都密不可分，汇集生活的情感。

C 空间布局 Space Planning
书房——容器。将地坪转折至壁面，用隐喻手法创造空间的场域性，壁面嵌入交错的层架，象是承载着生活故事的容器。餐厅——错序。在错置编排之下，格栅产生律动，形成一面主题墙面，高低垂吊的吊灯搭配多向性餐桌，隐约的界定出餐厅位置，界定空间，却又模糊界线。

D 设计选材 Materials & Cost Effectiveness
新颖。

E 使用效果 Fidelity to Client
非常满意。

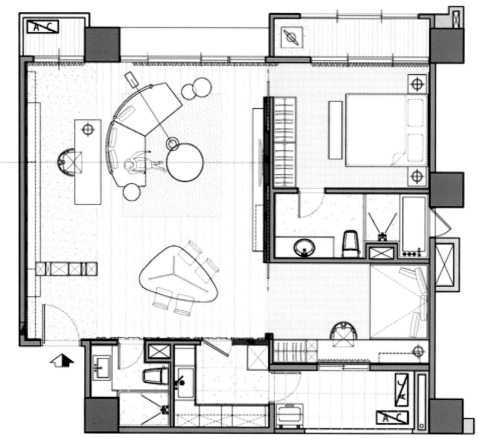

一层平面图

杭州美和院样板房
HANGZHOU AND COURTYARD
EXAMPLE ROOM

项目名称 _ 杭州美和院样板房 / **主案设计** _ 许亦多 / **参与设计** _ 叶磊、徐开、余腾 / **项目地点** _ 浙江省杭州市 / **项目面积** _370 平方米 / **投资金额** _200 万元

A 项目定位 Design Proposition
本案与中国美术学院为邻，周边艺术人群众多。更多的从艺术家对生活和空间的理解的角度去营造空间氛围。

B 环境风格 Creativity & Aesthetics
以白色系和原木色系为主调，包容性强。

C 空间布局 Space Planning
餐厅部分的局部增加钢结构楼板，加上同一位置一楼的楼板开洞，使客厅餐厅地下室三个空间相互贯通，丰富了原本空间构造上层次。

D 设计选材 Materials & Cost Effectiveness
选材简单朴实，大量的乳胶漆，木纹砖和老榆木实木营造一个轻松的环境。

E 使用效果 Fidelity to Client
深受周边艺术人群的喜爱。

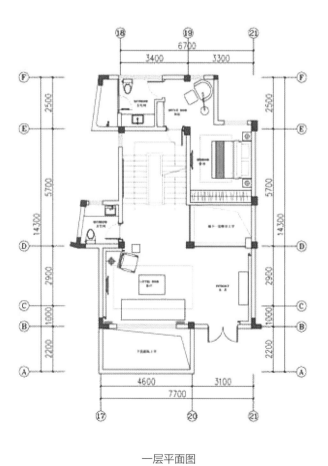

一层平面图

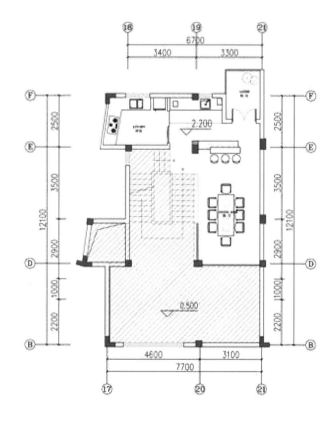

二层平面图

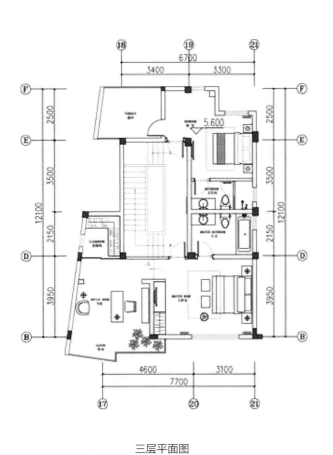

三层平面图

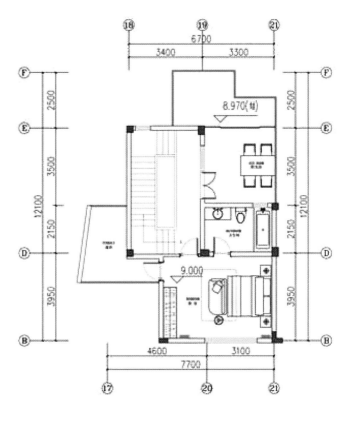

四层平面图

时代云
TIMES CLOUD

项目名称 _ 时代云 / **主案设计** _ 余霖 / **项目地点** _ 广东省珠海市 / **项目面积** _1780 平方米 / **投资金额** _1500 万元 / **主要材料** _ 白栓拼纹板、黑麻石材机理面、仿岩肌理漆

A 项目定位 Design Proposition

如果有机会仰望大地，你会知道这世界的美好在于：可能性。

B 环境风格 Creativity & Aesthetics

一个公共空间的作用是什么？思考很久后的结论是：公共空间除了能够完整承载公众行为和梳理公众秩序（功能流线）外，更大的价值在于从感性上给予受众一些想象力与思考的可能性．因此，公共空间是一种明确的声音，它告诉你或者奇异，或者美好，或者性感，或者震撼，或者平静．缺少这种声音的公共空间是失败的．在此项目中，我们试图传递的声音是情绪化的：如果一个商业空间无法提醒人们可能性的重要。

C 空间布局 Space Planning

这里是时代地产销售会所，在全球地价最昂贵的国家之一中国，销售着在珠海这片投资热土上他们建造的房子，每天有无数的人在这里，急切地，紧凑的购买他们未来的生活．作为地产产业链的另外一端——设计方，我们希望他们真正懂得只有在自由中才能获得真正的美感。

D 设计选材 Materials & Cost Effectiveness

所以，我们需要一个用朴素的木材，沙石，简单的工艺，阵列式的机理和构成，传递出一个关于"美"的"可能性"．这也是在整个项目当中所贯穿的技术。一切，回归自然主义的隐喻。

E 使用效果 Fidelity to Client

请带着情绪和想象去看待它，和你的生活。

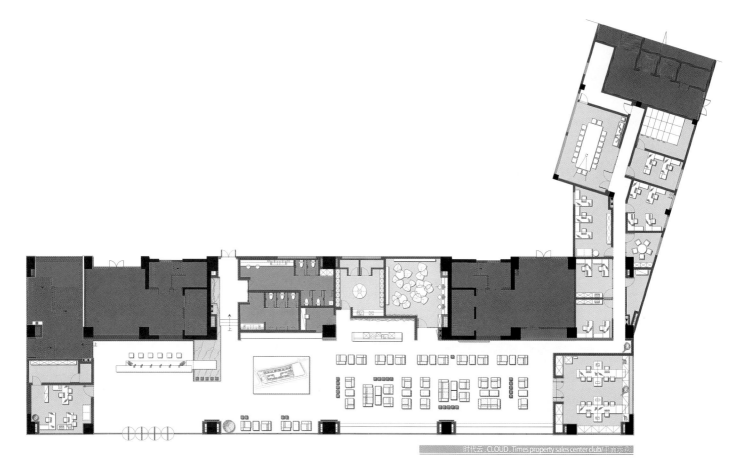

时代云．CLOUD．Times property sales center club/平面示意

一层平面图

杭州万科郡西别墅
VANKE JUNXI VILLA

项目名称 _ 杭州万科郡西别墅 / 主案设计 _ 葛亚曦 / 参与设计 _ 葛亚曦、彭倩、蒋文蔚 / 项目地点 _ 浙江省杭州市 / 项目面积 _640 平方米 / 投资金额 _352 万元 / 主要材料 _ 高级定制

A 项目定位 Design Proposition

郡西别墅，居万科良渚文化村原生山林与城市繁华怀抱内，背山抱水，拢风聚势，是万科风格精工别墅的巅峰作品。设计独具匠心，以返璞归真的居住品位将财富阶层的信仰与文化内涵，以及当地最具代表的玉石文化相结合，通过现代手法重新演绎当代艺术精髓，提炼出居住空间的完美交融气质。

B 环境风格 Creativity & Aesthetics

泛东方文化的传统元素为该居所塑造了富有艺术底蕴的尊荣姿态。设计萃取杭州当地西湖龙井的清汤亮叶与桂花的清可绝尘等自然传统文化精髓，辅以罐、钵、瓶、水墨画等东方文化中式元素，回归内在的价值观与文化诉求的同时自然将中式力量呈现。融合并济的多元创新手法，碰撞出了崭新的装饰风格，给人以低调、内敛的艺术品位。

C 空间布局 Space Planning

空间共分为三层。一层门厅以深咖色和米色为主，稳定、质感、暗藏奢华，仪式感油然而生。加上铁艺吊灯，精致瓷器及拉升空间的花艺，增显气场。客厅为满足主人社交的公共空间，质感奢华的绿色和灰色沙发、中式地毯、奢华的摆件和点缀其间的精致花艺，严谨和骄傲的背后，透露着仪式和稀缺感的力量。沙发背后的竖式水墨画，意境清新淡远，给此空间平添了文化历史感。 二层为私密的卧室空间，其中主卧以内敛的灰色和墨绿为主色调，墨色花纹壁纸、整齐的画框墙面，简约洗练的边柜，细节所到之处无不体现主人的艺术品位，烘托出空间的品质感。主卧衣帽间在黑色调的基础上加入灰色和金色点缀，呈现出主人的精致与品位。 负一层门厅是整座居所的风格浓缩，藏蓝色中式案几、橙黄色现代风格油画、橙色将军罐、精致的花艺、中国传统的石狮和现代镂空铁艺塔在同一空间融合共生。多功能厅以柔软质感的布艺沙发，线条简约的大理石茶几，兼具东方的静谧安逸和简约利落的现代风。

D 设计选材 Materials & Cost Effectiveness

材质的选择则摒弃了常用的低反光、粗朴质感的材料，而使用较为细腻、缜密的木及金属等等，空间的整体气质显得更为精致与高贵。

E 使用效果 Fidelity to Client

以当地传统元素诠释的郡西别墅，在原空间基础上布置、细化与整合，借以行云流水的空间动线形成配合空间的布局。

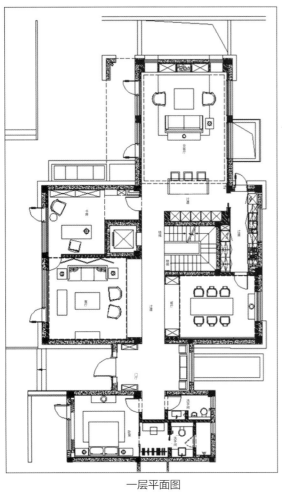

一层平面图

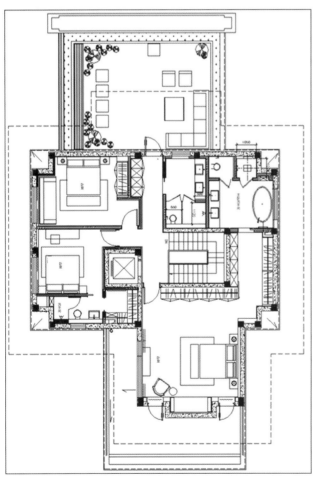

二层平面图

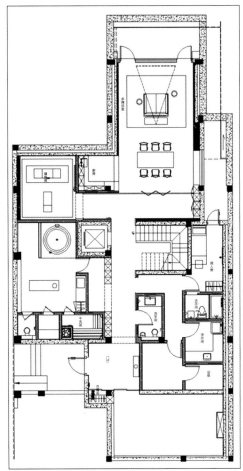

地下一层平面图

Leisure

休闲空间

北京银泰生命汇会所
北 Life Infinity

良 适 小 饮
良 LIANGSHI DRINK

臻 会所
臻 Excellence club

大隐于市的四合院
大 Quadrangle Dwellings

美的君兰国际高尔夫俱乐部会所
美 Midea Junlan
International Golf Club

济南蓝石溪地农园会所
济 Jinan Bluerock
Creek Plantations Club

瑞丽高尔夫会所
瑞 Ruili Golf Club

惠州中信紫苑·汤泉茶馆会所
惠 Huizhou Zi Yuan
Tang Quan Tea Club

维多利亚高级美发会所
维 Vitoria Hair Salon

长沙橘洲度假村
长 Orange Island Resort Changsha

北京银泰生命汇会所
LIFE INFINITY

项目名称 _ 北京银泰生命汇会所 / 主案设计 _ 孟可欣 / 项目地点 _ 北京市 / 项目面积 _ 2 000 平方米 / 投资金额 _ 2000 万元 / 主要材料 _ Toto

A 项目定位 Design Proposition
与同类竞争性物业相比，作品独有的设计策划、市场定位：本案位于北京 CBD 国贸商圈，银泰中心柏悦酒店 6 层。会所专项服务于高端人群的生命管理。对于风格把握，尽量低调内敛。手法运用东方禅意美学，含蓄、委婉而回旋。

B 环境风格 Creativity & Aesthetics
与同类竞争性物业相比，作品在环境风格上的设计创新点：在"减"中求变，删减不必要的枝节，直接揭示事物的本来面目。控制空间中的不必要元素，从而直指人心。

C 空间布局 Space Planning
与同类竞争性物业相比，作品在空间布局上的设计创新点：注意疏密的变化，路线上的曲径通幽，收放自如。

D 设计选材 Materials & Cost Effectiveness
与同类竞争性物业相比，作品在设计选材上的设计创新点：对于选材体现单纯与自然，材料选择主要运用花岗岩和柚木。花岗岩体现的单纯而更多体现柚木自然。

E 使用效果 Fidelity to Client
与同类竞争性物业相比，作品在投入运营后的出众经营效果：喜欢这种宁静和惬意。

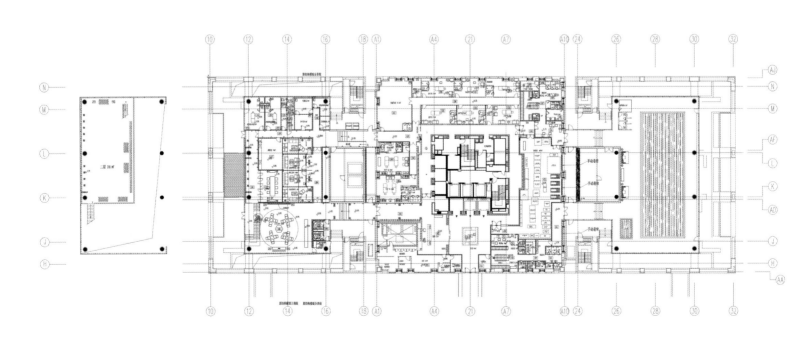

一层平面图

良适小饮
LIANGSHI DRINK

项目名称 _ 良适小饮 / **主案设计** _ 刘峰 / **项目地点** _ 北京市 / **项目面积** _330 平方米 / **投资金额** _450 万元 / **主要材料** _ 大理石

A 项目定位 Design Proposition
"良适"之"小饮"，筑空间以养物，塑气场以修心，于现世中安然怀古。以"饮"为媒，研习器物、空间与人的微妙平衡，塑东方情怀之无形为有形。

B 环境风格 Creativity & Aesthetics
良适小饮在材料的选择上以"时间感"为脉，尽量选用越用越好看的实木、铜板，以便留下时间和使用者的"痕迹"和记忆。木质材料是此次空间设计的主要材料之一，因为比较符合良适的"温暖设计"的理念，厚重而具有亲和力。
"良适"以巧妙的空间营造理念，将来自亚洲的顶级设计用品聚于一堂。秉承"适度"哲学，我们深度携手春在、喜研、木美、哲品等原创生活品牌以及众多优秀中国创意人，合力把抽象的东方美学还原给真实的生活日用

C 空间布局 Space Planning
空间设计以"曲径"设计脉络，在设计中强化了空间的私密性和灵活组合性。针对两人、四人、六人乃至几十人艺术活动时的灵活布置，最有效的利用了空间。开幕以来，已经顺利举办设计展览、文人雅集等数次活动。

D 设计选材 Materials & Cost Effectiveness
秉承良适美学所主导的"和时间一起完成设计"的观念，使用翻新老地板、铁管等朴素材料，将几代人的记忆之美融入设计。材料注重"时间感"，例如餐厅的老墙壁，我们认为这是"情感化设计"的经典案例。材质尽量选用越用越好看的实木、铜板，以便留下时间和使用者的"痕迹"或是记忆。

E 使用效果 Fidelity to Client
开业半年以来迅速成为北京 751 设计园区的热点地标，亦是创意人和商业品牌的论坛、聚会甚至宴请的首选地。

臻会所
EXCELLENCE CLUB

项目名称 _ 臻会所 / **主案设计** _ 郑树芬 / **参与设计** _ 杜恒 / **项目地点** _ 深圳 / **项目面积** _1500 平方米 / **投资金额** _1000 万元 / **主要材料** _ 高比地砖、地毯、灯饰、屏风

A 项目定位 Design Proposition

臻会所是一家喜好艺术之人而设计的私人俱乐部及餐饮休闲处，由知名商业地产深国投置业在深圳中心区开发，由 SCD 郑树芬设计事务所团队设计打造而成。臻会所位于市区繁华路段嘉信茂购物中心内，紧邻山姆会员店交通便利，热闹非凡，设计师如何做到闹中取静，如何打开这扇记忆之门呈现他们的作品呢？

B 环境风格 Creativity & Aesthetics

设计师当初与甲方接触时，甲方给出的要求简单而复杂：现代中式、低调奢华。可以说是一个深奥的主题，后来设计师与甲方进行沟通之后，创作带有浓郁的传统文化味道，方案设计长达半年，立刻得到了甲方的高度认可，有种"众里寻他千百度，那人却在灯火阑珊处"的感觉。

C 空间布局 Space Planning

走进臻会所，看到如此的设计空间：水墨壁画、唐朝侍女屏风、雕塑等经典配饰，似乎给是那传说中鲜为人知的时空隧道，中式条几的现代改良设计，既保留古色古香的中式意蕴又不失当代的舒适生活品质，空间层次感丰富，虚实结合，着重真实体验的情感，带入观者的情绪，使得观者都像看一场多幕剧场景不同内容让观者回味思考。

D 设计选材 Materials & Cost Effectiveness

设计师从设计创作到汇报，从材料选型到施工跟进，亲力亲为，把握设计过程的每一个重要节点和环节，对空间关系的深度解构与微妙细节的细致把握，一步一景惊喜变化源源不断的呈现，无形中碰触着我们的心灵，不由自主地随着他设置的空间脚步心潮澎湃，深深地被他设计的氛围感动。

E 使用效果 Fidelity to Client

在人情味道缺失和自然感觉丧失的都市里，我们需要一点原始，天然和温馨，温润低调的木饰面，少些生硬冰冷，多几分自然舒适，每天被淡淡的木质幽香萦绕，生活如此的简单，美好！

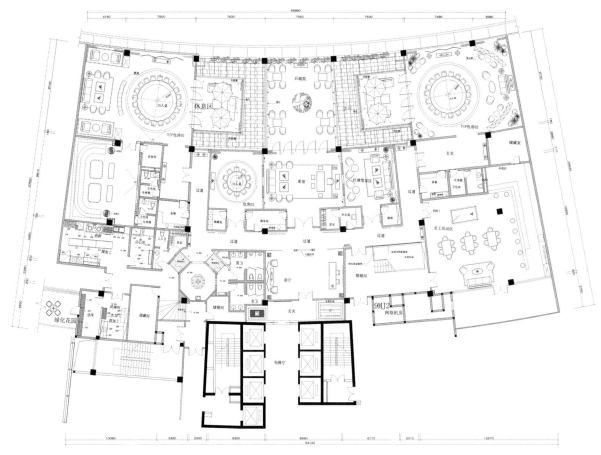

一层平面图

大隐于市的四合院
QUADRANGLE DWELLINGS

项目名称 _ 大隐于市的四合院 / 主案设计 _ 陆嵘 / 参与设计 _ 苗勋、沈寒峰、杨雅楠 / 项目地点 _ 上海市静安区 / 项目面积 _2000 平方米 / 投资金额 _1800 万元 / 主要材料 _ 科马、杜拉维特、ERCO、IGUZZINI

A 项目定位 Design Proposition
隐居、私密 打破传统四合院的内装概念。以"儒、释、道"为设计概念为依据。运用 石、木、水、光等元素融入其设计手法中。

B 环境风格 Creativity & Aesthetics
因为此项目是一个文化古建的改造项目，因此在风格上我们首先要保证古建的修旧如旧，其次就是要在环境和格调上要与四合院的整体风格相吻合。

C 空间布局 Space Planning
打破原有的四合院传统布局，在功能上首先要先满足业主的自身需求和功能。在其保护原有古建筑的情况下我们在景观中加入了线形泉等手法。布局中我们将太极馆的空间与室外的景观相融合，使太极馆更具有禅意文化和意境。

D 设计选材 Materials & Cost Effectiveness
选材上我们更注重材料的原始特性和材料的本质特点，我们在室内大量运用了老榆木和藤编的结合，SPA 区域我们采用了石材原料的切割更凸显自然的朴实。

E 使用效果 Fidelity to Client
四合院中透出南方的精致有融入时尚元素，同事整体浓郁的传统文化氛围，使其获得更多文化时尚活动的青睐。

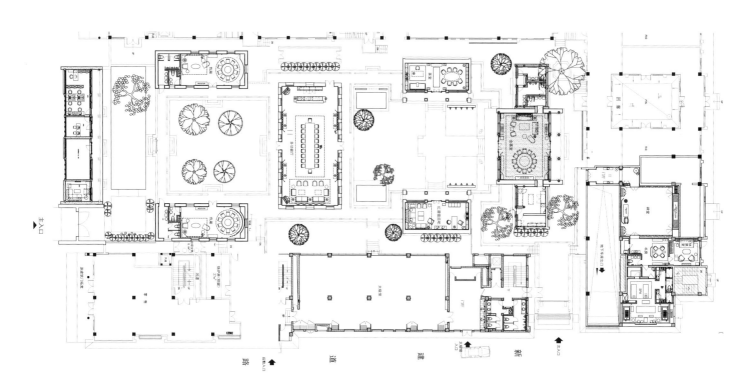

一层平面图

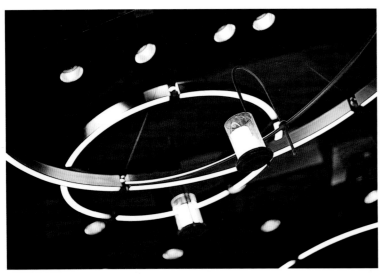

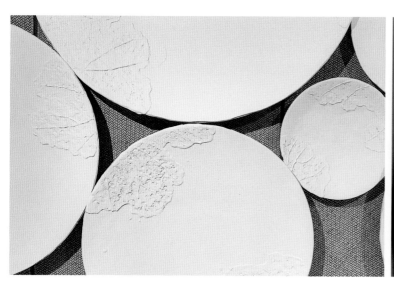

美的君兰国际高尔夫
俱乐部会所
MIDEA JUNLAN INTERNATIONAL GOLF CLUB

项目名称 _ 美的君兰国际高尔夫俱乐部会所 / **主案设计** _ 黄志达 / **项目地点** _ 广东省顺德市 / **项目面积** _18000 平方米 / **投资金额** _12600 万元 / **主要材料** _ 环球石材

A 项目定位 Design Proposition

君兰国际高尔夫俱乐部，是一家只对会员开放的顶级私人高尔夫俱乐部。该项目位于顺德北滘君兰国际高尔夫生活村新九洞球场内，顺地势而起，与高尔夫球场绿茵完美结合为一体。作为建筑的一部分，高尔夫展馆、出发厅及专卖店是整个项目的点睛之笔，我们结合建筑与整体室内对部分空间进行再设计，让空间形象与建筑的高端调性相成一致。

B 环境风格 Creativity & Aesthetics

项目所在的北滘镇，一侧为天然水道，自然环境优美，加之项目内文化底蕴十足的高尔夫展馆，更多体现出高球文化及浑厚的历史氛围。因此，我们通过各种复古奢华又玄妙的室内布局，在布满石头的墙壁，贵气十足的木门，充满历史感的陈设，为尊贵的会员提供了一条斑斓的时空隧道，由此可通往十九世纪的欧洲，间隙又回到现实，让人沉漫其中，仿佛走进梦境。

C 空间布局 Space Planning

（1）设计概念与整体建筑息息相关；（2）运用适当透明度平衡光线；（3）天然与人造元素的精心配合。整个空间采用贯通的手法，设计风格延续此前的总统套房的建筑语言，简洁统一，满足高端客户的生活质量要求。尤其是在总统套房这个空间的功能策划上，由于紧邻高尔夫球场，我们将周边恬静雅致的居住环境借景到室内，给居者一种世外桃源般的享受。

D 设计选材 Materials & Cost Effectiveness

空间中通过木饰面和石材来进行穿插组合，增添空间的灵动与雅致情趣，入口左手边用粗犷的青石为材料，通过分割处理，增强楼梯的通透感；右手边两层高的石材背景，尽显大气之美。整个色调上以米白色为主，运用自然的木饰面和石材，在暖光的氛围下，映射出空间的光影与视觉效果；在家私的选型上多以提炼的直线与曲线混搭，赋予其高质量的灰色绒布面料，体现其尊贵感，另配有巧妙的挂件来丰富空间的层次及趣味，让人生在其中享受的是一种异样的空间感受。

E 使用效果 Fidelity to Client

我们通过设计完美融合了高尔夫文化和周边自然环境，让会所气质得以升华。对每一个热爱高尔夫运动的人来说，这里绝不仅仅意味着在挥杆之间，感悟力量、技巧和智慧的乐趣，也是一场美妙的设计体验之旅。

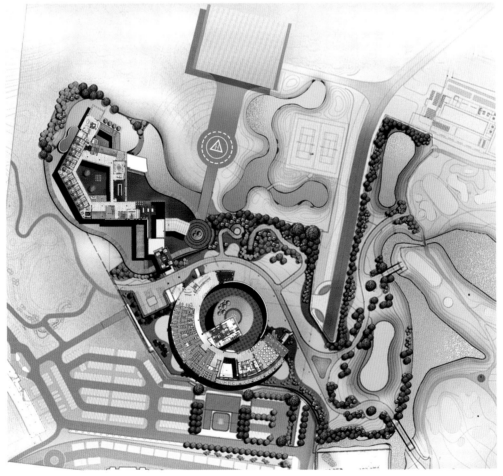

二层平面图

济南蓝石溪地农园会所
JINAN BLUEROCK CREEK PLANTATIONS CLUB

项目名称 _济南蓝石溪地农园会所 / **主案设计** _王泉 / **参与设计** _蔡善毅、李勉丽、徐海龙、王旖濛、张长青、徐琨 / **项目地点** _山东省济南市 / **项目面积** _1530 平方米 / **投资金额** _700 万元 / **主要材料** _天然石材

A 项目定位 Design Proposition

当今的中国建筑设计大多陷入一种焦灼和功利的状态。本设计则力图创造一种朴实悠然、平和安静的建筑质感。这是一个绿色农庄会所建筑。基地处于一片开阔的农田之中，所以设计的原始构思自然就把它想象成从大地中生长出来的房子。屋顶匍匐蜿蜒有始有终，成为设计的主题之一。这种不规则的跌宕起伏也是要表现中国传统村落天际线自由变化的特征。

B 环境风格 Creativity & Aesthetics

总平面上建筑体量呈发散状向南横向展开，在中心区设置挑高大堂，成为空间序列的最高潮。各种功能房间根据私密性和公共性的区别和等级不同采用不规则的方式构置排列，是对中国传统民居邻里之间自然组合而非整齐划一的空间特质的一种呼应，形成建筑是有机生长的状态。室外局部的檐下灰空间和类似窄巷的连接方式，也是对民居空间文化的一种借鉴。

C 空间布局 Space Planning

由于是散落的自由平面，设计时尤其考虑了自然对流通风的可能性。同时因为增加了墙体厚度，使其具有像北方地区传统建筑的良好保温性能。最大化的争取了绿色低耗建筑的节能效果。

D 设计选材 Materials & Cost Effectiveness

建筑立面质感上，力图回避机械化、成品化的现代感效率感，而重点突出人工感手工感。曾有人说过，"现代化的流水线生产方式其实是反人类的，它使人变成了生产的奴隶。而手工化的生产方式是宜人的，它赋予了人的情感在里面。"所以该建筑的建造过程中，手工的制作感也是设计的主旨之一，包括大面积自然片岩的人工砌筑、所有门窗的现场焊接卯榫打磨等。材料的选择上既考虑到低廉的成本控制，又要表现材质的肌理和真实性，如白铁皮、麦秸板、普通红砖、清水混凝土等。尤其是锈蚀钢板表面随时间的变化，更赋予出建筑一种成长性和生命感。

E 使用效果 Fidelity to Client

本项目自投入使用以来，受到了广大来访者的好评。

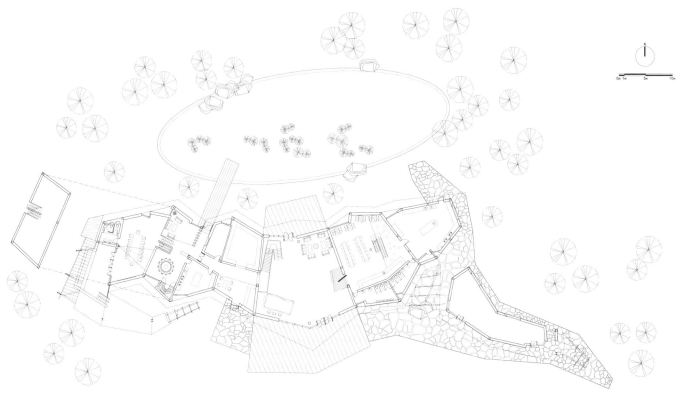

一层平面图

瑞丽高尔夫会所
RUILI GOLF CLUB

项目名称 _ 瑞丽高尔夫会所 / 主案设计 _ 邓鑫 / 参与设计 _ / 项目地点 _ 云南省昆明市 / 项目面积 _10887 平方米 / 投资金额 _7000 万元 / 主要材料 _ 缅甸花梨木、云南石林米黄石、大理锈石

A 项目定位 Design Proposition

景颇族，云南 25 个少数民族之一，主要分布于《月光下的凤尾竹》·孔雀之乡—云南省德宏州。景颇族素以刻苦耐劳、热情好客、骁勇威猛的民族风格著称。"像狮子一样勇猛"，用大长刀与恶势力作斗争。其先民与古代的氏·羌有关，与缅甸克钦族为同一氏族。瑞丽高尔夫会所建筑群正试图表现这些民族特质。本项目由高尔夫会所高尔夫会所、练习场及八栋带高尔夫练习打位的接待别墅，环绕、有划地坐落在高尔夫球场上方，位于云南省德宏州瑞丽江畔与缅甸隔江相望。打造服务于追求品味生活、健康人生的缅甸华侨及省内外高端人气的健康休闲会所。

B 环境风格 Creativity & Aesthetics

规划、建筑、室内一体化设计，景颇族民居特点的建筑形体，景颇族文化、德宏地域文化及景颇人文的室内环境，共同构成休闲、健康、大气，而融合地域民族文化、体现骁勇威猛的景颇精神的整体风格。

C 空间布局 Space Planning

会所空间布局结合山地高尔夫球场的特定环境，以环抱型的圆弧空间规划设计，并采用能尽揽高尔夫球场及瑞丽美景的大面积通透玻璃外墙，以及 16 米高挑坡屋顶传统建筑空间设计。充分展现会所空间的健康、大气、民族传统文化内涵，并将室内优美的大自然景观无障碍地融入室内空间之中，达到人与自然和谐共处的境界。结合山地地形特点，会所大门入口、大堂、餐厅、休闲吧、红酒吧。高尔夫商场及男女淋浴更衣室设置于二层，而出发厅、球车库、球童室及其他配套设施往下设于一层。

D 设计选材 Materials & Cost Effectiveness

因地制宜，选用缅甸花梨木为主要材料，并结合云南石林米黄石、大理锈石等当地材料，营造地域文化特色及丰富民族文化内涵的空间效果。节节高缅甸花梨木饰面造型柱，是凤尾竹元素的提炼运用；斜屋顶钢结构以缅甸花梨木饰面装饰，并保留原建筑结构造型，以及总台背景墙顶部造型，均充分体现空间的民族传统文化特性；藤编与缅甸花梨木相结合的家具设计，尽显休闲健康及地域文化韵味；而大型水晶灯及铜质大吊灯的运用，是现代气息及外来文化的融合。

E 使用效果 Fidelity to Client

项目投入使用后，得到了业主及消费者的高度认可与好评，同时提高了高尔夫球会及周边物业的价值。

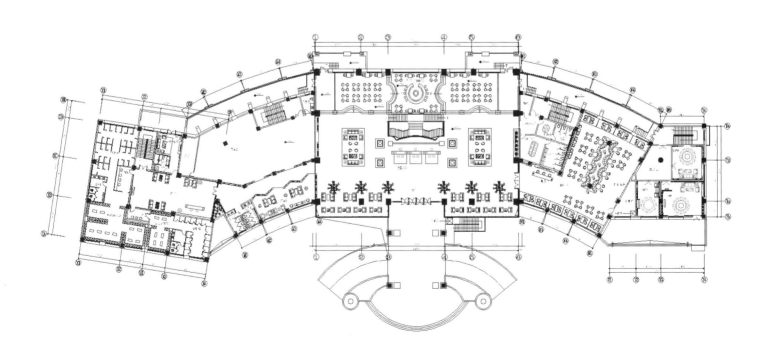

一层平面图

惠州中信紫苑汤泉茶馆会所
HUIZHOU ZI YUAN TANG QUAN TEA CLUB

项目名称 _惠州中信紫苑·汤泉茶馆会所 / 主案设计 _邱春瑞 / 项目地点 _广东省惠州市 / 项目面积 _540平方米 / 投资金额 _500万元

A 项目定位 Design Proposition

项目属于旅游地产住宅综合项目第三期，高端定位，茶馆作为本次项目的第一道门槛，无论在形式上还是用户体验度上都需要达到极致。对于商业地产而言，在提供绝佳的服务的前提下，不知不觉让客户慷慨解囊，最终售出自己的产品。以此为基础，设计师把原有"暗藏杀机"的营销中心用富有禅茶文化的会馆作为"掩饰"，让客户无形中感受到本项目存在的无限价值。

B 环境风格 Creativity & Aesthetics

设计师以禅的风韵来诠释室内设计，不求华丽，旨在体现人与自然的沟通，为现代人营造一片灵魂的栖息之地。并借助一代文豪苏东坡历史为背景，营造出室内空间萧瑟、凄凉、踌躇满志、略带悲伤的一种复杂的情怀。借以中国文化代表之一——茶作为引子，不同的茶室提供不同的茶，普洱、龙井、碧螺春、铁观音等，让浓郁的茶香萦绕在室内空间里。

C 空间布局 Space Planning

建筑原本属于别墅住宅类型，在空间布局上就不符合商业空间要求，在此基础上设计师对室内空间布局从新分割和再组合，但是同时又要保留部分居家生活的元素。为使空间的通透性较强，大量运用可开合的格栅门作为空间之间的分界基准；为引进自然景色和天光，茶室整个墙面打通，用格栅和麻质卷帘作为装饰；室外布局也有细心考究，运用中式庭院布局，前后安置人造水景区，呼唤出了中式传统中的婉约、宁静、内敛、深沉、虚实。

D 设计选材 Materials & Cost Effectiveness

材料的选择需要应景，是室内空间产生感情的基奠。设计师营造的是一种苦涩的室内空间味道，那么就要让材料本身说话。比如，大理石选择比较粗糙的黑岩石，亚光木饰面，麻质硬包等。

E 使用效果 Fidelity to Client

反响很大。

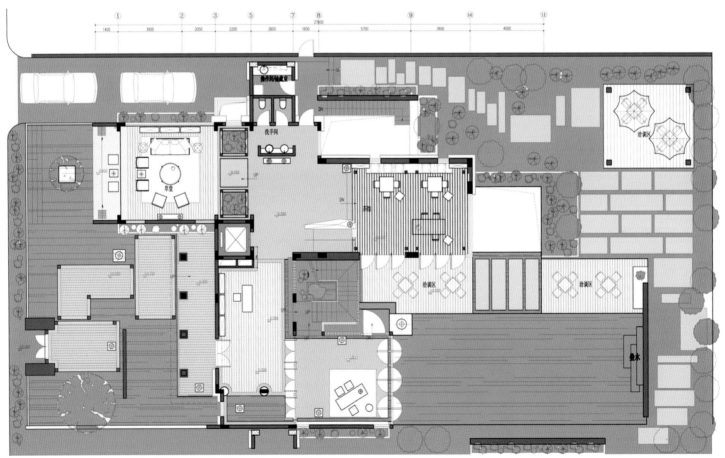

一层平面图

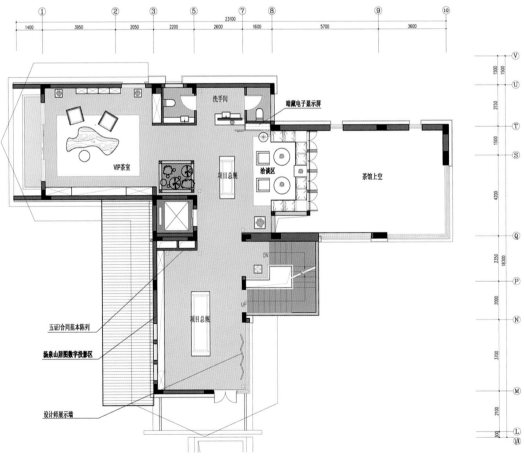

二层平面图

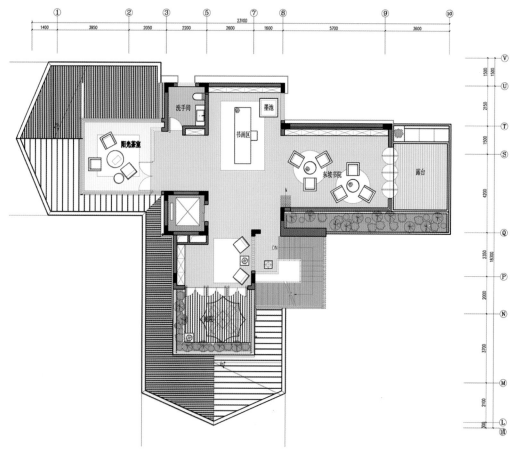

三层平面图

维多利亚高级美发会所
VITORIA HAIR SALON

项目名称_ 维多利亚高级美发会所 / **主案设计**_ 赖伟成 / **项目地点**_ 云南省昆明市 / **项目面积**_600 平方米 / **投资金额**_120 万元 / **主要材料**_ 建隆达石材

A 项目定位 Design Proposition
摒弃常规的美发场所设计与规划，给客户创造更高端、时尚、休闲、放松的美发场所，更给人一种温馨与惬意，来到这里可以畅所欲言，是朋友间的对话与信任！

B 环境风格 Creativity & Aesthetics
本案的设计灵感来源于中国水墨画的意境美，从画中找出表现手法，找到神的表现，简洁的线与留白色彩关系的整体对比，将对现实与自然的提炼，通过结构形式的简化，当代的手法，实现了作品的内在平衡。刚与柔、虚与实的对比，营造出空灵、清丽、明快，抒情的意境。线在空间中穿插，又富有变化及律动，情韵自然。以单纯、留白有力的块面，飞舞的线条，将复杂的事物归纳、锤炼成单纯、素净的造型，形成一种具有中国文化精神和现代形式美感的风格。和谐而清新的色调，宁静而恬淡的境界，使本案的设计产生一种有抒情诗般的感染力。

C 空间布局 Space Planning
整体风格采用了"镂空借景"、"镜面反射"等设计手法，让空间相互渗透。流线更加的合理化，将较低的空间作为储物空间，形成一种高低落差，做到了"一步一景"的空间。

D 设计选材 Materials & Cost Effectiveness
设计师主要采用镀膜钢板、玻璃镜面、石材为主材来展开设计，现场设计制作吊灯等灯具，使整个设计更加的独特，更能突出设计师对细节的注重。

E 使用效果 Fidelity to Client
客户非常喜欢，业主也很满意，得到了美发行业界的好评！

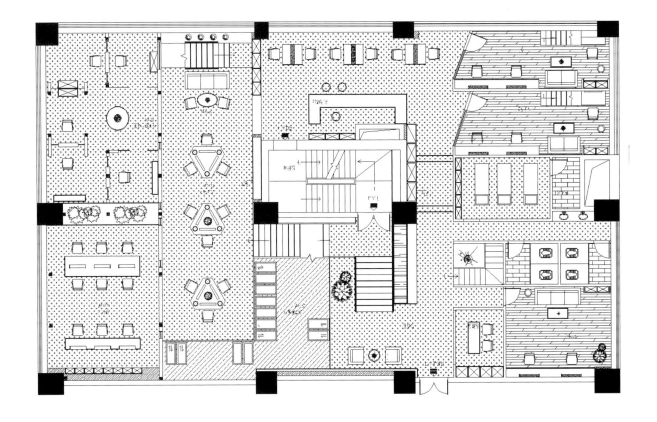

一层平面图

长沙橘洲度假村
ORANGE ISLAND RESORT CHANGSHA

项目名称 _ 长沙橘洲度假村 / **主案设计** _ 陈志斌 / **参与设计** _ 王亦宁、谢琦、司马雄、娄检、谭丽 / **项目地点** _ 长沙市 / **项目面积** _12000 平方米 / **投资金额** _1100 万元 / **主要材料** _ 环球石材

A 项目定位 Design Proposition
按照岛居生活和优质个性化运营的理念结合，享受尊贵服务体现身份象征。

B 环境风格 Creativity & Aesthetics
基地内绿地和景观极其优美自然，并拥有沙滩排球场及超过 600 米的沿江人造沙滩浴场，可以良好的形成室内外互动。

C 空间布局 Space Planning
本案位于长沙橘子洲尾（北段），占地约计 200 亩，现分五栋独立建筑以景观相连。 其中，水会是长沙橘洲度假村的主体运营项目之一，总体使用面积约 10000 平方米，其中室内亲水运动、健身、休息区域建筑面积约为 4000 平方米，室外露天运动、调整、商务区域约为 1500 平方米。烧烤吧室外与室外总面积为 600 平方米。

D 设计选材 Materials & Cost Effectiveness
作品采用桃心木染色、爵士白石材、仿古面西班牙米黄防滑砖、镜面不锈钢、琉璃马赛克、艺术墙纸、夹绢丝玻璃、巴西樱桃木地板、手工提花地毯。

E 使用效果 Fidelity to Client
最大限度的发挥区域内建筑与沿江沙滩泳场的互动与交流，充分的引导客户享受区域内的所有空间。

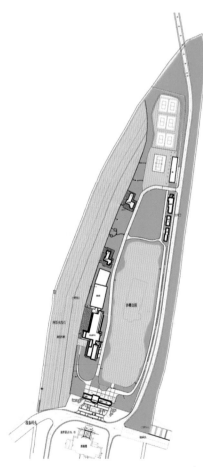

一层平面图

Entertainment

娱乐空间

天幕酒吧
The sky bar

菲芘国际派对空间·台州
PHEBE international
party space · Taizhou

得康会所
DeKang Club

重庆环球5号会所
World No. 5 Club

剧ING剧漫吧
JU COFFEE

银河世界会所
Galaxy world, Xi'an

来福士广场雅诗
阁酒店尚酒吧
Rang Bar of Ascott Hotel in Raffles Plaza

Amazing club

拥抱酒吧
ABRAZO

白鹭洲啤酒屋
Bailuzhou Beer House

天幕酒吧
ELLA PARK

项目名称 _ 天幕酒吧 / 主案设计 _ 陈武 / 参与设计 _ 张春华、吴家煌、代浩 / 项目地点 _ 广东省深圳市 / 项目面积 _1460 平方米 / 投资金额 _2000 万元 / 主要材料 _ 文化石、中国黑、卡里冰玉、火烧面黑麻、水磨石、白色氟碳漆、木饰面、实木地板、马赛克

A 项目定位 Design Proposition
ELLA PARK 坐落于深圳福田购物公园酒吧街，是福田 CBD 的新宠儿。 延续迈阿密音乐节派对的娱乐文化，1500 平米颠覆酒吧概念，打造高端时尚精英人士的娱乐领地。

B 环境风格 Creativity & Aesthetics
整体空间以白色为主色，点缀以绿色和黑色，清新时尚的配色为喧闹的娱乐空间注入一股清流。本土复古的调性，半封闭的现代空间、表现不一样的构思景象。 整体布局上设计师巧妙地使用地坪差区隔空间，抬高外围地基，自然地分隔出卡座空间，呈现两个连续而独立的区域。

C 空间布局 Space Planning
随着建筑空间观念的日益深化以及科学手段的不断提高，"回归自然"、"沐浴自然之温馨" 已是现代建筑环境学发展的主流。通过开放式的结构设计可于无形中模糊室内外的视线，塑造亦内亦外、相互渗透的不定空间。当开放式空间理念被应用到娱乐空间之中，它所带来的积极心理效应，给夜场空间带来无限的刺激性。

D 设计选材 Materials & Cost Effectiveness
ELLAPARK 的设计理念来自江南园林和传统工艺，新中式的感觉，自然纯朴复古。木制大门，实木地板，原始的藤艺桌椅，给空间注入温暖的气氛，让身处其中的人们沐浴在新中式的清风里。

E 使用效果 Fidelity to Client
以领先的超炫科技设备应用，首创 900 平震撼 3D 天幕，强烈刺激感官。缔造购物公园娱乐新地标。白色基调在迷幻多变的灯光下，尽显时尚、现代，高雅的格调，独特的风格，令人耳目一新。

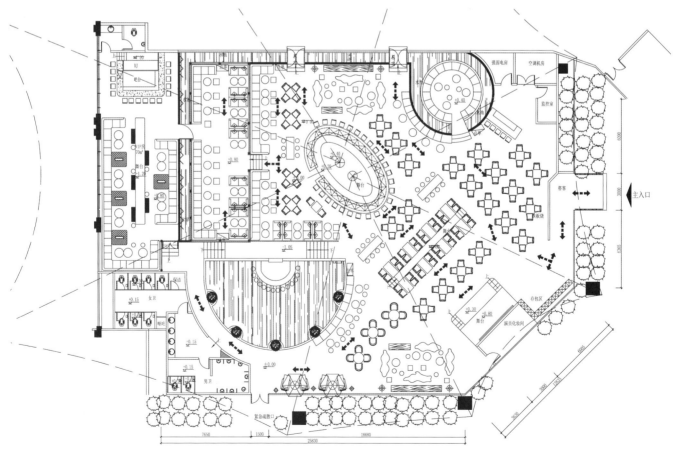

一层平面图

菲苾国际派对空间·台州
PHEBE INTERNATIONAL PARTY
SPACE·TAIZHOU

项目名称_菲苾国际派对空间·台州 / **主案设计**_吴家煌 / **参与设计**_陈武、张春华、代浩 / **项目地点**_浙江省台州市 / **项目面积**_2300平方米 / **投资金额**_3000万元 / **主要材料**_裂纹砂岩涂料、卡斯图、水纹银、斑玛石仿古面、雅士白大理石、灰色实木地板、拉丝黑钛金、亮面钛金、玫瑰金镜面不锈钢

A 项目定位 Design Proposition

集合中外夜店时尚元素以及努力想讨好新时代消费者的娱乐系统，如玛田系列灯光音响、全彩系列激光灯等，无一不努力附和着这股充满活力青春洋溢的80's Style。在这完美与新奇的组合中，顾客每次得到的都是完全不同的美好感觉。

B 环境风格 Creativity & Aesthetics

在如此前卫的娱乐氛围里，也不乏新古典欧式风格的装饰，在看似简约的空间里随处可见独特的装饰元素。带给你新奇和震撼，这是艺术的魅力，也是设计师要营造的独特个性。空灵的想象、戏剧性的元素、圆滑的意向装饰和尖端的照明设计都完善了空间表情，营造出独特的氛围，让玩家们对夜晚充满期待。

C 空间布局 Space Planning

设计师利用灯光技术营造明与暗的对比，创造一种刺激，迷幻之感。通过立面浮动领舞台打造多变空间，而纯粹的用色凸显奇异的未来派室内布置，给人一种极致炫目的愉悦感觉。

D 设计选材 Materials & Cost Effectiveness

在包间的设计中，通过钛金、皮革硬包等材质的变化与结合，体现出"品质、奢华、艺术、国际"的设计理念。亮丽剔透的琉璃金与蓝色的光影搭配，运用光的层次，通过透射、反射、折射、吸收等方式共同打造空间。

E 使用效果 Fidelity to Client

消费定位中高档，一经投入运营便以时尚、前卫的设计理念和富丽堂皇的豪华装修而独领风骚。

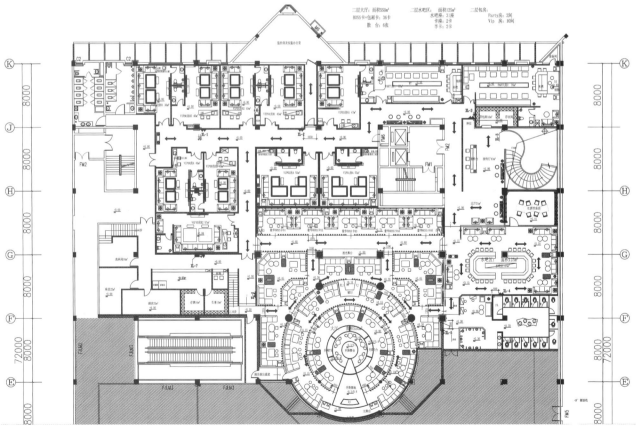

二层大厅：面积550m²　二层水吧区：面积125m²　二层包房：
BOSS卡+包厢卡：36卡　水吧麻：31麻　Party房：2间
散　台：6座　卡麻：2卡　Vip房：10间
　　　　　手卡：2卡

二层平面图

得康会所
DEKANG CLUB

项目名称_得康会所/**主案设计**_黄永才/**参与设计**_王艳玲、王文杰/**项目地点**_广东省广州市/**项目面积**_2000平方米/**投资金额**_880万元/**主要材料**_大理石、压纹不锈钢、拉丝不锈钢、黑镜、木饰面板、墙布、涂料

A 项目定位 Design Proposition

Dekang Club 坐落在广州尚佳广场二楼的一个休闲娱乐商业项目，经营面积 2000 平方米，主要消费群体是城市工薪阶层，供之娱乐聚会。

B 环境风格 Creativity & Aesthetics

Dekang Club 接待大堂分别在两处入口以及自助餐厅入口放置了三棵鸦青的枯树，古语云：山水以树始，即说树是一幅山水画的开始，统领着整幅画的创作，也对整个大堂接待空间起到抽象标示的作用。解构的三角形碎片、纵横交错的体块穿插、渗透、叠加、宛如中国画的皴法全用斧劈，笔法苍老，劲利方硬，笔墨诉诸形体体现"山石树木"之意趣。在立面的物料。色彩上采用朴素清逸，立意于唐代青绿山水画，在沉稳的驼色环境下凸显家具配饰胭脂红与鸦青对比，显其尊贵气质。

C 空间布局 Space Planning

Dekang Club 位于尚佳广场二楼，在电梯间到接待大堂平面布局上，人流动线是本案的基本介入点。曲折蜿蜒的人流动线，宛如中国画的深山幽谷白云萦绕，行人游赏，穿行其间。立面上的三角切割面各具姿态，无不增添行人从一层到二层的乐趣与好奇。从接待大堂到自助餐厅到被服务空间动线上由动到静关系。

D 设计选材 Materials & Cost Effectiveness

挑战/实现技术：解构中国唐代青绿山水画及现代化技术实现过程。墙体三角面的压纹不锈钢切割面拼装的技术要求，在实施过程中，设计师在拼装上研发了一系列不同角度的五金构件。地面条纹石材也是现场作业的实施难点，无不体现了现场作业的匠心独到之处。

E 使用效果 Fidelity to Client

该项目以独特的差异性项目定位，在计划预算投入运营后效果出众，甚受消费者喜爱的娱乐休闲场所。

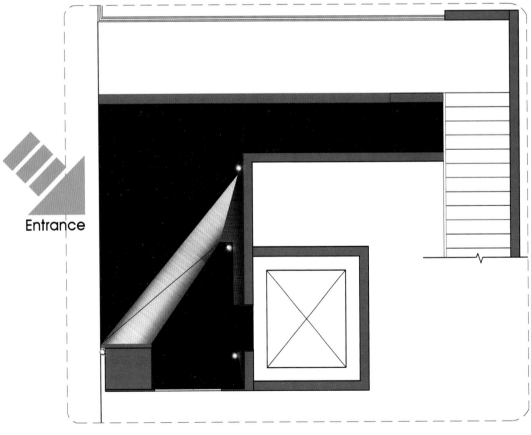

一层平面图

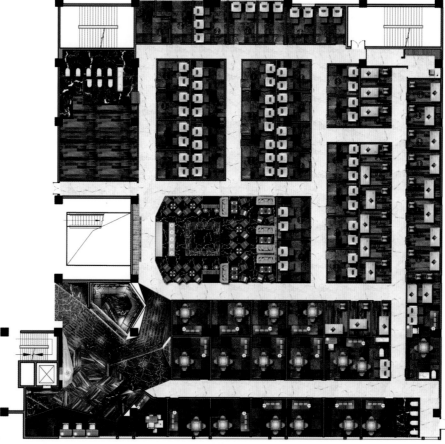

二层平面图

重庆环球 5 号会所
WORLD NO. 5 CLUB

项目名称 _ 环球 5 号会所 / 主案设计 _ 黄治奇 / 项目地点 _ 广东 深圳市 / 项目面积 _2800 平方米 / 投资金额 _2000 万元 / 主要材料 _ 大理石

A 项目定位 Design Proposition
项目具备超前性。

B 环境风格 Creativity & Aesthetics
环球五号会所采用平面与立体构成，疏与密以及黑白灰色调的把握，恰到好处的贯穿到每个角落，本案中运用凯尔特的手法连接到 2—3 层，则成点睛之笔，让整个空间现代而不失趣味。。

C 空间布局 Space Planning
在建筑空间的设计上，城市组通过科学的手段实现一个人与人、人与建筑互动的空间媒介。

D 设计选材 Materials & Cost Effectiveness
新颖。

E 使用效果 Fidelity to Client
很好。

剧 ING 剧漫吧
JU COFFEE

项目名称 _ 剧 ING 剧漫吧 / **主案设计** _ 李战强 / **参与设计** _ 李浩 / 项目地点 _ 河南省郑州市 / 项目面积 _ 1500 平方米 / 投资金额 _ 500 万元

A **项目定位** Design Proposition
建立空间情感体验的商业自由空间。

B **环境风格** Creativity & Aesthetics
以"剧"为主题的延伸，使项目具备话题和生命力。

C **空间布局** Space Planning
错层、夹层、挑空、露台、半层、等空间情感体验在功能空间上的运用。

D **设计选材** Materials & Cost Effectiveness
大部分材料采用是旧物的利用，对普通材料的深加工利用，是此次项目尝试对低价普通材料的生命价值的延续体现。

E **使用效果** Fidelity to Client
项目作为《一见不钟情》影视的拍摄地；同时是 CBD 年轻人聚集地。

银河世界会所
GALAXY WORLD, XI'AN

项目名称 _ 银河世界会所 / **主案设计** _ 罗卓毅 / **项目地点** _ 陕西省西安市 / **项目面积** _2100 平方米 / **投资金额** _700 万元 / **主要材料** _ 大理石

A 项目定位 Design Proposition
本案位于古都西安——这个沉淀千年历史文化的摇篮，历经朝代更替依然繁华的城市。

B 环境风格 Creativity & Aesthetics
即便在当代贵族群体没落，但贵族文化依旧被传承。所谓贵族精神，是在浮华社会里节制物质享乐，以文化艺术修养身心。

C 空间布局 Space Planning
手握权柄，却更勇于担当，坚守心中的荣誉与道德，在金钱、权力甚至生死面前，依旧保持自由独立的灵魂。这便是本案设计师想通过银河世界带给现代都市人的精神意境。

D 设计选材 Materials & Cost Effectiveness
银河世界从视觉、感觉、触觉上完美呈现中国与欧洲这两个分居世界历史文化长河的中心。

E 使用效果 Fidelity to Client
创造出无可比拟的会所新美学，为人们营造贵族精神的文化意境，体验贵族式的休闲生活。

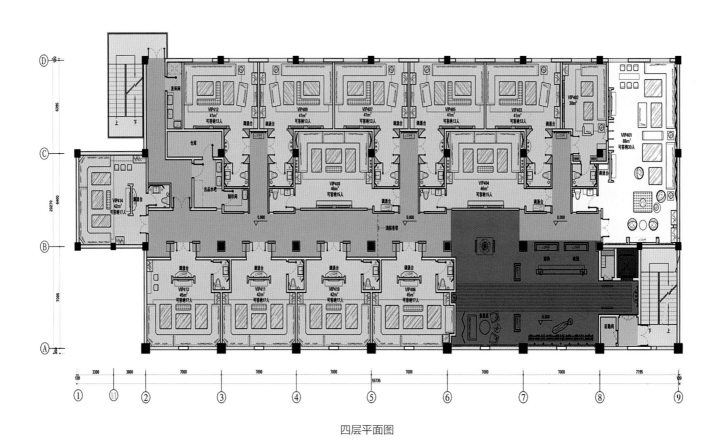

四层平面图

来福士广场雅诗阁酒店·尚酒吧
RANG BAR OF ASCOTT HOTEL IN RAFFLES PLAZA

项目名称 _ 来福士广场雅诗阁酒店·尚酒吧 / 主案设计 _ 赵学强 / 参与设计 _ 李涛 / 项目地点 _ 四川省成都市 / 项目面积 _ 900 平方米 / 投资金额 _ 900 万元 / 主要材料 _ 不锈钢、亚克力、爱马仕地毯、实木地板、定制琉璃

A 项目定位 Design Proposition

项目位于成都地标性建筑——来福士广场，其建筑本身的设计以山水园林为意境，与成都地貌特征相呼应。大厦内的商场和写字楼，都延续了这个风格。而项目处于大厦的中央位置，是一家五星级酒店公寓的酒廊。酒店公寓的消费人群 70% 是外籍人士，因此确定了本案设计风格：首先是本土文化，其次是国际风格，然后是休闲业态。从这三个角度切入，把成都人当下的现代休闲生活状态以国际人的视角加以诠释。

B 环境风格 Creativity & Aesthetics

设计在保留建筑现代风格基础上，融入国际人士心目中的中国尤其四川的传统文化符号，如龙灯、水纹、琉璃瓦、蜀锦、锦绣等元素，采用现代材料和手法把这些充满地域特色的文化符号运用于空间，通过国际和当代东方的设计语言，打造一个极具中国节庆氛围的龙灯畅游空间的故事场景。

C 空间布局 Space Planning

空间最大的挑战是结构梁和结构柱充斥其中，且是倾斜梁或剪刀梁。采用什么手法让空间既要灵动又有特色，是我们设计思考的核心问题。通过改变柱子的属性，赋予它们新的文化特征：让柱子变成一棵树或者一种装饰，并让天马行空的龙灯穿梭其间，渲染空间氛围，让缺点变成亮点。

D 设计选材 Materials & Cost Effectiveness

材料运用上，基于"在如此奢华的空间里，使用更具性价比的材料"原则，我们选用了不锈钢、琉璃、亚克力、石膏以及马赛克等材料，完成空间的奢华营造，并辅以爱马仕的地毯、实木地板等暖性材质，使空间更加温馨舒适。

E 使用效果 Fidelity to Client

在市场及业界引起强烈反响，成为代表成都休闲娱乐文化的新地标。

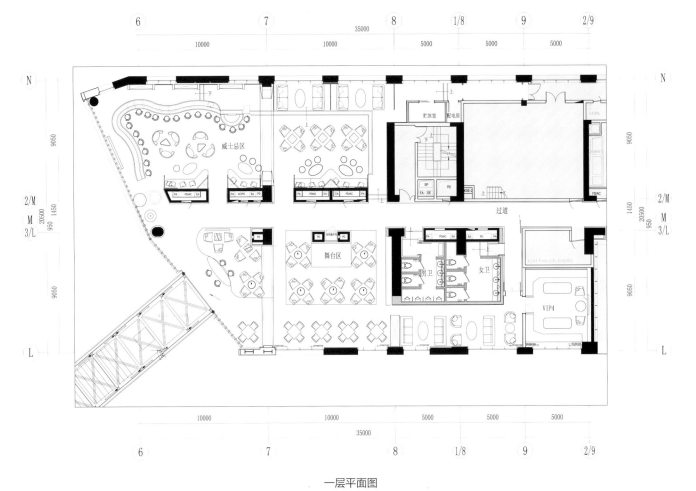

一层平面图

Amazing club
AMAZING CLUB

项目名称 _Amazing club_ / **主案设计** _朱晓鸣_ / **项目地点** _浙江省杭州市_ / **项目面积** _600 平方米_ / **投资金额** _400 万元_ / **主要材料** _回购老木板、镜面铝板、钢板、红砖、素水泥_

A 项目定位 Design Proposition
在各种喧闹、劲爆的慢摇吧大行其道的当下，本案想尝试摆脱业界风格流派的束缚；打破夜店单一风格的怪圈，寻找自我的一条另类小径，犹如波萨诺瓦的音乐，虽然小众混合多元却俨然成了都市新贵的最爱。

B 环境风格 Creativity & Aesthetics
结合当下年轻人多元化的喜好与时尚复古的追逐，在空间的风格导入中并非一味的导入过于主题性的设计手法，采用较为随意混合的设计手法，将工业构成主义及粗犷质朴的美式乡村元素甚至于复古的法式浪漫风情根据空间性质的划分，有所交融又彼此侧重呈现。

C 空间布局 Space Planning
在空间的布局上，不论来访客人是孤身只影的买醉或是三五成群把酒言欢，根据客群人数与情感的不同需求，我们划分了大厅区、表演区、LOUNGE 小厅及唯一的 VIP ROOM。

D 设计选材 Materials & Cost Effectiveness
在材质上新与旧、刚与柔、色彩的亮与暗的矛盾结合，既赋予空间统一的感性共性，又催化了微妙的情绪触动。旨在于刻画一个看似轻盈随性却又曼妙自己的空间情绪体验。

E 使用效果 Fidelity to Client
酒吧世界里盛开的一朵清新小花，环境时尚不失动感，既有安静商务用餐环境，也有热闹的歌手驻唱氛围。

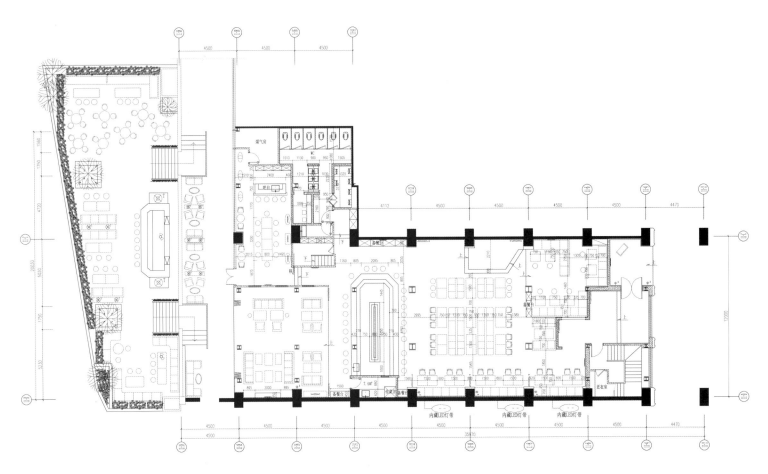

一层平面图

拥抱酒吧
ABRAZO

项目名称 _ 拥抱酒吧 / 主案设计 _ 周讌如 / 参与设计 _ 张又心 / 项目地点 _ 台湾省台北市 / 项目面积 _215 平方米 / 投资金额 _130 万元 / 主要材料 _ 铜、仿锈金属、仿旧原木漆

A 项目定位 Design Proposition

BRAZO 座落于台北市大安区光复南路巷弄内,为企业界人士与演艺界名人共同跨界合资经营,是台北市中心具主题特色的 Lounge Bar,ABRAZO 在西班牙语里特指表示"拥抱"之意,空间 设计以工业风格为主题,京玺国际设计团队透过线条语汇,演绎出崇尚自由的精神,着墨于时尚 的经典当中。

B 环境风格 Creativity & Aesthetics

在入口设计三个转折点,赋予较佳的隔音效果,入门右边的红砖墙面植入视觉艺术,以字母形构成脸部 的五官造型意趣,一旁搭配大型铁件元素为主的复古时钟,融入客制化的家具设计,建立专属价值,呼 应工业风格中自由不受拘束的意象。在包厢的界定上,以仿旧金属网作为中介,让视角得以穿透,区域 之间也获得独立的界定,连贯出独特的空间精神。

C 空间布局 Space Planning

此案的设计上,除了对于风格语汇的创意度、独特性有独到的规划,尤其针对家具、软件、媒材、色调的质感混和、协调与人文艺术氛围的聚合也非常具创意性,衍生 出一种温暖的氛围,以及融于结构的细节,筑造出让人舒缓身心的公共场所,也映 射了愉快的舒压旨趣。

D 设计选材 Materials & Cost Effectiveness

从灯光、材质、颜色综合营造出整体的氛围,汇入视觉艺术的墙面设计,仿旧金属 网穿梭于全案的界面或吧台,复古砖亦包覆背景立面,同质性的素材与线性质素构 成视觉线索,呼应场域的前后尺度张力,我们强调「设计」非装饰元素的堆栈而已,藉由串联艺术的美学张力,让空间自然流露轻松、温馨的气息。

E 使用效果 Fidelity to Client

开放式空间规划一座中岛长桌,引申为全场域的中轴焦点,界定区域之间的动线,为消费者指引出行动方向,营造出互动、开阔的空间特色,每个区域的安排上,背景以简单的红砖墙的粗犷线条,衬托出家具最迷人的表情,繁衍出覆盖于立面的质感韵味,为空间刻划出饱满的表情,表达了绝佳的魅力与独特性。在灯光景致的安排上,除了间接的光氛之外,也成为 区域界限的介质。

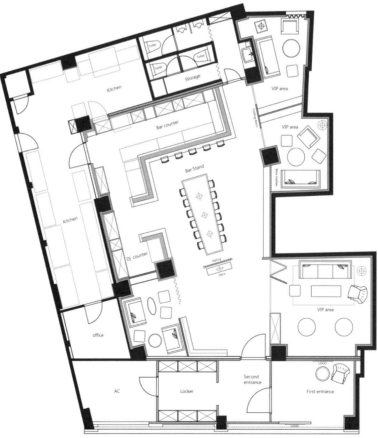

一层平面图

白鹭洲啤酒屋
BAILUZHOU BEER HOUSE

项目名称 _ 白鹭洲啤酒屋 / 主案设计 _ 潘冉 / 参与设计 _ 易红 / 项目地点 _ 江苏省南京市 / 项目面积 _ 800 平方米 / 投资金额 _ 400 万元 / 主要材料 _WAC 灯具、科勒洁具

A 项目定位 Design Proposition
一家以经营自酿啤酒为主要经营内容的场所。设计师将带有西方艺术特色的啤酒屋氛围做到与现有的中式建筑形式包容并举、兼收并蓄，真正做到古为今用，洋为中用。

B 环境风格 Creativity & Aesthetics
结合外部观景露台，街区之美、城墙之宏伟、历史之感动尽收心底。传递给体验者拒绝轻浮俗艳的态度。

C 空间布局 Space Planning
酒屋的主入口——吧台、乐队表演区——中心体验区——酿造工艺展示区，这几大块空间序列的层层传递形成啤酒屋一层的中心轴线。二层的轴线由中式屋脊所引导。功能轴线与空间轴线保持走向的统一性，条形布置为主题，周围以散座环绕。

D 设计选材 Materials & Cost Effectiveness
1. 朴素的自然取材以及小众材料的创新利用；2. 用泥胚夹杂稻草的混合墙面，茅草制作出的灯具，树皮拼接而成的吧台等，表达当地文化的艺术特色。

E 使用效果 Fidelity to Client
中西合璧、包容并举、兼收并蓄。

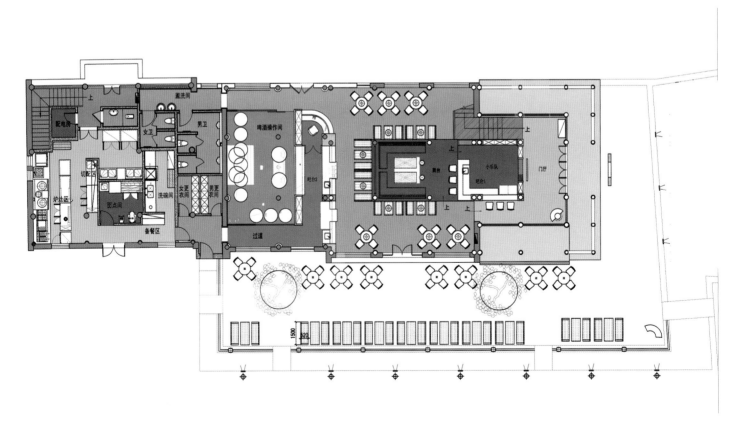

一层平面图

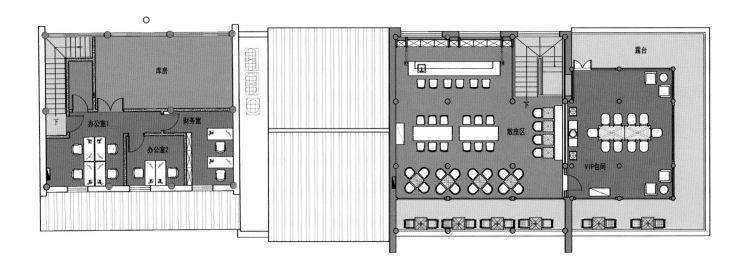

一层平面图

金堂奖

2014中国室内设计年度评选
年度优秀设计作品展示

金堂奖·2014中国室内设计年度评选
年度优秀设计作品展示

1	2	3	4	5
6	7	8	9	10
11	12	13	14	15
16	17	18	19	20
21	22	23	24	25

办公优秀设计作品1-25　　　排名无先后顺序

项目面积单位：平方米
投资总额单位：万元

1.
作品名称：海纳天成
参评人：施旭东
项目面积：2000
投资总额：300
项目地点：福建福州市

2.
作品名称：海口海悦国际 ZHH 办公室
参评人：张浩华
项目面积：300
投资总额：30
项目地点：海南海口市

3.
作品名称：华润·三九医药总部办公楼
参评人：陈颖
项目面积：45000
投资总额：40000
项目地点：广东深圳市

4.
作品名称：恒桥办公室
参评人：刘荣禄
设计师：王思萍
项目面积：281
投资总额：82
项目地点：台湾台北市

5.
作品名称：上海卢湾 917 精品办公
参评人：黄全
项目面积：26000
投资总额：8000
项目地点：上海卢湾区

6.
作品名称：公建办公生产用房第一标段和影视制作办公楼
参评人：上海现代建筑装饰环境设计研究院有限公司
设计师：周诗晔、王晓真、何嘉杰、李畅
项目面积：40000
投资总额：15000
项目地点：北京海淀区

7.
作品名称：柴国宏办公室
参评人：柴国宏
项目面积：300
投资总额：25
项目地点：河北石家庄市

8.
作品名称：筑
参评人：邵唯晏
设计师：邵方瑜、林予嶂
项目面积：100
投资总额：100
项目地点：台湾台北市

9.
作品名称：成都汇思曼皮具有限公司
参评人：深圳市堂术室内设计有限公司
设计师：范锦铬
项目面积：285
投资总额：120
项目地点：四川成都市

10.
作品名称：北京路 2 号修缮项目
参评人：上海现代建筑装饰环境设计研究院有限公司
设计师：苏海涛、邹勋、任泽粟、程舜、陈蓉
项目面积：11831
投资总额：7594
项目地点：上海静安区

11.
作品名称：X.D.H 设计办公室
参评人：徐代恒设计事务所
设计师：徐代恒、周晓薇、吴青青
项目面积：250
投资总额：45
项目地点：广西南宁市

12.
作品名称：希格玛商务中心
参评人：罗劲
设计师：张晓亮、程菲
项目面积：1890
投资总额：800
项目地点：北京海淀区

13.
作品名称：思丽室内设计新办公室
参评人：张文基
项目面积：320
投资总额：150
项目地点：湖北武汉市

14.
作品名称：澳门励峻创建有限公司（香港办事处）
参评人：洪约瑟
设计师：李启进
项目面积：184
投资总额：200
项目地点：香港中西区

15.
作品名称：云南玉溪活发集团大厦综合楼
参评人：殷艳明
项目面积：22000
投资总额：3500
项目地点：云南玉溪市

16.
作品名称：融汇民俗的新东方气韵
参评人：施传峰
设计师：许娜
项目面积：336
投资总额：70
项目地点：福建福州市

17.
作品名称：柏涛建筑公司办公室
参评人：罗劲
设计师：胡继峰、于焕焕
项目面积：1450
投资总额：135
项目地点：北京海淀区

18.
作品名称：金杜律师事务所
参评人：ARND CHEISTIAN MLLER
项目面积：2000
投资总额：600
项目地点：北京朝阳区

19.
作品名称：流星花园
参评人：鲁小川
项目面积：12100
投资总额：4230
项目地点：北京石景山区

20.
作品名称：英国利洁时北亚洲总部办公室
参评人：何大为
设计师：Lyon
项目面积：2000
投资总额：600
项目地点：北京朝阳区

21.
作品名称：回·矩阵空间
参评人：郑杨辉
设计师：黄友磊
项目面积：4000
投资总额：300
项目地点：福建福州市

22.
作品名称：英国 LFL 集团上海总部
参评人：徐鼎强
设计师：孙非、王悠中
项目面积：2000
投资总额：280
项目地点：上海宝山区

23.
作品名称：苏州尼克设计事务所
参评人：苏州尼克设计事务所
设计师：尼克、王星
项目面积：230
投资总额：15
项目地点：江苏苏州市

24.
作品名称：Heisen
参评人：郭坤仲
设计师：蔡小城
项目面积：1500
投资总额：38
项目地点：福建厦门市

25.
作品名称：宁波市禾公社装饰办公空间
参评人：胡秦玮
项目面积：108
投资总额：20
项目地点：浙江宁波市

1	2	3	4	5
6	7	8	9	10
11	12	13	14	15
16	17	18	19	20
21	22	23	24	25

排名无先后顺序

办公优秀设计作品1-17　别墅优秀设计作品18-25

项目面积单位：平方米
投资总额单位：万元

1.
作品名称：造美合创
参 评 人：福州造美室内设计有限公司
设 计 师：黄桥、李建光、郑卫锋
项目面积：500
投资总额：100
项目地点：福建福州市

2.
作品名称：宁波恒丰贸易有限公司
参 评 人：林卫平
项目面积：500
投资总额：50
项目地点：浙江宁波市

3.
作品名称：尘界浮影
参 评 人：郑展鸿
设 计 师：刘小文
项目面积：165
投资总额：60
项目地点：福建漳州市

4.
作品名称：中国电信龙计划呼叫中心
参 评 人：傅正麟
设 计 师：叶露、傅正昕
项目面积：3200
投资总额：3000
项目地点：上海静安区

5.
作品名称：UI 室内设计事务所改造
参 评 人：陈显贵
项目面积：400
投资总额：20
项目地点：浙江宁波市

6.
作品名称：JSD 设计机构办公室
参 评 人：JSD 设计机构 – 广州锦长
　　　　　建筑装饰设计有限公司
设 计 师：蒋立、叶嘉楹、吴永健
项目面积：800
投资总额：70
项目地点：广东广州市

7.
作品名称：太格尔装饰成都办公室
参 评 人：四川太格尔装饰装修工程
　　　　　有限公司
设 计 师：闫美军、胡佳
项目面积：720
投资总额：300
项目地点：四川成都市

8.
作品名称：亚信联创研发中心
参 评 人：北京包达铭建筑装饰工程有限
设 计 师：王闳、孙宁
项目面积：22558
投资总额：2833
项目地点：北京海淀区

9.
作品名称：天坤集团总部办公室
参 评 人：成都相上文象建筑装饰
　　　　　工程设计有限公司
设 计 师：李万鸿、刘宝磊、刘元
项目面积：668
投资总额：240
项目地点：四川成都市

10.
作品名称：呼吸的内建筑
参 评 人：柯智益
设 计 师：林志明
项目面积：300
投资总额：20
项目地点：福建漳州市

11.
作品名称：光影·宁波永信集团总部
参 评 人：查波
设 计 师：冯陈、陈波
项目面积：8000
投资总额：500
项目地点：浙江宁波市

12.
作品名称：凯风公益基金会研究中心
参 评 人：北京包达铭建筑装饰工程
　　　　　有限公司
设 计 师：王闳、孙宁
项目面积：838
投资总额：251
项目地点：北京海淀区

13.
作品名称：秩·序
参 评 人：李渊
项目面积：1000
投资总额：300
项目地点：陕西西安市

14.
作品名称：广州柏壹装饰设计有限
　　　　　公司办公室
参 评 人：广州柏壹装饰设计有限公司
设 计 师：梁永帮
项目面积：200
投资总额：35
项目地点：广东广州市

15.
作品名称：成都珠江新城国际A4办公楼
参 评 人：李伟强
项目面积：1237
投资总额：185
项目地点：四川成都市

16.
作品名称：互融
参 评 人：菲灵设计
设 计 师：伍文
项目面积：320
投资总额：120
项目地点：广东广州市

17.
作品名称：紫光同能（北京）信息技术
　　　　　有限公司
参 评 人：陈大为
项目面积：1200
投资总额：70
项目地点：北京海淀区

18.
作品名称：太原帝豪蓝宝庄园·山宅一生
参 评 人：裴俊杰
项目面积：2900
投资总额：3300
项目地点：山西太原市

19.
作品名称：山西江鸿·铂蓝郡
参 评 人：王卫
项目面积：400
投资总额：400
项目地点：山西大同市

20.
作品名称：北京清凉盛景别墅
参 评 人：王卫
项目面积：280
投资总额：90
项目地点：北京北京

21.
作品名称：北京金地西山艺境
参 评 人：王小根
项目面积：370
投资总额：285
项目地点：北京门头沟区

22.
作品名称：河南郑州私人别墅
参 评 人：河南西元绘空间设计有限公司
设 计 师：王本立、付俊
项目面积：500
投资总额：600
项目地点：河南郑州市

23.
作品名称：天津金地紫乐府
参 评 人：李新喆
项目面积：350
投资总额：400
项目地点：天津河西区

24.
作品名称：北京富力湾别墅
参 评 人：刘彦杉
设 计 师：孙婷婷
项目面积：900
投资总额：550
项目地点：北京朝阳区

25.
作品名称：杭州大华西溪悦宫
　　　　　私宅·古典新生
参 评 人：池陈平
项目面积：500
投资总额：500
项目地点：浙江杭州市

1	2	3	4	5
6	7	8	9	10
11	12	13	14	15
16	17	18	19	20
21	22	23	24	25

排名无先后顺序

别墅优秀设计作品1-25

项目面积单位：平方米
投资总额单位：万元

1.
作品名称：海派风尚
参 评 人：刘非
项目面积：380
投资总额：260
项目地点：河南郑州市

2.
作品名称：北京晴翠园
参 评 人：黄珊珊
项目面积：680
投资总额：550
项目地点：北京朝阳区

3.
作品名称：南京依云溪谷别墅
参 评 人：李浩澜
项目面积：400
投资总额：500
项目地点：江苏南京市

4.
作品名称：长沙汀香十里
参 评 人：陈新
项目面积：300
投资总额：98
项目地点：湖南长沙市

5.
作品名称：阳光诗意的美学之居
参 评 人：翁维
项目面积：578
投资总额：420
项目地点：浙江宁波市

6.
作品名称：天津东丽湖揽湖院
参 评 人：王宗原
项目面积：330
投资总额：200
项目地点：天津东丽区

7.
作品名称：西山颐居
参 评 人：吕爱华
项目面积：300
投资总额：150
项目地点：北京海淀区

8.
作品名称：佛山中海文华熙岸邓宅
参 评 人：黎广浓
设 计 师：唐列平
项目面积：530
投资总额：200
项目地点：广东佛山市

9.
作品名称：生活的艺术
参 评 人：平凸
设 计 师：涂程亮、刘纪广、宁本翠
项目面积：1200
投资总额：600
项目地点：北京北京

10.
作品名称：框景自然
参 评 人：郭侠邑
设 计 师：陈燕萍、杨桂菁
项目面积：516
投资总额：615
项目地点：台湾台北市

11.
作品名称：恋恋乡村风
参 评 人：任方远
设 计 师：丁洁华
项目面积：560
投资总额：285
项目地点：北京昌平区

12.
作品名称：杭州桃花源沈宅
参 评 人：梁苏杭
设 计 师：虞杰、周琼瑜
项目面积：800
投资总额：500
项目地点：浙江杭州市

13.
作品名称：武汉长源假日港湾中式别墅
参 评 人：武汉观悟室内建筑设计
　　　　　有限公司
设 计 师：刘洋、谢晓松、章平
项目面积：400
投资总额：160
项目地点：湖北武汉市

14.
作品名称：依岸康堤
参 评 人：徐庆良
设 计 师：彭伟赞、黄缵全
项目面积：450
投资总额：200
项目地点：广东佛山市

15.
作品名称：南京栖园·漫步水云间
参 评 人：沈烤华
设 计 师：崔巍、潘虹
项目面积：245
投资总额：150
项目地点：江苏南京市

16.
作品名称：尽享法式奢华之美
参 评 人：王春
设 计 师：曹彦林、郭芳
项目面积：580
投资总额：400
项目地点：江苏苏州市

17.
作品名称：艺术品收藏家的别墅
参 评 人：ARND CHEISTIAN MLLER
项目面积：450
投资总额：350
项目地点：北京朝阳区

18.
作品名称：怡然居
参 评 人：由伟壮
设 计 师：王敬超
项目面积：170
投资总额：40
项目地点：江苏苏州市

19.
作品名称：书香致远 屋华天然
参 评 人：郑杨辉
项目面积：360
投资总额：90
项目地点：福建福州市

20.
作品名称：云南丰宁家园
参 评 人：张艳芬
项目面积：230
投资总额：65
项目地点：云南昆明市

21.
作品名称：穿透岁月的美
参 评 人：陈熠
项目面积：1700
投资总额：1500
项目地点：江苏南京市

22.
作品名称：苏州务本堂别墅
参 评 人：黄伟虎
项目面积：1000
投资总额：1500
项目地点：江苏苏州市

23.
作品名称：于·舍
参 评 人：许建国
设 计 师：刘丹、陈涛
项目面积：425
投资总额：200
项目地点：安徽合肥市

24.
作品名称：追求东方的自然生活品味
参 评 人：严海明
设 计 师：俞挺、石磊、夏小丽
项目面积：400
投资总额：150
项目地点：浙江宁波市

25.
作品名称：泉州滕王阁公馆
参 评 人：谢煌炜
项目面积：780
投资总额：200
项目地点：福建泉州市

1	2	3	4	5
6	7	8	9	10
11	12	13	14	15
16	17	18	19	20
21	22	23	24	25

排名无先后顺序

餐饮优秀设计作品1-25

项目面积单位：平方米
投资总额单位：万元

1.
作品名称：吾岛·融合餐厅
参评人：杭州意内雅建筑装饰设计
有限公司
设计师：朱晓鸣
项目面积：750
投资总额：450
项目地点：浙江杭州市

2.
作品名称：The Spaghetti House
参评人：宁设计事务所
设计师：Candice Chan、Andy Liu、
Frankie Lau
项目面积：278
投资总额：200
项目地点：香港沙田区

3.
作品名称：鱼非鱼
参评人：邹巍
项目面积：333
投资总额：200
项目地点：上海嘉定区

4.
作品名称：良适小食
参评人：刘峰
项目面积：380
投资总额：400
项目地点：北京朝阳区

5.
作品名称：书语坊餐吧
参评人：温浩
项目面积：500
投资总额：100
项目地点：山西临汾市

6.
作品名称：天意小馆
参评人：王奕文
项目面积：450
投资总额：300
项目地点：北京东城区

7.
作品名称：茅庐印象万达店
参评人：大石代设计咨询有限公司
设计师：张迎辉、汤善盛
项目面积：130
投资总额：100
项目地点：山东潍坊市

8.
作品名称：一百家子拨面
参评人：张京涛
项目面积：850
投资总额：200
项目地点：河北石家庄市

9.
作品名称：努力餐
参评人：杨刚
设计师：闫雯
项目面积：1000
投资总额：420
项目地点：四川成都市

10.
作品名称：盛焰精致铁板烧餐厅
参评人：江西大木设计装饰工程
有限公司
设计师：项帅
项目面积：640
投资总额：360
项目地点：江西南昌市

11.
作品名称：徐州悠仙美地
参评人：李浩澜
设计师：赵雨楠、吴小进、朱凤琪
项目面积：300
投资总额：150
项目地点：江苏徐州市

12.
作品名称：721 幸福牧场
参评人：利旭恒
项目面积：200
投资总额：200
项目地点：北京朝阳区

13.
作品名称：青年餐厅·光阴的故事
参评人：许耀元
设计师：顾赛、方子超、
王晟、周翠、李秀英、
朱国丽、安慧蒙
项目面积：2000
投资总额：1500
项目地点：安徽合肥市

14.
作品名称：OPUS CAFE 李公堤店
参评人：黄伟虎
项目面积：170
投资总额：88
项目地点：江苏苏州市

15.
作品名称：野茶红酒餐厅
参评人：王严钧
项目面积：600
投资总额：100
项目地点：黑龙江佳木斯市

16.
作品名称：朴素九段烧餐厅杭州天虹店
参评人：许立强
设计师：向亮、李颖
项目面积：620
投资总额：400
项目地点：浙江杭州市

17.
作品名称：香港茜廊连锁品牌餐厅
·上水店
参评人：广州点子室内设计有限公司
设计师：许鹰
项目面积：300
投资总额：200
项目地点：香港九龙城区

18.
作品名称：元莱美食尚餐厅
参评人：深圳市艺鼎装饰设计
有限公司
设计师：王锟
项目面积：450
投资总额：200
项目地点：广东惠州市

19.
作品名称：烤古烧烤二店
参评人：毛赟
设计师：刘宏裕、俞怀德
项目面积：220
投资总额：30
项目地点：浙江宁波市

20.
作品名称：东湖 1958
参评人：李强
设计师：徐童
项目面积：1600
投资总额：450
项目地点：陕西西安市

21.
作品名称：亭中佛印·泰亭时尚餐厅
大上海时代广场店
参评人：任磊
设计师：储艳洁、文浩、孙明敏
项目面积：800
投资总额：300
项目地点：上海黄浦区

22.
作品名称：满堂鸿避风塘
参评人：法之家设计工作室
设计师：李万历
项目面积：274
投资总额：50
项目地点：黑龙江哈尔滨市

23.
作品名称：徐州淡水渔家
参评人：无锡市上瑞元筑设计制作
有限公司
设计师：冯嘉云、陆荣华、铁柱、
刘斌
项目面积：580
投资总额：250
项目地点：江苏徐州市

24.
作品名称：合肥小米餐厅
参评人：上瑞元筑设计制作有限公司
设计师：范日桥、朱希
项目面积：330
投资总额：150
项目地点：安徽合肥市

25.
作品名称：一角生活
参评人：王敬超
设计师：王敬超
项目面积：500
投资总额：90
项目地点：江苏苏州市

1	2	3	4	5
6	7	8	9	10
11	12	13	14	15
16	17	18	19	20
21	22	23	24	25

排名无先后顺序

餐饮优秀设计作品1-24　　购物优秀设计作品25

项目面积单位：平方米
投资总额单位：万元

1.
作品名称：Sient Heart
参 评 人：王晓成
设 计 师：李敏奇、刘伟
项目面积：1000
投资总额：210
项目地点：江西南昌市

2.
作品名称：富民一丘田杨梅庄园温室餐厅
参 评 人：陈晓丽
项目面积：3182
投资总额：2400
项目地点：云南昆明市

3.
作品名称：轻井泽锅物·高雄博爱店
参 评 人：周易
设 计 师：朱翊嘉、廖雅婷
项目面积：1170
投资总额：1000
项目地点：台湾台南市

4.
作品名称：多伦多海鲜自助餐·苏州圆融店
参 评 人：无锡市上瑞元筑设计制作有限公司
设 计 师：孙黎明、耿顺峰、胡红波
项目面积：920
投资总额：450
项目地点：江苏无锡市

5.
作品名称：致青春主题餐厅
参 评 人：由伟壮
设 计 师：李健
项目面积：300
投资总额：34
项目地点：江苏苏州市

6.
作品名称：同·楽
参 评 人：胥洋
项目面积：170
投资总额：40
项目地点：江苏镇江市

7.
作品名称：青春餐厅
参 评 人：武汉品筑凌川设计顾问有限公司
设 计 师：凌川
项目面积：1473
投资总额：600
项目地点：湖北武汉市

8.
作品名称：港丽餐厅
参 评 人：利旭恒
设 计 师：赵爽、尤芬
项目面积：1200
投资总额：1000
项目地点：北京朝阳区

9.
作品名称：鹤一烧肉·北京
参 评 人：利旭恒
设 计 师：赵爽、郑雅楠
项目面积：350
投资总额：450
项目地点：北京朝阳区

10.
作品名称：咔法天使咖啡厅
参 评 人：周剑青
设 计 师：姚文娟、陈奇石
项目面积：240
投资总额：85
项目地点：浙江宁波市

11.
作品名称：六瑞堂原味餐馆
参 评 人：石龙贵
设 计 师：罗思、林覆生
项目面积：750
投资总额：220
项目地点：湖南株洲市

12.
作品名称：九十海里新派火锅
参 评 人：济南思锐空间设计有限公司
设 计 师：王远超、王凡、何勇、庄鹏
项目面积：2200
投资总额：500
项目地点：山东济南市

13.
作品名称：35MM 片场烧烤餐厅
参 评 人：李文
设 计 师：管锡亮
项目面积：320
投资总额：150
项目地点：吉林长春市

14.
作品名称：露会所
参 评 人：南京名谷设计机构
设 计 师：潘冉、易红
项目面积：780
投资总额：390
项目地点：江苏南京市

15.
作品名称：印象村野
参 评 人：南京名谷设计机构
设 计 师：潘冉、徐婷婷
项目面积：580
投资总额：116
项目地点：江苏南京市

16.
作品名称：眉州东坡酒楼·苏州万科美好广场店
参 评 人：王砚晨
设 计 师：李向宁、郑春栋
项目面积：1666
投资总额：950
项目地点：江苏苏州市

17.
作品名称：南京六朝御品
参 评 人：王帅
项目面积：850
投资总额：320
项目地点：江苏南京市

18.
作品名称：THAI CUISINE 茶马天堂
参 评 人：朱伟
项目面积：370
投资总额：120
项目地点：江苏苏州市

19.
作品名称：凹凸餐吧
参 评 人：黄永才
设 计 师：王文杰、王艳玲
项目面积：900
投资总额：200
项目地点：广东广州市

20.
作品名称：粤新茶餐厅
参 评 人：卢忆
项目面积：360
投资总额：58
项目地点：浙江宁波市

21.
作品名称：宴火餐厅
参 评 人：徐梓铭
项目面积：730
投资总额：120
项目地点：江西南昌市

22.
作品名称：淮上豆腐酒店
参 评 人：张承宏
设 计 师：徐川
项目面积：3229
投资总额：1200
项目地点：安徽淮南市

23.
作品名称：澳门海擎天茶餐厅
参 评 人：范业建
设 计 师：付加影
项目面积：220
投资总额：280
项目地点：澳门澳门半岛

24.
作品名称：北京阿斯牛牛（凉山）彝族文化综合体
参 评 人：倪镔
项目面积：2680
投资总额：1000
项目地点：北京朝阳区

25.
作品名称：宁波北仑银泰城
参 评 人：曾卫平
项目面积：359300
投资总额：55000
项目地点：浙江宁波市

1	2	3	4	5
6	7	8	9	10
11	12	13	14	15
16	17	18	19	20
21	22	23	24	25

排名无先后顺序

购物优秀设计作品1-25

项目面积单位：平方米
投资总额单位：万元

1.
作品名称：湖州东吴银泰城
参评人：曾卫平
项目面积：100000
投资总额：7951
项目地点：北京海淀区

2.
作品名称：FM 服装中华园店
参评人：成都璞石品牌设计有限公司
设计师：毛继军、吴秀毅、向晓燕
项目面积：800
投资总额：1114
项目地点：四川成都市

3.
作品名称：逸舒之家女装·太原融合店
参评人：王冬梅
项目面积：170
投资总额：30
项目地点：山西太原市

4.
作品名称：音乐新体验
参评人：何宗宪
设计师：王启成、陈显成
项目面积：1124
投资总额：1000
项目地点：香港中西区

5.
作品名称：合肥华润五彩城
参评人：J&A 姜峰设计公司
设计师：刘炜
项目面积：137000
投资总额：200000
项目地点：安徽合肥市

6.
作品名称：Farm Direct
参评人：廖奕权
项目面积：14
投资总额：40
项目地点：香港湾仔区

7.
作品名称：乐活会
参评人：大连工业大学 / 张健室内
　　　　　设计事务所
设计师：张健、刘海龙、刘天一、
　　　　周玉莹
项目面积：468
投资总额：100
项目地点：辽宁大连市

8.
作品名称：GO fashion 成都主题店
参评人：余颢凌
项目面积：135
投资总额：60
项目地点：四川成都市

9.
作品名称：青岛良友书坊
参评人：张国栋
设计师：顾婵娟
项目面积：270
投资总额：70
项目地点：山东青岛市

10.
作品名称：香港潞施集合店
参评人：唐列平
设计师：黎广浓
项目面积：80
投资总额：30
项目地点：广东佛山市

11.
作品名称：晴荷拣香铺
参评人：尹平
项目面积：280
投资总额：48
项目地点：陕西西安市

12.
作品名称：北京 Cassina 展厅
参评人：法之家设计工作室
设计师：李万历
项目面积：272
投资总额：30
项目地点：北京朝阳区

13.
作品名称：K's 奢侈品店
参评人：何承春
项目面积：56
投资总额：12
项目地点：福建福州市

14.
作品名称：风信子裘皮
参评人：高金锋
设计师：姜克文、张湖杰
项目面积：210
投资总额：65
项目地点：浙江宁波市

15.
作品名称：优酒库
参评人：郭坤仲
设计师：蔡小城
项目面积：98
投资总额：100
项目地点：福建厦门市

16.
作品名称：内蒙古呼和浩特泰和
　　　　　文化体验馆
参评人：庞博
项目面积：1000
投资总额：150
项目地点：内蒙古呼和浩特市

17.
作品名称：永利奢侈品店
参评人：蔡进盛
设计师：万志祥、廖南特、李光文
项目面积：600
投资总额：600
项目地点：江西南昌市

18.
作品名称：红酒体验吧
参评人：邱洋
项目面积：180
投资总额：15
项目地点：陕西西安市

19.
作品名称：传世家居美学馆
参评人：李柏林
项目面积：500
投资总额：30
项目地点：江苏南京市

20.
作品名称：木本源中式卫浴旗舰展厅
参评人：胡俊峰
设计师：张学翠、张伟
项目面积：160
投资总额：20
项目地点：四川成都市

21.
作品名称：璞如花韵 致之人意
参评人：赵晓吉
项目面积：60
投资总额：5
项目地点：四川成都市

22.
作品名称：慕思总部展厅
参评人：陈飞杰香港设计事务所
设计师：陈飞杰、夏春卉、欧伟培、
　　　　董玉军
项目面积：3000
投资总额：3000
项目地点：广东东莞市

23.
作品名称：筑韵厨具展售门市
参评人：陈建佑
项目面积：298
投资总额：110
项目地点：台湾台中市

24.
作品名称：乌蓬檐下
参评人：空格营造设计事务所
设计师：金海洋
项目面积：130
投资总额：24
项目地点：江苏南京市

25.
作品名称：大巢氏
参评人：许建国
设计师：许建国
项目面积：90
投资总额：50
项目地点：安徽合肥市

1	2	3	4	5
6	7	8	9	10
11	12	13	14	15
16	17	18	19	20
21	22	23	24	25

排名无先后顺序

购物优秀设计作品1-2　酒店优秀设计作品3-25

1.
作品名称：美源美源汽车展厅及售房部
参 评 人：吴钒
设 计 师：吴杨武、梁瑞雪
项目面积：1100
投资总额：350
项目地点：重庆渝中区

2.
作品名称：野兽玫瑰
参 评 人：陈二琳
项目面积：45
投资总额：60
项目地点：上海徐汇区

3.
作品名称：庐山西海中信高尔夫会所
　　　　　及酒店
参 评 人：黄志达设计师有限公司
设 计 师：黄志达
项目面积：3500
投资总额：3000
项目地点：江西赣州市

4.
作品名称：济南美利亚大酒店
参 评 人：黄全
项目面积：43000
投资总额：100000000
项目地点：山东济南市

5.
作品名称：上海航天酒店
参 评 人：上海现代建筑装饰环境
　　　　　设计研究院有限公司
设 计 师：王传顺
项目面积：10400
投资总额：1000
项目地点：上海徐汇区

6.
作品名称：江西樟树东方古海养生
　　　　　度假酒店
参 评 人：杭州麦方装饰设计工程
　　　　　有限公司
设 计 师：麦珂
项目面积：22777
投资总额：5000
项目地点：江西宜春市

7.
作品名称：丽江天雨精品酒店
参 评 人：任清泉
项目面积：5000
投资总额：2000
项目地点：云南丽江市

8.
作品名称：广州逸林希尔顿酒店
参 评 人：广州市铭唐装饰设计工程
　　　　　有限公司
设 计 师：梁础夫、潘兆坚、蒋立、
　　　　　李妍
项目面积：50000
投资总额：25000
项目地点：广东广州市

9.
作品名称：Wisteria Hotel
参 评 人：观止廊室内设计有限公司
设 计 师：韦建、韦西丽
项目面积：3000
投资总额：700
项目地点：广西桂林市

10.
作品名称：普陀山国际佛教文化交流
　　　　　中心·如易阁
参 评 人：阮菲
项目面积：7900
投资总额：6000
项目地点：浙江舟山市

11.
作品名称：济宁万达嘉华酒店
参 评 人：深圳姜峰室内设计有限公司
设 计 师：姜峰
项目面积：42000
投资总额：40000
项目地点：山东济宁市

12.
作品名称：海南椰仙谷精品酒店
参 评 人：邝道华
项目面积：1200
投资总额：200
项目地点：海南儋州市

13.
作品名称：随风户外天空度假社区
参 评 人：李吉
项目面积：2200
投资总额：600
项目地点：浙江宁波市

14.
作品名称：成都环球中心天堂洲际
　　　　　大饭店
参 评 人：陈治强
项目面积：150000
投资总额：20000
项目地点：四川成都市

15.
作品名称：深航国际酒店
参 评 人：陈羽
设 计 师：沈磊
项目面积：1500
投资总额：6000
项目地点：贵州遵义市

16.
作品名称：成都双流机场酒店
参 评 人：上海现代建筑装饰环境
　　　　　设计研究院有限公司
设 计 师：庄磊、龚彦敏、张龙、
　　　　　吴伟亮
项目面积：33032
投资总额：130000000
项目地点：四川成都市

17.
作品名称：成都B&B唐堂民宿
参 评 人：吴冠成
项目面积：543
投资总额：62
项目地点：四川成都市

18.
作品名称：济源东方建国饭店
参 评 人：孙华锋
设 计 师：刘世尧、张利娟、李珂、
　　　　　王方、孙健、郭新霞、
　　　　　孙卫民、杨景瑞、郑振威
项目面积：40000
投资总额：30000
项目地点：河南济源市

19.
作品名称：长沙融程花园酒店
参 评 人：上海观晟室内设计有限公司
设 计 师：周锋、李书证、江欢、周勇波
项目面积：50000
投资总额：30000
项目地点：湖南长沙市

20.
作品名称：深圳城市酒店
参 评 人：黄治奇（香港）酒店娱乐策划
　　　　　设计有限公司
设 计 师：黄治奇
项目面积：22500
投资总额：8000
项目地点：广东深圳市

21.
作品名称：贵安溪山温泉度假酒店
参 评 人：何华武
设 计 师：龚志强、吴凤珍、
　　　　　蔡秋娇、杨尚炜、林航英
项目面积：35000
投资总额：2500000
项目地点：福建福州市

22.
作品名称：无锡舒隅酒店
参 评 人：林斌
项目面积：6900
投资总额：1000
项目地点：江苏无锡市

23.
作品名称：环情湾概念酒店
参 评 人：豪庭设计机构
设 计 师：金海峰、黄蒙、李伟杰
项目面积：1632
投资总额：470
项目地点：浙江台州市

24.
作品名称：永联小镇度假酒店
参 评 人：梁爱勇
设 计 师：郁健、葛余良、
　　　　　钟石林、赵军、姚维薇
项目面积：12000
投资总额：5000
项目地点：江苏苏州市

25.
作品名称：中信金陵酒店
参 评 人：广州集美组室内设计工程
　　　　　有限公司
设 计 师：周海新、林学明、曾芷君
项目面积：42714
投资总额：60000
项目地点：北京平谷区

项目面积单位：平方米
投资总额单位：万元

1	2	3	4	5
6	7	8	9	10
11	12	13	14	15
16	17	18	19	20
21	22	23	24	25

排名无先后顺序

酒店优秀设计作品1-5　休闲优秀设计作品6-25

项目面积单位：平方米
投资总额单位：万元

1.
作品名称：东莞嘉映玥精品酒店
参评人：广州集美组室内设计工程有限公司
设计师：徐婕嫒、陈向京、谢云权
项目面积：17276
投资总额：4500
项目地点：广东东莞市

2.
作品名称：稻城亚丁日松贡布酒店
参评人：张敏
项目面积：20000
投资总额：7800
项目地点：四川甘孜藏族自治州

3.
作品名称：招金舜和国际饭店
参评人：崔友光
项目面积：40000
投资总额：30000
项目地点：山东烟台市

4.
作品名称：世贸万锦酒店
参评人：孙洪涛
设计师：朱晓龙
项目面积：50000
投资总额：10000
项目地点：吉林吉市

5.
作品名称：江苏江阴敔山嘉荷酒店
参评人：徐迅君
设计师：王莹辉、杨育青、韩晓煜、吴晓晖、郑佳驰
项目面积：7000
投资总额：4200
项目地点：江苏无锡市

6.
作品名称：元和荟会所
参评人：刘可华
设计师：何俊锋
项目面积：3000
投资总额：800
项目地点：福建泉州市

7.
作品名称：长春私人会所
参评人：陈轩
设计师：邹咏
项目面积：2600
投资总额：1500
项目地点：吉林长春市

8.
作品名称：长沙德思勤城市广场121当代艺术中心
参评人：J&A 姜峰设计公司
设计师：袁晓云
项目面积：1200
投资总额：800
项目地点：湖南长沙市

9.
作品名称：金轮新天地·美伊美婷
参评人：黄莉
项目面积：170
投资总额：30
项目地点：江苏南京市

10.
作品名称：陶然居
参评人：徐攀
设计师：张巧
项目面积：160
投资总额：50
项目地点：湖南株洲市

11.
作品名称：原河名墅社区会所
参评人：张迎军
项目面积：2500
投资总额：600
项目地点：河北石家庄市

12.
作品名称：百年吴裕泰连锁·裕泰东方
参评人：赖建安
设计师：高天金、朱珈漪
项目面积：475
投资总额：1600
项目地点：上海浦东新区

13.
作品名称：稍可轩
参评人：孙铮
项目面积：900
投资总额：81
项目地点：河北石家庄市

14.
作品名称：苏州远雄水岸秀墅会所
参评人：福田裕理
设计师：祖父江贵、郑林森
项目面积：1300
投资总额：650
项目地点：江苏苏州市

15.
作品名称：原创美业
参评人：朱统菁
项目面积：120
投资总额：15
项目地点：浙江嘉兴市

16.
作品名称：索拉古贝 SPA·足浴养生会所
参评人：浙江艺迅装饰设计工程有限公司
设计师：季蓉慧、陈碧帆、张建远
项目面积：5000
投资总额：1500
项目地点：浙江金华市

17.
作品名称：北京御汤山会所
参评人：吴文粒
项目面积：3000
投资总额：6000
项目地点：北京昌平区

18.
作品名称：丝域养发馆
参评人：珠海市空间印象建筑装饰设计有限公司
设计师：霍承显
项目面积：80
投资总额：28
项目地点：广东珠海市

19.
作品名称：保利琶洲天悦会所
参评人：尚诺柏纳·空间策划联合事务所
设计师：王赟
项目面积：2700
投资总额：170000
项目地点：广东广州市

20.
作品名称：嘉峪关市南湖大厦休闲空间
参评人：刘旭东
设计师：贾江、焦庆夫、刘宏涛
项目面积：11000
投资总额：12000
项目地点：甘肃嘉峪关市

21.
作品名称：瑞禾园雅集会所
参评人：刘世尧
设计师：李西瑞、许国娜、杜娇、吴亮亮
项目面积：900
投资总额：560
项目地点：河南郑州市

22.
作品名称：宁夏银川市森林公园会所
参评人：周方成
项目面积：500
投资总额：350
项目地点：宁夏银川市

23.
作品名称：古一宏禅茶馆
参评人：林森
设计师：吕杰
项目面积：556
投资总额：200
项目地点：浙江杭州市

24.
作品名称：茗泉茶庄
参评人：刘晓亮
设计师：岑幸、祁喜贺
项目面积：860
投资总额：230
项目地点：广东东莞市

25.
作品名称：印象客家溯源会所
参评人：张清华
项目面积：900
投资总额：150
项目地点：福建福州市

1	2	3	4	5
6	7	8	9	10
11	12	13	14	15
16	17	18	19	20
21	22	23	24	25

排名无先后顺序

休闲优秀设计作品1-11   样板房售楼处优秀设计作品12-25

项目面积单位：平方米
投资总额单位：万元

1.
作品名称：明心堂文化养身会所
参 评 人：郑加洪
项目面积：4000
投资总额：1500
项目地点：福建厦门市

2.
作品名称：G1 会所
参 评 人：筑邦臣设计公司
设 计 师：张海涛
项目面积：2500
投资总额：875
项目地点：北京朝阳区

3.
作品名称：江畔会所
参 评 人：辛明雨
项目面积：670
投资总额：650
项目地点：黑龙江哈尔滨市

4.
作品名称：云弄会所
参 评 人：肖艳辉
设 计 师：莘奇曾
项目面积：1200
投资总额：240
项目地点：河南郑州市

5.
作品名称：中海黎香湖综合运动馆
参 评 人：莫惠华
项目面积：2800
投资总额：300
项目地点：重庆南川市

6.
作品名称：JHKJ 会所
参 评 人：徐经华
设 计 师：徐艳、苏亭
项目面积：158
投资总额：24
项目地点：湖南长沙市

7.
作品名称：田厦国际·荣瑞兴业
　　　　　企业会所
参 评 人：陈飞杰香港设计事务所
设 计 师：陈飞杰、余祖兴、吴程龙、
　　　　　周世洪
项目面积：380
投资总额：200
项目地点：广东深圳市

8.
作品名称：雕刻·冥想
参 评 人：邵凯
项目面积：135
投资总额：20
项目地点：江苏南京市

9.
作品名称：重生·兰亭会
参 评 人：胡笑天
项目面积：300
投资总额：80
项目地点：江西南昌市

10.
作品名称：欧灵造型
参 评 人：一亩梁田设计顾问
设 计 师：曾伟坤、曾伟锋、李霖
项目面积：320
投资总额：40
项目地点：福建厦门市

11.
作品名称：素业茶苑
参 评 人：黄通力
项目面积：220
投资总额：60
项目地点：浙江杭州市

12.
作品名称：成都瑞居·绿岛
参 评 人：赵学强
设 计 师：李涛
项目面积：1117
投资总额：1100
项目地点：四川成都市

13.
作品名称：昆明云路青瓷大宅·莲
参 评 人：云南博文思捷室内设计
　　　　　有限公司
设 计 师：刘宗亚、周舟林
项目面积：250
投资总额：300
项目地点：云南昆明市

14.
作品名称：西情东韵
参 评 人：杜柏均
设 计 师：王稚云
项目面积：600
投资总额：540
项目地点：上海闵行区

15.
作品名称：大连曲悦·风尚居
参 评 人：刘卫军
设 计 师：梁义、方永杰
项目面积：53
投资总额：40
项目地点：辽宁大连市

16.
作品名称：南充中能·朗润国际
　　　　　销售会所
参 评 人：方峻
项目面积：1400
投资总额：500
项目地点：四川南充市

17.
作品名称：杭州绿城兰园
参 评 人：浙江绿城家居发展有限公司
设 计 师：谭瑶
项目面积：90
投资总额：35
项目地点：浙江杭州市

18.
作品名称：台中联聚怡和·与木为亲
参 评 人：张清平
项目面积：198
投资总额：180
项目地点：台湾台中市

19.
作品名称：广州萝岗奥园广场销售中心
参 评 人：广东锐美集思装饰设计
　　　　　有限公司
设 计 师：刘锐韶
项目面积：1500
投资总额：1300
项目地点：广东广州市

20.
作品名称：台中国家 1 号院·设计之外
参 评 人：张清平
项目面积：198
投资总额：100
项目地点：台湾台中市

21.
作品名称：本质
参 评 人：大雄设计
设 计 师：林政纬
项目面积：109
投资总额：100
项目地点：台湾台北市

22.
作品名称：宜宾永竞售楼部
参 评 人：多维设计事务所
设 计 师：张晓莹、范斌、张鹏
项目面积：1000
投资总额：511
项目地点：四川宜宾市

23.
作品名称：顺义江山赋样板间
参 评 人：汪宸亦
项目面积：290
投资总额：90
项目地点：北京顺义区

24.
作品名称：无锡拈花湾禅意小镇
　　　　　售楼中心
参 评 人：刘上海禾易建筑设计
　　　　　有限公司
设 计 师：陆嵘
项目面积：2200
投资总额：200
项目地点：江苏无锡市

25.
作品名称：沈阳中铁丁香水岸售楼会所
参 评 人：陈贻
项目面积：1700
投资总额：680
项目地点：辽宁沈阳市

1	2	3	4	5
6	7	8	9	10
11	12	13	14	15
16	17	18	19	20
21	22	23	24	25

排名无先后顺序

样板房售楼处优秀设计作品1-25

项目面积单位：平方米
投资总额单位：万元

1.
作品名称：中山远洋 A12 区样板房
参 评 人：向凯
项目面积：200
投资总额：200
项目地点：广东中山市

2.
作品名称：长沙第六都楼王样板房
参 评 人：陈志斌
设 计 师：谢琦
项目面积：300
投资总额：45
项目地点：湖南长沙市

3.
作品名称：东莞市光大天骄御峰花园
　　　　　3#B 户型样板房
参 评 人：东莞市蜜尔室内陈设设计
　　　　　有限公司
设 计 师：李坚明
项目面积：163
投资总额：33
项目地点：广东东莞市

4.
作品名称：昆明中航云玺大宅·
　　　　　玺悦墅泰式户型
参 评 人：深圳市则灵文化艺术
　　　　　有限公司
设 计 师：罗玉立
项目面积：530
投资总额：201
项目地点：云南昆明市

5.
作品名称：长沙东怡大厦售楼中心
参 评 人：广州华地组环境艺术设计
　　　　　有限公司
设 计 师：曾秋荣、曾冬荣、张伯栋
项目面积：2470
投资总额：960
项目地点：湖南长沙市

6.
作品名称：水色沙龙
参 评 人：江欣宜
设 计 师：吴信池、卢佳琪
项目面积：130
投资总额：90
项目地点：台湾台北县

7.
作品名称：昆明富民山与城样板房·
　　　　　清雅时光
参 评 人：黄丽蓉
设 计 师：张植蔚
项目面积：170
投资总额：70
项目地点：云南昆明市

8.
作品名称：成都滨江景城 A 户型样板间
参 评 人：成都龙徽工程设计顾问
　　　　　有限公司
设 计 师：唐翔、李莉珊、陈朝东
项目面积：150
投资总额：100
项目地点：四川南充市

9.
作品名称：三亚保利凤凰公馆销售中心
参 评 人：陈正茂
项目面积：500
投资总额：175
项目地点：海南三亚市

10.
作品名称：惠州莱蒙水榭湾样板房
参 评 人：深圳市柏瑞空间设计
　　　　　有限公司
设 计 师：张东海、赵芹
项目面积：220
投资总额：200
项目地点：广东惠州市

11.
作品名称：成都中德英伦联邦 A 区 5#
　　　　　楼 3302 户型
参 评 人：柏舍设计
　　　　　（柏舍励创专属机构）
设 计 师：钱思慧
项目面积：470
投资总额：235
项目地点：四川成都市

12.
作品名称：武汉光谷·芯中心独栋
　　　　　办公样板
参 评 人：王治
设 计 师：何璇、陈戈利
项目面积：2000
投资总额：380
项目地点：湖北武汉市

13.
作品名称：济南建邦原香溪谷 C12 号
　　　　　楼上跃户型样板间
参 评 人：岳蒙
项目面积：230
投资总额：120
项目地点：山东济南市

14.
作品名称：济南建邦原香溪谷二期
　　　　　301 户型样板间
参 评 人：岳蒙
项目面积：200
投资总额：120
项目地点：山东济南市

15.
作品名称：昆明东盟森林 E1 户型样板房
参 评 人：5+2 设计
　　　　　（柏舍励创专属机构）
设 计 师：易永强
项目面积：124
投资总额：200
项目地点：云南昆明市

16.
作品名称：绍兴金地兰悦销售展示中心
参 评 人：杭州易和室内设计有限公司
设 计 师：李扬
项目面积：510
投资总额：260
项目地点：浙江绍兴市

17.
作品名称：挪威的森林·实力集团
　　　　　昆明东盟森林样板房
参 评 人：重庆品辰装饰工程设计
　　　　　有限公司
设 计 师：庞飞、袁毅、代曼淇
项目面积：88
投资总额：48
项目地点：云南昆明市

18.
作品名称：海浪的吟唱
参 评 人：陈向明
项目面积：957
投资总额：330
项目地点：福建福州市

19.
作品名称：宁波格兰晴天 H 户型样板间
参 评 人：张波
项目面积：126
投资总额：140
项目地点：浙江宁波市

20.
作品名称：重庆旭阳台北城学生公寓
　　　　　样板房
参 评 人：张海涛
设 计 师：张德运、陈朝立
项目面积：76
投资总额：44
项目地点：重庆渝北区

21.
作品名称：北京西山艺境 13# 叠拼下跃
　　　　　样板间
参 评 人：连志明
项目面积：361
投资总额：190
项目地点：北京门头沟区

22.
作品名称：北京西山艺境 13# 楼联排
　　　　　样板间
参 评 人：连志明
项目面积：502
投资总额：338
项目地点：北京门头沟区

23.
作品名称：常州中海锦龙湾售楼处
参 评 人：桂峥嵘
设 计 师：张晓薇、丁露峰
项目面积：460
投资总额：700
项目地点：江苏常州市

24.
作品名称：中山时代倾城·狼羊之恋
参 评 人：广州共生形态工程设计
　　　　　有限公司
设 计 师：谢泽坤、林凯佳、陈泳夏
项目面积：92
投资总额：60
项目地点：广东中山市

25.
作品名称：惠州莱蒙水榭湾销售中心
参 评 人：毕路德建筑顾问有限公司
设 计 师：刘红蕾
项目面积：2000
投资总额：1230
项目地点：广东惠州市

1	2	3	4	5
6	7	8	9	10
11	12	13	14	15
16	17	18	19	20
21	22	23	24	25

排名无先后顺序

样板房售楼处优秀设计作品1-10　娱乐优秀设计作品11-25

项目面积单位：平方米
投资总额单位：万元

1.
作品名称：深圳合正丹郡销售中心
参 评 人：邱春瑞
项目面积：800
投资总额：350
项目地点：广东深圳市

2.
作品名称：株洲神农养生城 B 型别墅
　　　　　样板间
参 评 人：谢剑华
设 计 师：陈逸清
项目面积：600
投资总额：300
项目地点：湖南株洲市

3.
作品名称：佛山万科金色领域
参 评 人：广州共生形态工程设计
　　　　　有限公司
设 计 师：彭征、史鸿伟、谢泽坤
项目面积：800
投资总额：480
项目地点：广东佛山市

4.
作品名称：深圳万科壹海城·玺湾
参 评 人：LSDCASA
设 计 师：葛亚曦、周微
项目面积：150
投资总额：65
项目地点：广东深圳市

5.
作品名称：深圳花样年幸福万象售楼处
参 评 人：韩松
设 计 师：姚启盛、庞春奎
项目面积：350
投资总额：130
项目地点：广东深圳市

6.
作品名称：无锡吴月雅境售楼处
参 评 人：上海莆森投资管理有限公司
设 计 师：胜木知宽、小林正典、
　　　　　小林怜二
项目面积：600
投资总额：600
项目地点：江苏无锡市

7.
作品名称：长治意境东方
参 评 人：李渊
项目面积：140
投资总额：80
项目地点：山西长治市

8.
作品名称：向蒙德里安致敬·
　　　　　保利佛山三山西雅图样板房
参 评 人：何永明
项目面积：58
投资总额：14.5
项目地点：广东佛山市

9.
作品名称：成都北欧知识城 3G 创意园
　　　　　展示中心
参 评 人：中英致造设计事务所
设 计 师：赵绯、龚骞
项目面积：1806
投资总额：420
项目地点：四川成都市

10.
作品名称：成都中国会馆小院
参 评 人：周勇
设 计 师：洪明皓、吴斌、王薇
项目面积：210
投资总额：126
项目地点：四川成都市

11.
作品名称：麦咭客 KTV
参 评 人：汤双铭
设 计 师：王漫阳、李远征
项目面积：3000
投资总额：3500
项目地点：四川成都市

12.
作品名称：仙华檀宫皇家会所
参 评 人：上海璞尚室内设计咨询
　　　　　有限公司
设 计 师：蔡军
项目面积：4000
投资总额：2000
项目地点：浙江金华市

13.
作品名称：SOHO 量贩 KTV 时代广场店
参 评 人：王双梅
设 计 师：张昱
项目面积：3970
投资总额：2500
项目地点：新疆乌鲁木齐市

14.
作品名称：威斯汀
参 评 人：房凤丹
项目面积：400
投资总额：50
项目地点：江苏常州市

15.
作品名称：哈尔滨俱乐部
参 评 人：罗文
项目面积：2918
投资总额：5000
项目地点：黑龙江哈尔滨市

16.
作品名称：绿盒子公社
参 评 人：韦建
设 计 师：岳军、岳辉
项目面积：500
投资总额：110
项目地点：广西桂林市

17.
作品名称：牛仔部落
参 评 人：冯振勇
项目面积：400
投资总额：180
项目地点：江苏南京市

18.
作品名称：昆山皇家公馆
参 评 人：郑加兴
设 计 师：郭骏、陈碧帆、卢文义
项目面积：15000
投资总额：5000
项目地点：江苏苏州市

19.
作品名称：广州黄埔绅豪会所
参 评 人：谭哲强
项目面积：2500
投资总额：2000
项目地点：广东广州市

20.
作品名称：SD.368 私人会所
参 评 人：金海峰
项目面积：136
投资总额：32
项目地点：浙江台州市

21.
作品名称：唯色艺客猫吧
参 评 人：毛磊
项目面积：150
投资总额：9
项目地点：广东梅州市

22.
作品名称：天空之爱 KTV
参 评 人：辛明雨
项目面积：750
投资总额：320
项目地点：黑龙江哈尔滨市

23.
作品名称：红酒会
参 评 人：蔡进盛
设 计 师：冯余爽、罗琼、管文斌
项目面积：500
投资总额：600
项目地点：江西南昌市

24.
作品名称：海口 M2 酒吧
参 评 人：海南紫禁殿设计顾问
　　　　　有限公司
设 计 师：陈锦晖
项目面积：700
投资总额：800
项目地点：海南海口市

25.
作品名称：格鲁吉亚红酒会所及红酒馆
参 评 人：康拥军
设 计 师：闫丽、孙举杨、马晓刚
项目面积：380
投资总额：200
项目地点：新疆乌鲁木齐市

1	2	3	4	5
6	7	8	9	10
11	12	13	14	15
16	17	18	19	20
21	22	23	24	25

排名无先后顺序

娱乐优秀设计作品1-3　住宅优秀设计作品4-25

项目面积单位：平方米
投资总额单位：万元

1.
作品名称：南京 Paradox 酒吧
参 评 人：张兆勇
项目面积：360
投资总额：200
项目地点：江苏南京市

2.
作品名称：匈牙利 TOKAJI 拉茨洛
　　　　　葡萄酒庄园
参 评 人：孙引
设 计 师：唐启鹏
项目面积：380
投资总额：150
项目地点：江西南昌市

3.
作品名称：移动的水上会所·
　　　　　国窖 1573 游艇
参 评 人：李伟强
项目面积：284
投资总额：60
项目地点：广东广州市

4.
作品名称：私人定制
参 评 人：赵鑫
项目面积：170
投资总额：120
项目地点：山西太原市

5.
作品名称：半岛城邦潘宅
参 评 人：李姝颖
项目面积：270
投资总额：300
项目地点：四川成都市

6.
作品名称：一点传承，一点雅皮
参 评 人：张宝山
项目面积：200
投资总额：160
项目地点：天津和平区

7.
作品名称：锦华苑
参 评 人：苏州一野设计工程有限公司
设 计 师：周森
项目面积：140
投资总额：10
项目地点：江苏苏州市

8.
作品名称：桃园吕公馆
参 评 人：刘荣禄
设 计 师：周筱婕
项目面积：86
投资总额：65
项目地点：台湾桃园县

9.
作品名称：朴致居
参 评 人：张祥镐
设 计 师：胡善淳
项目面积：350
投资总额：200
项目地点：台湾台北市

10.
作品名称：旅行驿
参 评 人：伊太空間設計有限公司
设 计 师：高子涵、張祥鎬
项目面积：280
投资总额：140
项目地点：台湾台北市

11.
作品名称：青林湾平层大宅
参 评 人：董世清
项目面积：240
投资总额：100
项目地点：浙江宁波市

12.
作品名称：东方润园私宅设计
参 评 人：张泉
项目面积：300
投资总额：50
项目地点：浙江杭州市

13.
作品名称：天正滨江·宅心物语
参 评 人：黄莉
项目面积：262
投资总额：60
项目地点：江苏南京市

14.
作品名称：初·相
参 评 人：黄译
项目面积：98
投资总额：20
项目地点：江苏南京市

15.
作品名称：阁楼生活
参 评 人：任苹
项目面积：140
投资总额：21
项目地点：台湾台北市

16.
作品名称：圆·融
参 评 人：甘纳空间设计工作室
设 计 师：陈婷亮、林志远
项目面积：125
投资总额：45
项目地点：台湾台北市

17.
作品名称：叠　域
参 评 人：甘纳空间设计工作室
设 计 师：陈婷亮、林志远
项目面积：53
投资总额：40
项目地点：台湾台北市

18.
作品名称：宅·拥抱
参 评 人：黄金旭
设 计 师：廖怡菁、詹竣捷
项目面积：195
投资总额：110
项目地点：台湾台北市

19.
作品名称：疗愈系住宅
参 评 人：郑明辉
项目面积：86
投资总额：150
项目地点：台湾台北市

20.
作品名称：时尚之悦
参 评 人：张凯
设 计 师：廖伟翔、陈珮华
项目面积：150
投资总额：85
项目地点：台湾台北市

21.
作品名称：礁溪赵宅
参 评 人：京玺国际股份有限公司
设 计 师：周燕如
项目面积：64
投资总额：50
项目地点：台湾宜兰县

22.
作品名称：诺丁山住宅
参 评 人：谢辉
项目面积：220
投资总额：100
项目地点：四川成都市

23.
作品名称：宁璞勿时
参 评 人：徐攀
设 计 师：陈罗辉
项目面积：240
投资总额：60
项目地点：湖南株洲市

24.
作品名称：云淡风轻·花鸟古韵
　　　　　气息的静谧空间
参 评 人：杭州辉度空间室内设计
设 计 师：夏伟
项目面积：120
投资总额：30
项目地点：浙江杭州市

25.
作品名称：河岸之心
参 评 人：苏健明
项目面积：116
投资总额：60
项目地点：台湾台北市

1	2	3	4	5
6	7	8	9	10
11	12	13	14	15
16	17	18	19	20
21	22	23	24	25

排名无先后顺序

住宅优秀设计作品1-25

项目面积单位：平方米
投资总额单位：万元

1.
作品名称：38/F-39/F 文华汇
参 评 人：廖奕权
项目面积：307
投资总额：350
项目地点：澳门澳门半岛

2.
作品名称：嘉·醴
参 评 人：杨焕生
设 计 师：郭士豪
项目面积：218
投资总额：150
项目地点：台湾台中市

3.
作品名称：维科上院
参 评 人：王杰
设 计 师：王杰、周磊
项目面积：200
投资总额：80
项目地点：浙江宁波市

4.
作品名称：沉静
参 评 人：庄轩诚
项目面积：264
投资总额：350
项目地点：台湾新竹县

5.
作品名称：纯粹
参 评 人：庄轩诚
项目面积：113
投资总额：250
项目地点：台湾新竹县

6.
作品名称：光铸长屋
参 评 人：近境制作设计有限公司
设 计 师：唐忠汉
项目面积：281
投资总额：1400
项目地点：台湾台北市

7.
作品名称：中悦上林苑
参 评 人：匠意室内设计有限公司
设 计 师：谢沛纭、黄颖焕
项目面积：265
投资总额：195
项目地点：台湾桃园县

8.
作品名称：40 号隐·秩序
参 评 人：洪文谅
项目面积：221
投资总额：212
项目地点：台湾台北市

9.
作品名称：格林童话
参 评 人：南京熹维室内设计
设 计 师：蔡佳莹、李婧
项目面积：130
投资总额：20
项目地点：江苏南京市

10.
作品名称：35 号域·自慢
参 评 人：洪文谅
项目面积：165
投资总额：72
项目地点：台湾台北市

11.
作品名称：碧云居
参 评 人：孟繁峰
项目面积：120
投资总额：60
项目地点：江苏南京市

12.
作品名称：水色天光
参 评 人：吕秋翰
设 计 师：廖瑜汝
项目面积：100
投资总额：70
项目地点：台湾台北市

13.
作品名称：天豪公寓
参 评 人：温州大墨空间设计有限公司
设 计 师：叶蕾蕾、叶建权
项目面积：145
投资总额：50
项目地点：浙江温州市

14.
作品名称：丽岙私宅
参 评 人：温州大墨空间设计有限公司
设 计 师：宋毅
项目面积：250
投资总额：100
项目地点：浙江温州市

15.
作品名称：加勒比童年
参 评 人：贺彭
项目面积：300
投资总额：75
项目地点：内蒙古呼和浩特市

16.
作品名称：名人府
参 评 人：常州鸿鹄装饰设计工程
　　　　　有限公司
设 计 师：陈成
项目面积：240
投资总额：100
项目地点：江苏常州市

17.
作品名称：v 先生
参 评 人：董世雄
项目面积：115
投资总额：23
项目地点：甘肃兰州市

18.
作品名称：柏乐苑
参 评 人：洪约瑟
设 计 师：李启进
项目面积：200
投资总额：200
项目地点：香港中西区

19.
作品名称：J. W. Home
参 评 人：彩韵室内设计有限公司
设 计 师：吴金凤、范志圣
项目面积：133
投资总额：100
项目地点：台湾台北市

20.
作品名称：魅·颜
参 评 人：苏丹
项目面积：100
投资总额：25
项目地点：江苏南京市

21.
作品名称：童言无忌
参 评 人：桂州
项目面积：115
投资总额：20
项目地点：江苏南京市

22.
作品名称：守望麦田闻到自然味的家
参 评 人：黄育波
项目面积：120
投资总额：30
项目地点：福建福州市

23.
作品名称：亚太财富广场·新巢
参 评 人：严晓静
设 计 师：秦余祺
项目面积：52
投资总额：11
项目地点：江苏常州市

24.
作品名称：HK.LIFE
参 评 人：李康
项目面积：140
投资总额：55
项目地点：江苏常州市

25.
作品名称：喧嚣背后
参 评 人：胥洋
项目面积：220
投资总额：60
项目地点：江苏镇江市

1	2	3	4	5
6	7	8	9	10
11	12	13	14	15
16	17	18	19	20
21	22	23	24	25

排名无先后顺序

住宅优秀设计作品1-23　公共优秀设计作品24-25

项目面积单位：平方米
投资总额单位：万元

1.
作品名称：禅绵·缠绵
参 评 人：戴铭泉
项目面积：200
投资总额：150
项目地点：台湾台北县

2.
作品名称：上海滩花园
参 评 人：黄文彬
项目面积：140
投资总额：45
项目地点：上海黄浦区

3.
作品名称：居者演译
参 评 人：慕泽设计股份有限公司
设 计 师：蔡宗谚
项目面积：264
投资总额：160
项目地点：台湾高雄市

4.
作品名称：轻盈·愉悦·三代同堂
参 评 人：戴铭泉
设 计 师：张燕蓉
项目面积：120
投资总额：100
项目地点：台湾台北市

5.
作品名称：老学问·开拓新设计力
参 评 人：境观室内装修设计有限公司
设 计 师：苏洞和、刘姵吩
项目面积：106
投资总额：91
项目地点：台湾台北市

6.
作品名称：北京遇上西雅图·
君汇新天私宅
参 评 人：刘金峰
项目面积：220
投资总额：120
项目地点：广东深圳市

7.
作品名称：浪漫满屋之名城世家
参 评 人：徐娟
项目面积：90
投资总额：15
项目地点：江苏南京市

8.
作品名称：E-style 公寓
参 评 人：EnricoTaranta
项目面积：110
投资总额：15
项目地点：上海黄浦区

9.
作品名称：原木空间设计·遥牧
参 评 人：原木空间设计工程有限公司
设 计 师：陈刚
项目面积：90
投资总额：25
项目地点：浙江温州市

10.
作品名称：红星国际晶品
参 评 人：昆明中策装饰（集团）
有限公司
设 计 师：黄希
项目面积：112
投资总额：31
项目地点：云南昆明市

11.
作品名称：台北信义区李宅
参 评 人：谭淑静
项目面积：220
投资总额：250
项目地点：台湾台北市

12.
作品名称：凯思特·桃园当代名厦
参 评 人：凯思特室内设计有限公司
设 计 师：陈翰生
项目面积：264
投资总额：104
项目地点：台湾桃园县

13.
作品名称：自由·家
参 评 人：李成保
项目面积：405
投资总额：80
项目地点：河南洛阳市

14.
作品名称：我们的诺漫邸
参 评 人：张鹤龄
项目面积：120
投资总额：50
项目地点：江西南昌市

15.
作品名称：成都九龙仓御园港简约三居
参 评 人：徐玉磊
设 计 师：秦浩洋
项目面积：134
投资总额：60
项目地点：四川成都市

16.
作品名称：延续·延续
参 评 人：本入设计有限公司
设 计 师：黄仁辉
项目面积：168
投资总额：160
项目地点：台湾台北市

17.
作品名称：时尚阿拉伯
参 评 人：陈文学
项目面积：107
投资总额：15
项目地点：江苏苏州市

18.
作品名称：月光流域
参 评 人：陈冠廷
设 计 师：陈丽芬
项目面积：200
投资总额：70
项目地点：台湾台北市

19.
作品名称：普普艺术
参 评 人：林宇崴
设 计 师：黄中孚
项目面积：50
投资总额：30
项目地点：台湾台北市

20.
作品名称：泉州聚龙小镇
参 评 人：张鹏峰
设 计 师：蔡天保、张建武
项目面积：140
投资总额：60
项目地点：福建泉州市

21.
作品名称：角·度
参 评 人：林宇崴
项目面积：79
投资总额：39
项目地点：台湾台北市

22.
作品名称：潜伏的艺术雕塑理念
参 评 人：界阳
设 计 师：马健凯、赖怡芬
项目面积：350
投资总额：400
项目地点：台湾台北市

23.
作品名称：封闭之家
参 评 人：梁锦标
项目面积：150
投资总额：200
项目地点：香港九龙城区

24.
作品名称：江苏溧阳天沐南山中医
养生会所
参 评 人：谢银秋
项目面积：1240
投资总额：500
项目地点：江苏常州市

25.
作品名称：十二间·宅
参 评 人：梁建国
项目面积：80
投资总额：8
项目地点：北京朝阳区

	1	2	3
4	5	6	7	8
9	10	11	12	13
14	15	16	17	18
19	20	21	22	23
24	25	26	27	28
29	30	31		

排名无先后顺序
公共优秀设计作品1-25

项目面积单位：平方米
投资总额单位：万元

1.
作品名称：中山劉公館
参评人：刘荣禄
设计师：张简子敬
项目面积：413
投资总额：45
项目地点：台湾台北市

2.
作品名称：焦作清真寺
参评人：刘非
项目面积：5600
投资总额：500
项目地点：河南焦作市

3.
作品名称：浙商博物馆
参评人：王建强
设计师：臧庆年、陈福奎、周启泛、王晴
项目面积：2500
投资总额：800
项目地点：浙江杭州市

4.
作品名称：ON/OFF · 2013 广州国际
设计周展位
参评人：汤物臣·肯文设计事务所
设计师：谢英凯
项目面积：91
投资总额：20
项目地点：广东广州市

5.
作品名称：深圳图书馆爱来吧
参评人：兰敏华
设计师：乔宇、关皓、李张鹏、颂利琳
项目面积：150
投资总额：30
项目地点：广东深圳市

6.
作品名称：艾米 1895 电影街
（沈阳及上海）
参评人：雅隅空间艺术
设计师：皇甫丽君、斯龙海、夏梅龙
项目面积：1300
投资总额：600
项目地点：辽宁沈阳市

7.
作品名称：雅居乐中心
参评人：梁永钊
项目面积：400
投资总额：1000
项目地点：广东广州市

8.
作品名称：AD 安邸展厅
参评人：陈暗
设计师：张拓、方凯
项目面积：500
投资总额：20
项目地点：北京

9.
作品名称：质子重离子医院
参评人：周毓文
设计师：董亦博
项目面积：1496
投资总额：313
项目地点：上海浦东新区

10.
作品名称：鲁班纪念馆
参评人：黄琳
设计师：张帅、董满仓、陈忠良、
郝磊、魏巍、刘梅
项目面积：5600
投资总额：1040
项目地点：山东枣庄市

11.
作品名称：回·广州国际设计周展厅
参评人：广州华地组环境艺术设计
有限公司
设计师：曾秋荣、曾冬荣、张伯栋
项目面积：96
投资总额：30
项目地点：广东广州市

12.
作品名称：梦想 ± 设计
参评人：广州市和马装饰设计
有限公司
设计师：马峻青、马劲夫、陈健生
项目面积：500
投资总额：20
项目地点：广东广州市

13.
作品名称：广州图书馆亲子绘本阅读馆
参评人：广州市和马装饰设计
有限公司
设计师：马劲夫、杨顺敏、马峻青
项目面积：1530
投资总额：350
项目地点：广东广州市

14.
作品名称：枫叶儿童之家
参评人：蒋丹
项目面积：3000
投资总额：500
项目地点：重庆南岸区

15.
作品名称：泰丰汇民间手工布艺体验馆
参评人：谷鹏
设计师：刘越、牛震、李帅、王程
项目面积：130
投资总额：30
项目地点：山东滨州市

16.
作品名称：台北建声听觉
参评人：谭淑静
项目面积：552
投资总额：250
项目地点：台湾台北市

17.
作品名称：植福园翡翠艺术馆
参评人：蔡小城
设计师：郭坤仲
项目面积：260
投资总额：280
项目地点：福建厦门市

18.
作品名称：金湖县规划展示馆
参评人：江苏华博创意产业有限公司
设计师：许小忠
项目面积：4700
投资总额：4390
项目地点：江苏淮安市

19.
作品名称：托克托工业园区展示馆
参评人：呼和浩特大墨时代文化
传播有限公司
设计师：韩海燕、武英东、贾鹏、赵静
项目面积：1000
投资总额：700
项目地点：内蒙古呼和浩特市

20.
作品名称：佳木斯赫哲族文博馆
参评人：哈尔滨梧桐建筑装饰工程
有限公司
设计师：滕宏伟、钱晓彬、于春霞
项目面积：1160
投资总额：300
项目地点：黑龙江佳木斯市

21.
作品名称：太仓市规划展示馆
参评人：上海风语筑展览有限公司
设计师：李晖
项目面积：8000
投资总额：5000
项目地点：江苏苏州市

22.
作品名称：福州城市发展展示馆
参评人：上海风语筑展览有限公司
设计师：李晖、李祥君
项目面积：15000
投资总额：12000
项目地点：福建福州市

23.
作品名称：新世代的城市美学
参评人：慕泽设计股份有限公司
设计师：蔡宗谚
项目面积：233
投资总额：170
项目地点：台湾台北去

24.
作品名称：蛹当代艺术中心
参评人：品上设计
设计师：李一、励成、乔大伟
项目面积：400
投资总额：100
项目地点：浙江宁波市

25.
作品名称：黄河科技大学图书馆
参评人：河南壹念叁仟装饰设计工程
有限公司
设计师：李战强
项目面积：550
投资总额：160
项目地点：河南郑州市

26.
作品名称：国家电网江苏电力体验馆
参评人：上海尚珂展示设计工程
有限公司
设计师：王玮、王征宇、周黄平、
张瑞航、庞淼、王春磊、
徐晓、胡红梅
项目面积：2250
投资总额：3000
项目地点：江苏南京市

27.
作品名称：ABC COOKING STUDIO
参评人：上海莘森投资管理有限公司
设计师：小林怜二、胜木知宽、小林正典
项目面积：160
投资总额：150
项目地点：上海黄浦区

28.
作品名称：济南阳光一百艺术馆
参评人：深圳市尚环境艺术设派计
设计师：周静、刘来愉
项目面积：2888
投资总额：809
项目地点：山东济南市

29.
作品名称：苏臻臻艺术医疗美容机构
参评人：汪晖
设计师：余祉妍
项目面积：700
投资总额：210
项目地点：湖南长沙市

30.
作品名称：珠海市高栏港经济区规划
展览馆
参评人：湖南华凯文化创意股份
有限公司
设计师：周新华
项目面积：2300
投资总额：3000
项目地点：广东珠海市

31.
作品名称：新会陈皮村
参评人：广州市山田组设计院工程
有限公司
设计师：吴宗建、吴祖斌、冯盛强、刘津
项目面积：103000
投资总额：30000
项目地点：广东江门市

大事记

规范与标准

2013年10月23日
南京老城新建筑限高35米

南京市政府公布《南京市城市设计导则（试行）》。《导则》规划了15条视线廊道和三片历史城区，要求视线廊道的设计避免出现煞风景的摩天大楼，并严格控制历史城区新建建筑物高度。《导则》提出，老城规划要以保护、展示和织补为主，老城南、明故宫、鼓楼至清凉山三片历史城区内的建筑高度将受到严格控制，新建建筑高度一般应控制在35米以下，公共建筑可控制在40米以下。

2013年11月10日
成都：7层以下建筑 今后不能叫"大楼"

《成都市建筑物名称备案管理暂行办法》对建筑物备案的14类标准进行了详细定义和说明。"大厦、商厦"的高度不能低于50米，或总建筑面积要在2万平方米以上。而规模小于"大厦"的"大楼"，要求高度在7层以上或者24米以上。

2013年11月28日
武汉：景观建筑禁大面积用7种色

武汉市政府常务会审议并原则通过《武汉市建设工程规划管理技术规定》，规定武汉市景观节点建筑禁止大面积使用红、黑、绿、蓝、橙、黄与深灰。

2013年11月29日
厦门：百米以上公建需建停机坪

厦门市政府常务会议审议并原则通过《厦门市高层建筑消防安全管理规定》，该规定要求，百米以上公共建筑需建停机坪。《规定》对高层建筑的消防设计做出了更加严格的要求，明确规定高层建筑要留足消防车通道、消防登高施救场地，建筑高度超过100米且标准层建筑面积大于1000平方米的公共建筑，应设置屋顶直升机停机坪或供直升机救助的设施，避难层不得用作其他用途。

2013年12月11日
澳门：立法规范建筑业从业资格

澳门立法会全体会议一般性通过《建筑及城市规划范畴内的认可、登记、注册和执业资格法律制度》。建筑及城市规划领域内的从业人员将执行执业资格认可和登记制度，同时设立建筑及工程专业委员会，引入强制实习机制。

2014年1月1日
江西：大型公共建筑将全面执行绿色设计标准

江西实施《江西省发展绿色建筑实施意见》，将绿色建筑列为省政府节能目标责任考核指标，要求政府投资的国家机关、学校、医院、博物馆、科技馆、体育馆等建筑，具备条件的保障性住房，以及单体建筑面积超过2万平方米的机场、车站、宾馆、饭店、商场、写字楼等大型公共建筑。

2014年3月3日
广州：损坏擅拆历史建筑将被高额罚款

《广州市城乡规划条例(草案)》在广州市人大常委会官网公布，面向社会公众征求意见和建议。《草案》规定，任何单位或个人不得损坏或者擅自拆除、迁移历史建筑，历史建筑应当尽可能实施原址保护。因严重损坏难以修复确需拆除的，或者因公共利益确需迁移异地保护或者拆除的，应当报相关部门组织专家论证、制定补救措施后，由市城乡规划主管部门报省城乡规划主管部门会同省文物主管部门批准。

2014年3月19日
广州限制新增建筑用地

《国家新型城镇化规划(2014-2020年)》作为指导全国城镇化发展的顶层设计文件，提及6年内全国住房信息将联网，也提到会有效控制特大城市新增建设用地规模、加快房地产税立法并适时推进改革等。

2014年3月20日
质量差危害人体健康 14种建筑装修材料被禁用

《青岛市禁止或者限制使用的建设工程材料目录(第一批)》公布，目录中分为两大部分，第一部分为工程材料"禁用目录"，第二部分为工程材料"限用目录"。被禁用的首批建筑材料总计十种。

2014年5月26日
苏州出台绿建实施方案

《苏州市绿色建筑工作实施方案》明确，"十二五"期间，全市达到绿色建筑标准的项目总面积要超过1700万平方米。同时，建立较为完善的建筑能效测评与能耗统计体系，以及绿色建筑全寿命周期动态监管体系，落实绿色建筑能源审计长效工作机制。

2014年5月28日
北京市《公共建筑节能设计标准》征求意见稿发布

北京市规划委正式对外发布《公共建筑节能设计标准》征求意见稿。作为北京市第三版公共建筑节能标准，该版本对"公共建筑"的定义细分为三类。在为期30天内，市民可登录北京市规划委网站查询该标准的具体内容并提出意见和建议。

2014年6月1日
电热膜应用出台新标准 我国建筑采暖技术面临重大变革

已获住房和城乡建设部批准通过、由哈尔滨工业大学和黑龙江中惠地热股份有限公司（下称"中惠地热"）主编的《低温辐射电热膜供暖系统应用技术规程》（编号JGJ319-2013），已被作为电热膜应用设计行业标准正式实施。这意味着我国电热膜采暖行业将逐步向规范化、集中化发展。同时，以"电采暖"作为引领的建筑供暖方式变革，也将大大提速。

2014年6月4日
新版绿色建筑评价标准明年1月起实施

住房城乡建设部发布公告，批准《绿色建筑评价标准》为国家标准，编号为GB-T50378-2014，自2015年1月1日起实施。原《绿色建筑评价标准》GB3T50378-2006同时废止。该标准由住房城乡建设部标准定额研究所组织中国建筑工业出版社出版发行。修订后的标准评价对象范围得到扩展，评价阶段更加明确，评价方法更加科学合理，评价指标体系更加完善，整体具有创新性。

2014年6月6日
超高层建筑的绿色之思

为了主动引导超高层建筑的可持续发展，住建部组织力量颁布实施了《绿色超高层建筑评价技术细则》，希望能够为超高层建筑的设计、施工和运行提供依据。

2014年6月25日
成都：让城市建筑"绿"起来

成都发布并实施了《成都市民用建筑绿色设计技术导则》和《成都市民用建筑绿色设计审查要点》两个指导性文件，加大对节能环保建筑的推广和支持力度。文件的出台也标志着成都民用建筑开始全面试行"绿色建筑"设计标准。

2014年6月26日
福州发布绿色建筑施工图审查要点

为加强绿色建筑项目管理，福建省福州市城乡建设委员会制订印发了《福州市绿色建筑施工图审查要点（试行）》，对全市新建民用建筑工程绿色建筑的施工图审查、审查机构进行规范，其中建筑类型包括居住建筑、公共建筑、保障性住房。

2014年7月1日
绿色建筑检测技术标准实施

《绿色建筑检测技术标准》实施。该标准由国家建筑工程质量监督检验中心、上海国研工程检测有限公司主编，中国城市科学研究会绿色建筑研究中心、中国建筑科学研究院认证中心等单位参编，可作为我国开展绿色建筑检测工作的技术依据。

2014年7月1日

福建：建筑施工企业将启用"征信"系统

为推进工程建设领域信用体系建设，《福建省建筑施工企业信用综合评价暂行办法》正式施行。《办法》明确，福建住房和城乡建设网是全省建筑施工企业信用综合评价的运行平台，与工程项目建设监管、资质资格等信息系统实现互联互通。据悉，建筑施工企业信用综合评价由企业通常行为评价和项目实施行为评价两部分组成。

2014年7月4日

青岛建筑垃圾再利用有指南

山东省青岛市下发《建筑废弃物资源化利用企业生产导则》，导则包括管理措施、各类再生产品介绍等内容，如技术要求、生产工艺、检验标准等，给城市资源再生利用相关企业提供了明确的"行动指南"。

2014年7月5日

《住宅健康性能评价体系》出版

深圳华森建筑与工程设计顾问有限公司联合国家住宅与居住环境工程技术研究中心历时两年编制的《住宅健康性能评价体系》已由中国建筑工业出版社正式出版。这是华森公司为加强国家健康住宅理念的行业普及，进一步提升住宅设计产品品质，建立健康住宅设计评价行业体系作出的有益尝试。

2014年7月19日

深化改革 促进建筑业取得新发展

住房和城乡建设部正式出台了《关于推进建筑业发展和改革的若干意见》。该《意见》在建立统一市场、放宽市场准入、发挥市场在资源配置中的决定性作用，以及加强政府监管等方面具有很强的针对性，是推动我国建筑业深化改革、健康发展的纲领性文件，必将引领我国的建筑业向新的发展阶段迈进。

2014年7月22日

智能家居领域首个联盟标准发布

中国智能家居产业联盟正式发布了中国智能家居行业第一个联盟标准——《智能家居产品互联互通中间件技术标准》。该标准建立在互联互通开发工作的基础上，按照中国智能家居产业联盟的规则起草，规范了各个设备生产厂商的子网关和主网关之间的数据交互，推动了智能家居的互联互通。

2014年7月30日

新版《绿色建筑评价标准》九大亮点

业内人士翘首以盼的新版《绿色建筑评价标准》将于明年开始实施。和旧版相比，新版标准有评价方法升级、结构体系更紧凑、保持级别不变、适用范围更广等九大亮点。

2014年8月1日

北京市民用建筑节能管理办法出台

为了适应当前的发展形势，确保完成节能目标，北京市针对2001年出台的《北京市建筑节能管理规定》进行了修订，形成了《北京市民用建筑节能管理办法》并正式实施。《办法》遵循政府引导、市场调节、社会参与的原则，完善了民用建筑节能责任体系，规范了建筑节能管理工作，并根据不同类别的建筑采取差别化管理措施，从而提高节能技术标准，加强节能管理，实现建筑节能目标。

2014年8月1日

北京鼓励节能改造严惩耗能超标

《北京市民用建筑节能管理办法》施行，《办法》规定：新建民用建筑将统计能耗，不达标将罚款。此外，集中供热的居住建筑要逐步实行热计量收费。《办法》提出，北京市将逐步建立分类公共建筑能耗定额管理、能源阶梯价格制度，具体办法由住建和发改部门制定。《办法》规定：新建民用建筑应当按标准和规定安装能耗计量设施，还将对不符合民用建筑节能强制性标准且有改造价值的民用建筑逐步实行节能改造。

2014年8月14日

山东明年执行居住建筑节能75%标准

山东省政府出台《关于进一步提升建筑质量的意见》提出，一般建筑正常使用年限不得低于50年，纪念性建筑和重要建筑不得低于100年；从2015年开始全面执行居住建筑节能75%、公共建筑节能65%的设计标准。

2014年8月25日

建筑施工项目经理质量安全责任十项规定（试行）

为进一步落实建筑施工项目经理质量安全责任，保证工程质量安全，我国住房和城乡建设部制定了《建筑施工项目经理质量安全责任十项规定（试行）》。

2014年8月26日

建筑施工安全生产标准化考评暂行办法

住房城乡建设部印发了《建筑施工安全生产标准化考评暂行办法》，将进一步加强建筑施工安全生产管理，落实企业安全生产主体责任，规范建筑施工安全生产标准化考评工作。

2014年8月27日

住建设部发布国标《建筑设计防火规范》公告

住房城乡建设部关于发布国家标准GB50016-2014《建筑设计防火规范》的公告，现批准《建筑设计防火规范》为国家标准，编号为GB50016-2014，自2015年5月1日起实施。

2014年9月1日

首部绿色住区地方标准通过评审由广东省房地产行业协会、广东省建筑科学研究院共同主编的广东省地方标准《广东省绿色住区评价标准（送审稿）》通过专家评审，年底颁布实施，将成为我国首部绿色住区地方标准。

2014年9月17日

济南建筑产业化新政出台

济南市城乡建设委员会等9部门联合印发《济南市加快推进建筑（住宅）产业化发展的若干政策措施》，明确了该市建筑产业化发展初期各项具体政策措施。《措施》细化并落实了此前出台的《济南市人民政府办公厅关于加快推进住宅产业化工作的通知》的各项指示，同时对于各类市场主体给予了一系列扶持政策。

2014年10月1日

《绿色住区标准》正式实施

中国工程建设标准化协会发布公告，由中国房地产研究会人居环境委员会主持编制的《绿色住区标准》正式施行。该标准的出台也标志着我国绿色建筑标准的发展首次从单体建筑延伸至住区，实现了由点到面的新突破。

2014年10月1日

北京实施保障房绿色建筑行动

北京市出台《关于在本市保障性住房中实施绿色建筑行动的若干指导意见》正式实施。《指导意见》提出，2014年起，凡纳入北京发展规划和年度保障性住房建设计划的公租房、棚户区改造项目应率先实施绿色建筑行动，至少达到绿色建筑一星级标准。经济适用房、限价商品房通过分类实施产业化方式循序推进实施绿色建筑行动。这也意味着北京新建保障性住房将实现"实施绿色建筑行动和产业化建设"100%全覆盖。

2014年10月1日

浙江发布养老服务设施规划配建标准

为进一步推进全省城镇居家养老服务体系建设，浙江省住房城乡建设厅会同省民政厅制订发布了浙江省工程建设地方标准《城镇居家养老服务设施规划配建标准》。该标准的出台，标志着该省城镇居家养老服务设施的建设纳入了制度化、规范化的轨道。

2014年10月1日

新修订《上海市建筑市场管理条例》实施

新修订《上海市建筑市场管理条例》实施。和旧版《条例》相比，新修订的《条例》大幅删除了关于控制建筑市场的内容，增加并明确了政府应履行的市场服务。

2014年10月17日

青海省今年实施300万平方米既有居住建筑节能改造

青海省进一步完善绿色建筑地方标准设计体系建设，推动新建项目按绿色建筑标准设计、审查，从源头上把好绿色建筑设计、审查质量关。在上年完成了200万平方米既有居住建筑供热计量及节能改造工程的基础上，今年实施300万平方米改造工程。青海省城镇新建、改建和扩建的居住建筑执行《严寒和寒冷地区居住建筑节能设计标准》达到100%。

建筑与设计

2013年10月29日

山东东营防建筑"超高变胖"保障居民采光权

随着城市建设的快速发展，城市不断"长高"，为保障居民"采光权"，山东省东营市有关部门立足部门职能，严防建筑"超高"、"变胖"。东营市规划部门严把规划设计方案审查、建设项目审批关，将项目对周边环境的影响作为建设项目规划审查的重要环节，不给建设单位"钻空子"的机会，确保在规划源头上控得住、把好关。

2013年11月25日
广东"绿棕榈奖"启动 提倡"设计对未来负责"
第四届广东环境艺术设计大赛暨2013环境艺术设计国际大赛——"绿棕榈奖"启幕。大赛以"设计·未来"为主题，在行业中倡导"环境艺术设计不仅要满足当下需求，更要对未来负责"。

2013年12月6日-8日
设计师走向台前 解密商业地产项目开发秘诀
由中国房地产业协会商业和旅游地产委员会与广州国际设计周联合主办的"2013中国商业和旅游地产设计年会"通过样板房、商业空间、2014趋势展望和旅游文化地产三个板块展开讨论，众多业内耳熟能详的标杆性项目背后的设计师走向台前，解密项目开发的秘诀与趋势。

2014年1月2日
家居设计要因人而异 照顾老少实用安全是设计重点
在生活中，一些特殊人群对家居设计有特殊要求。例如，老人出于生活方便的需要，在扶手、电灯开关、门口等细节，需要更细心的设计；孩子需要更多玩乐的空间，需要有适合他身高的家具，收纳玩具等功能设计必不可少；对于高端人士来说，房子面积足够大，功能设计能够容易实现，如何体现主人的精神要求和内心想法，是设计师追求的设计内涵。

2014年1月14日
个性化家具受热捧 设计人才缺失成行业发展之殇
随着新生代消费群体的成长，个性化消费需求已成为主流，定制家具因满足了当下中青年一代人崇尚个性、展现自我魅力的必然要求而受到热捧，大有愈演愈烈之势。家具行业的突破点在设计，大批高质量的家具设计人才进驻家具制造企业是目前家具行业持续快速发展的关键。然而，实际情况却是我国家具设计人才相当匮乏。

2014年1月24日
中国七大500米以上在建超高层建筑进展状况
虽然关于中国是否需要建这么多超高层建筑的争议一直在进行中，但这些都阻挡不了中国超高层的发展速度，目前中国最高的几座超高层建筑的建设也渐入佳境，729m的苏州中南中心也已公示。

2014年3月11日
马岩松：中国首位建筑师当选2014全球青年领袖
瑞士，日内瓦 - MAD建筑事务所创始人马岩松当选为2014年全球青年领袖（YGL）。这一荣誉每年由世界经济论坛授予，以表彰从全球甄选出来的年龄在40岁以下的杰出领袖。今年的名单包来自66个国家的214位杰出人士，马岩松是获此荣誉的第一位中国建筑师。

2014年3月19日-22日
第29届深圳家具展 汇聚本土原创设计师品牌
29届深圳国际家具展在深圳会展中心举办。"设计无处不在"是2014深圳国际家具展的灵感主题。在本届展会，深圳特驱将汇聚深圳本土原创设计师力量！这个原创设计品牌联盟集合工业产品设计、平面设计、室内设计、家具设计、艺术等专业能力，凝聚团体的智慧，将带动本土家具原创设计的发展，推动中国家具产业的发展！

2014年3月31日
建筑与室内无界对话：倾听设计之思
上海新国际博览中心举办了"voice·无界——建筑VS室内年度人物对话"论坛，业界知名设计师就建筑与室内设计领域工作方法、思维方式等问题进行了开放式讨论。

2014年4月4日
寻找设计新星 2014iColor未来之星青年设计师大赛正式启动
第二届"立邦iColor未来之星青年设计师大赛"正式启动。借助本次评选活动展开，挑选中国未来的优秀设计师群体，并以行业领导者的姿态，普及色彩在空间中的运用，通过他们影响更多的人选择更轻松美好的家居生活！

2014年4月8日
米兰设计周：中国设计进行时，对话国际新语境
米兰设计周"居然·2014中国设计进行时"展览在意大利米兰大学盛大开幕，并同期举办了"Yù—中国设计进行时学术研讨会"。具有中国特色的当代设计作品在国际展示语境中，吸引了各国参观者及媒体的关注。中国重要策展人和知名设计师对设计立场的表达，与国际前沿设计思想进行了

有效碰撞和平等对话。

2014年4月9日
古鲁奇公司获"世界三大设计奖" 至高荣誉
中国餐饮市场再度成为国际焦点，知名餐饮空间设计团队古鲁奇公司Golucci International Design凭借卓越的餐厅设计在2013夺下日本Good Design Award 大奖后，在2014年凭借设计作品宁波水街牛公馆又分别拿下国际三大设计奖的德国iF设计大奖、德国Reddot红点设计大奖，在国内创下唯一同时拿下国际三大设计奖的餐饮空间设计单位。

2014年4月16日
上海玻璃博物馆荣获国际建筑大奖
由logon罗昂操刀的建筑设计作品上海玻璃博物馆以其优异的建筑设计和对材料的创新运用而荣获国际建筑大奖A+特别提名奖。

2014年4月17日
2014成都空间创意设计展
由成都市建筑装饰协会、成都陈设艺术行业协会主办的"2014成都空间创意设计展"在成都世纪城新国际会展中心9号馆拉开帷幕。四川省住房和城乡建设厅、成都市建筑装饰协会、成都陈设艺术行业协会领导负责人、设计师朋友以及50余家媒体聚焦展会。

2014年4月24日
市场节水产品五花八门 建材"节水标准"落伍
北京市发改委举行了居民用水价格调整听证会，如何节水成为消费者再次关注的焦点。除了改变用水习惯，市场上的节水建材琳琅满目，多重选择之下，大多数消费者却对"节水"性能一知半解。相关专家表示，节水性能并非减少排水量如此简单，市面上节水建材原理基本一致，选择产品时需综合考虑。

2014年4月29日
中孚泰：中国剧院的发展方向
2014亚洲博物馆及剧院建设高峰论坛在杭州召开，剧院建设领军企业深圳市中孚泰文化建筑建设股份有限公司设计院院长刘伟平发表了"中国剧院发展方向的思考"精彩演讲，引发参会嘉宾热烈讨论。

2014年4月29日
关注近现代建筑 中国文物学会20世纪建筑遗产委员会成立
中国文物学会下属的20世纪建筑遗产委员会在故宫博物院建福宫成立。多位文物界德高望重的专家学者，和建筑遗产保护专家出席成立大会。会上选举出了委员会的会长和副会长。

2014年5月19日
上海中心大厦入围"中国当代十大建筑"
上海中心大厦入围"中国当代十大建筑"，上海中心大厦，是上海市综合物业发展计划的一部分。该项目位于上海陆家嘴核心区Z3-2地块，东泰路、银城南路、花园石桥路交界处，地块东邻上海环球金融中心，北面为金茂大厦。

2014年5月20日
家具力学性能标准补充 家具质量有据可循
《家具力学性能试验》标准内容有了新补充，以后消费者要核实家具是不是结实，通过查看产品力学性能数据就可得知。新标内容涉及桌类、椅凳类、柜类、单层床等家具的强度、耐久性和稳定性等方面，其中柜类稳定性作了较多修改和补充，比如柜类稳 定性标准增加了重心的确定，修改了搁板稳定性试验、非固定柜活动部件打开时加载稳定性等。在桌类强度和耐久性方面，增加了桌面为不规则形状时的桌面水平静 载荷试验方法，以及桌面为不规则形状时的桌面水平耐久性试验方法。

2014年5月20日
2014中国十大丑陋建筑：建筑文化的堕落
为了继续声讨丑陋建筑，杜绝丑陋建筑的继续蔓延，让丑陋建筑评选活动更加完善，"某网2014第五届中国十大丑陋建筑评选新闻发布会暨研讨会"在京成功举行。

2014年5月21日
名家广州论中国室内设计再定义：回归本质
继上海、北京、南京、重庆四站后，"中国室内设计再定义"学术论坛

暨"中国室内设计影响力人物"巡展移师广州，宋微建、崔华峰、梁景华、林学明、琚宾、吕永中、萧爱彬同台互动，思辨中国文化与中国设计。

2014年5月22日
广州四大建筑荣获菲迪克百年重大建筑项目奖项
广州塔、广州大剧院、广州科学中心与悉尼歌剧院、迪拜塔比肩，荣获菲迪克百年重大建筑项目杰出奖，全球8大项目获此殊荣，其中3项花落中国，全部被广州包揽。此外，琶洲展馆获得菲迪克百年重大建筑项目优秀奖。

2014年5月27日
"情景家居 投资未来"主题论坛在京举行
由艺GO上品(艺初东方北京科技有限公司)联手意大利建筑设计事务所-STUDIO ROTELLA共同发起的"情景家居，投资未来"主题论坛在北京751时尚设计广场拉开帷幕。

2014年5月29日
超高层建筑进入建设高潮期 管理普通化存风险
仲量联行发布报告称，各地争建"超高楼"(即超高层房产项目)的热潮正从北上广深等一线城市向二线城市蔓延，国内15个在建"超高楼"中有11个分布在非一线城市，而这些城市的写字楼市场可能会出现供过于求。因为物业管理水平滞后，国内"超高楼"管理普通化存在重大风险，会导致物业资产贬值。

2014年6月1日
电热膜应用出台新标准 我国建筑采暖技术面临重大变革
已获住房和城乡建设部批准通过、由哈尔滨工业大学和黑龙江中惠地热股份有限公司(下称"中惠地热")主编的《低温辐射电热膜供暖系统应用技术规程》(编号JGJ319-2013)，被作为电热膜应用设计行业标准正式实施。这意味着我国电热膜采暖行业将逐步向规范化、集中化发展。同时，以"电采暖"作为引领的建筑供暖方式变革，也将大大提速。

2014年6月5日
世界超高层建筑研究报告发布 全球九成超高层项目在中国
RET睿意德中国商业地产研究中心发布《踩钢丝的巨人——世界超高层建筑研究报告》。研究发现，全球超过九成的超高层建筑将位于中国，其中，中西部地区城市则成为未来超高层建筑的密集区。

2014年6月6日
未来建筑的未来展示
美国建筑师学会宣布2014年未来建筑竞赛的赢家。MulvannyG2(穆尔瓦G2建筑事务所)的福州遗产公园，Jeana Ripple(珍娜·里普尔)的呼吸墙、N.E.E.D.(N.E.E.D.建筑事务所)的塑料立方等方案获得大奖，Perkins+Will、WDG、RTKL等老牌团队也各有斩获。

2014年6月8日
世界建筑文化繁荣期待中国建筑师的崛起
中国当代十大建筑评选结果在北京揭晓。"中国尊"、"鸟巢"、骏豪·中央公园广场、中国美院象山校区等知名建筑均得以突围，成为新一批的中国当代十大建筑。而在这十大建筑中，"中国尊"的设计师吴晨、骏豪·中央公园广场的设计师马岩松、中国美院象山校区的设计师王澍，都是中国年轻一代设计师中的杰出代表。

2014年6月9日
公共建筑要带头推进节能减排
国务院办公厅印发的2014-2015年节能减排低碳发展行动方案已明确要求：深入开展绿色建筑行动，政府投资的公益性建筑、大型公共建筑以及各直辖市、计划单列市及省会城市的保障性住房全面执行绿色建筑标准。到2015年，城镇新建建筑绿色建筑标准执行率达到20%，新增绿色建筑3亿平方米，完成北方采暖地区既有居住建筑供热计量及节能改造3亿平方米。

2014年6月18日
携手发展建筑节能减排产业
中国建筑节能协会与中国长城资产管理公司在北京签署了战略合作协议，双方将本着"全面协作、平等互利、长期稳定、共同发展"的原则，建立长期、稳定、紧密的合作伙伴关系，旨在通过合作，实现优势互补、防范金融风险、发展建筑节能产业、推动节能减排事业发展，提升双方的竞争力和影响力。

2014年6月20日
马岩松再揽大奖 获世界最佳新建摩天大楼奖
"安玻利斯摩天大楼奖"是国际性的奖项，对100米以上的高楼进行评比，此次评选的是2013年完成的楼房项目，共有十一个项目获奖。其中，马岩松设计的湖州喜来登温泉度假酒店排名第五，Aedas设计的广州南丰商务酒店排名第十。

2014年6月20日-22日
中国国际建筑装饰设计高峰论坛6月20日举行
为了推动中国建筑装饰行业的发展，引领建筑装饰设计师做强、做专、做精，中国国际建筑装饰高峰论坛、未来大师"国际酒店设计工作坊暨走进中国装饰设计TOP10——金螳螂设计等系列活动在苏州举行。本次大会的关键词是互动、分享、观摩、培养。

2014年6月27日
建筑业改革步入"第三次浪潮"
2014年5月，住房和城乡建设部下发通知，在部分省市开展建筑业改革发展试点工作，探索一批各具特色的典型经验和先进做法，为全国建筑业改革发展提供示范经验。该试点工作以保障工程质量安全为核心，主要内容包括建筑市场监管、建筑劳务用工管理等6个方面。此举也是国家推进建筑业全面深化改革的重要举措之一。

2014年6月27日
沈阳：首个建筑工地安全培训体验馆开馆
沈城首个建筑工地安全培训体验馆落户中建三局承建的工地现场。其填补了东北地区建筑工地安全宣传演示相结合教育基地的空白。整个体验馆可模拟数十种施工场景。所有进入该工地工作的新员工，都要接受这种体验式的安全培训。通过对各项危险源和模拟事故场景的切身体验，学习并掌握正确的安全防护用品使用方法和有效的自救方法。

2014年6月28日
中国建筑业信息化高峰论坛在京举行
由中国建设报社主办、上海建业信息科技有限公司承办的中国建筑业信息化高峰论坛在北京举行。中国建筑业协会对论坛给予大力支持，江西省上饶市广丰县人民政府、中恒建设集团有限公司、江西茂林建设工程有限公司、中大建设集团、重庆六建等对论坛给予积极协助。

2014年6月30日
休闲空间设计师的知识结构需急速改变
现代生活节奏快，工作压力与日俱增，中国人需要更多的休闲生活，更需要高品质的休闲空间设计。从游走到停留——2014中国当代休闲空间设计论坛在上海黄浦江畔举行，沪蓉两地数十名设计精英参与，并就设计态度及未来趋势等方面展开热烈探讨。

2014年7月2日
住房城乡建设部关于推进建筑业发展和改革的若干意见
为深入贯彻落实党的十八大和十八届三中全会精神，推进建筑业发展和改革，保障工程质量安全，提升工程建设水平，住房城乡建设部针对当前建筑市场和工程建设管理中存在的突出问题，提出了意见。

2014年7月4日
威尼斯双年展展示了中国建筑的现状
在2014年威尼斯建筑双年展上，中国展馆中的"中国建筑现状"展由TCA think tank(TCA智库)进行策划。展览凸显对国内建筑所存在问题的研究和看法，展览中的很多数据都引起了广泛的关注：中国钢筋混凝土消耗占世界总量的33%，其建筑设计师则占世界总数的1%，同时，其建筑作品的营业额占世界总量的十分之一。

2014年7月15日
超高建筑带来保险商机 世界超300米大楼中国占三成
安联保险发布《超高大楼风险期刊》称，2014年地球出现第100座300多米高的超高大楼，中国拥有30座。最新的超高大楼价值超10亿美元，为保险公司、设计师以及建筑承包商带来新挑战。

2014年7月15日
商务部发布建材家居景气指数 家居业持续疲软
商务部流通业发展司、中国建筑(601668,股吧)材料流通协会共同发布了全国建材家居景气指数(BHI)6月数据，全国建材家居市场整体延续5月份的疲软态势。

2014年7月16日

钢结构建筑：寻找"刚需"突破口

中国钢铁工业协会公布数据，我国钢结构建筑在全国建筑整体中比重不足10%。对于深陷产能过剩和微利困局的钢铁业来讲，尚有数千万吨级的用钢需求待开发。

2014年7月18日

近零能耗建筑技术创新联盟在京成立

为积极开展近零能耗建筑技术的探索、研究和示范，通过自主创新与技术进步推动建筑节能产业化并最终迈向零能耗建筑，由中国建筑科学研究院和参与CABR近零能耗示范建筑的32家节能企业联合发起的中国近零能耗建筑技术创新联盟成立大会日前在京成立。

2014年7月23日

中国现代木结构建筑推广行动启动

由现代木结构建筑技术产业联盟等机构举办的"中国现代木结构建筑推广行动"在京举行，该活动旨在推广绿色、低碳、节能、安全的木结构建筑理念；推动木结构建筑在中国的广泛应用；促进中国木结构建筑设计与工程品质的进步和创新；提升建筑行业现代木结构建筑设计和建造的意识与水平；提高全社会对于现代木结构建筑的认知度。

2014年7月25日

火灾后钢结构研究达国际先进水平

由北京市建筑工程研究院有限责任公司研发的《火灾后钢结构损伤识别与安全性关键技术研究》项目顺利通过北京市住房和城乡建设委员会组织的项目验收。该项目首次建立了火灾后钢结构构件的损伤识别方法及损伤程度判别标准，并提出了通过金相分析判断构件过火温度的方法和火灾后钢结构安全性的量化评估方法，填补了火灾后钢结构损伤识别与安全性评估领域的空白。

2014年7月29日

马岩松：近代中国建筑师首位获得海外标志性文化建筑的设计权

卢卡斯叙事艺术博物馆（以下简称LMNA博物馆）正式宣布，由马岩松领衔的MAD建筑事务所成为该项目的主持建筑师。这是继2006年加拿大梦露大厦开创中国建筑师赢得国际招标竞赛先例后，马岩松又率MAD创下了近代中国建筑师第一次赢得海外标志性文化建筑的设计权。

2014年7月30日

18万平米超大展会 探索未来建筑

近2000家来自世界各地的展商将再次聚首BAU 2015，展示建筑解决方案、建筑材料与建筑系统最新产品，BAU 2015将更多地关注解决方案的展出，让观众能根据具体应用寻找到合适的展商。

2014年8月3日

以柔克刚 中国古建筑的抗震智慧

云南鲁甸"8·03"地震，造成灾区数万间房屋倒塌，但在鲁甸桃源回族乡，一座木结构古建筑——拖姑清真寺却经受住了考验，再次验证了中国古建筑以柔克刚的神奇。该寺以木构架结构为主要的结构方式，由立柱、横梁等主要构件建造而成，各个构件之间的节点以榫卯相吻合，构成富有弹性的框架。在最近几十年里，其已经安然经历过5级以上地震20余次。而除了拖姑清真寺外，在我国还有许多古建筑，因抗震而闻名，其建筑结构显示了我国古建筑蕴含的智慧。

2014年8月6日

贝聿铭获2014年UIA国际建筑师协会金奖

UIA世界大会在南非德班举行颁奖仪式。贝聿铭，97岁著名美籍华人建筑师，被评为2014年建筑界最负盛名的国际建筑师协会金奖获得者。这个UIA金奖为了表彰这位在建筑领域工作和生活中长达60之久，并且获得了超高成就的建筑师。

2014年8月11日

河北推进建筑业改革发展

河北省召开建筑业改革发展暨工程质量安全电视电话会议。会议提出，2014年及今后一段时间，河北全省将紧紧围绕建筑业发展改革和确保工程质量安全这一目标，加快诚信体系和统一开放建筑市场建设，不断提升工程质量安全水平。

2014年8月11日

安徽：领导干部因个人喜好干预建筑设计将被追责

针对备受诟病的个别城市建筑媚俗怪异、抄袭山寨的问题，安徽省要求，建筑规划设计应遵循重原创质量、节约资源等原则，探索建立大型公共建筑设计后评估制度，严禁领导干部因自身个人喜好随意干预建筑设计，如经查实影响恶劣的，将追究其责任。

2014年8月22日

超高层建筑"高"在何处

超高层建筑不仅是"一个科技实验室"，更是企业品牌的试金石。超高层建筑究竟"高"在高素质的团队建设、高难度的组织协调、高要求的质量、安全管控三方面。

2014年8月27日

PC国家建筑标准设计编制启动

行业虽然对于PC关注度很高，但是标准设计图集方面却缺乏统一指导。针对这种现状，装配式混凝土剪力墙结构住宅国家建筑标准设计编制在北京正式启动，并计划明年上半年推出第一批图集。该编制工作是在住房和城乡建设部的指导下，由中国建筑标准设计研究院牵头组织，总共有近40家单位参与完成。

2014年9月1日

从"天台上的操场"看中国当代建筑的应变

浙江省天台县赤城街道第二小学的教学楼顶上的操场登上了各大新闻媒体的头条。这一充满智慧的概念缘于场地极为有限的用地面积，为学校赢得了额外的3000平方米的公共空间，这一做法在全国尚属首例。

2014年9月2日

走近光电建筑 领略更多风采

光电建筑一词从提出到现在，已经过去5年了。这一概念已经变成现实。光伏究竟是如何在建筑上应用，通过"兴业太阳能杯中国光电建筑摄影大赛"获奖的83幅作品，可窥见一斑。

2014年9月3日

建材行业进入深度调整期

中国建筑材料企业管理协会、中国建筑材料工业规划研究院联合发布的《2014年中国建材500强企业分析研究报告》也显示，尽管新型城镇化、农业现代化和基础设施建设为建材行业发展创造了巨大需求，但传统大宗产品产能过剩以及资源、能源和环境的约束，使得建材行业发展质量和经营效益的提升受到很大制约。

2014年9月4日

光电建筑一体化"四展"联动

中国国际光电建筑论坛暨展览会，在上海新国际博览中心隆重举行，与"第八届上海国际智能建筑展览会""第三届上海国际供热通风空调、城建设备与技术展览会""首届上海照明展览会"四展联动。

2014年9月5日-8日

广州家具展迎最后一届秋季展

第三十四届中国广州国际家具展（秋季展）在广州琶洲·广交会展馆举行，本届家具展是广州家具秋季展在广州的最后一届。从2015年起，每年9月在广州举办的家具展整体迁至上海虹桥会展中心举办。

2014年9月10日

保障房标准化模块化设计与应用

大规模建设保障性住房已经成为了一项新的研究课题，除了要有健全的政策法规支持之外，设计本身也将面临巨大的变革。标准化、工业化是保障性住房发展中最重要的环节之一。

2014年9月10日

北京：以产业化带动建筑业转型

北京市规划委、住房城乡建设委等部门正加紧研究进一步推进住宅产业化的政策。同时，结合京津冀协同发展战略，开展预制构件生产企业规模布局的调研工作，全面梳理京津冀区域的预制构件生产企业现状和规模，支持建设若干家预制构件生产企业，使生产能力适应住宅产业化建设的需要。

2014年9月10日

装配式住宅设计方法与传统方法的不同

合肥蜀山产业园公租房等一批住宅项目集中开始吊装施工，代表着北京市建筑设计研究院有限公司（以下简称"BIAD"）和中国建筑国际投资有限公司战略合作的"国家队"正式提交了双方合作的第一个装配式公租房阶段性成果。BIAD在实践的基础上，提出装配式住宅设计方法与传统建筑有着眼高度、目标体系、涉及阶段、设计标准体系、平面组合多样等九点不同。

2014年9月10日
上海：全力推进装配式住宅发展
发展装配式住宅是上海实施住宅建设行业推进"创新驱动发展、经济转型升级"的重要举措，也是切实转变城市建设模式，建设资源节约型、环境友好型城市的现实需要。市委书记韩正同志指出，发展装配式住宅（建筑）是推进新型建筑工业化的一个重要载体和抓手，是建筑业的工业化革命。

2014年9月10日-14日
中国国际家具展谋转型 瞄准设计
中国国际家具展览会将在上海浦东举办。中国家具协会理事长朱长岭表示，今年的展会助力原创设计、推动材料升级、推进电商渠道将成为重要看点。此次展会还首次举行"中国家具设计金点奖"评选，特邀德国红点奖创始人/主席Peter Zec先生担任评委团主席，来自时尚、建筑、室内、平面、产品与艺术（艺术装修效果图）领域的知名设计师共同参与到此次大奖的评审中。

2014年9月13日
上海以改革促进建筑业发展
上海市城乡建设和管理委员会表示，为贯彻落实住房和城乡建设部《关于推进建筑业发展和改革的若干意见》精神，上海将加强领导、精心组织，以改革促进建筑业发展，进一步提升建筑市场综合管理水平。为此，将尽快建立一个由政府引导、企业参与的BIM（建筑信息模型）技术应用推进平台，加强各参与方的统筹协调和信息互通。

2014年9月13日
住宅家装，结构不容损毁
随着人民生活水平提高、居住品位提升，一栋建筑内的某些居室数年之内就有数次改造，致使原结构安全可靠度下降。要知道，一栋建筑，是设计、施工、监理等单位在规范、规程指引下按程序标准施工建设的，在各项指标达标后，才能组织各方验收，政府有关部门认可备案后，方可投入使用。

2014年9月15日
家具"私人定制"悄然流行 满足个性化需求前景可观
个性化服务和个性化产品的需求正不断增多，家居 行业中的"私人定制"开始盛行，且价格大多不菲。定制家具行业尚属新兴，有诸如价格体系混乱、设计力量不足等问题有待发展解决。

2014年9月15日
住宅装修新规：空调不能对床头
老年人住宅卧室至卫生间的过道应设脚灯、空调机送风口不应对床……北京市规划委标准办表示，《住宅全装修设计规范》地方标准已经编制完成，将公开征求意见。

2014年9月16日
内外环境融合打造地标建筑新理念
随着生活水平的提高，人们越来越关注自己的居住环境，不仅是内部的，还有外部的。地域性、历史及合理的价值取向是应该去探讨的地标性建筑的方式。

2014年9月17日
商业建筑的精细化设计
随着国内商业的飞速发展及地产行业的不断进步，很多住宅地产开发商转战到商业项目开发领域中来。然而，商业地产项目和住宅地产项目毕竟不同，它不能只是一个建筑设计，还要进行商业规划设计，除了要遵守建筑规范和消防规范之外，还要遵循商业规范。这种商业规范是以商业需求和市场需求为导向的，是为了保障商业项目后期的经营管理，提升项目的商业价值和商场竞争力的。在商业项目领域有着丰富实践经验的设计师们相约，将共同交流商业项目设计的点点滴滴。

2014年9月17日
2014北京国际设计周：展示北京设计竞争力
2014北京国际设计周活动版块项目推介会在中华世纪坛举办，此次推介会首先由中国传媒大学艺术设计研究中心对"北京设计竞争力研究"项目和北京国际设计周品牌价值研究项目进行了介绍，并推介2014北京国际设计周的开幕活动、设计大奖、设计人才版块项目内容及亮点，为9月26日的北京国际设计周进行预热。

2014年9月18日
住房限购令松绑，家居业解冻在即

我国房产"限购"已经执行了三年有余，住房城乡建设部在年初明确了"分类调控"精神，全国47个限购城市已有接近20个确认放松限购，全国楼市限购"松绑"似乎已经成了大势所趋。

2014年10月9日-11月8日
2014上海设计之都活动周
上海设计之都活动周再一次以全新面貌回归，以"设计引领·融合发展"为主题，"设计引领产业，设计改善生活"为策展思路，一场围绕创意设计的龙卷风"肆虐"上海。上海展览中心的主场活动，上海新国际展览中心创新设计展，静安区800秀上海国际创意城市智库论坛等重要活动把2014上海设计之都活动周推向高潮。

2014年11月25日至12月10日
2014中国室内设计周推动产业融合
由中国室内装饰协会主办的"2014中国室内设计周"在北京隆重举行。本届设计周以"传承创新·产业融合"为主题，融室内环境设计、室内产品设计、室内陈设设计、室内装饰设计为一体，将坚持以人为本、生态环保、传承创新的理念，促进室内设计与相关产业深度融合。

绿色与智能

2013年11月22日
全新一代绿色建筑聚焦"抗霾"
空气污染让人谈"霾"色变，而在新一代绿色建筑的打造设计中，"抗霾"已成为关键词。沪上两家知名绿色科技地产企业——三湘股份有限公司和上海中鹰投资管理有限公司联手打造先进的科技绿色建筑。这种全新的科技绿色建筑中，引入了一套针对PM2.5和尘霾天的空气净化系统，并已在南翔三湘森林海尚项目中运用。

2013年11月22日
倡导发展绿色建筑 广东公共建筑推行能耗定额管理
广东省人民政府印发绿色建筑行动实施方案，提出将逐步对公共建筑实行能耗定额管理，大力发展绿色建筑，以加快转变城乡建设模式和建筑业发展方式，促进资源节约型、环境友好型社会建设。

2013年12月5日
绿色建筑前景广阔 新型建材企业受关注
首届中国绿色建材合作论坛召开。在此次建材行业大佬齐聚的会议上传出消息，相关部门将加快绿色建材发展与应用，围绕绿色建筑发展需求，有重点、多批次推进绿色建材在建筑中的应用，带动建材工业转型升级。

2013年12月9日
福建省绿色建筑行动实施方案
福建省为贯彻落实《国务院办公厅关于转发发展改革委住房城乡建设部绿色建筑行动方案的通知》精神，促进福建省城乡建设模式和建筑业发展方式的转变，实现节能减排目标，提高人民生活质量和生态文明水平，结合福建省实际，制订实施方案。

2013年12月19日
上海：绿色建筑向规模化发展.
在日益紧张的能源与环境形势下，上海城市建设模式和建筑业发展方式正在加快转型。"十二五"期间，全市将创建面积不少于1000万平方米的绿色建筑。上海的绿色建筑推广重点将由单体建筑向规模化、区域化转移，推广区域由城市向郊县拓展，以点带面，层层推进，逐步加强绿色建筑的推进力度，形成产业发展的规模效应。

2014年1月1日
济南政府投资建筑 2014起全部执行绿色建筑标准
济南市城乡建设委员会下发《关于贯彻落实绿色建筑发展实施意见的通知》，政府投资工程全部按照绿色建筑标准规划、设计、建设；2015年起，市、县规划区范围内新建建筑全面执行绿色建筑设计标准。

2014年1月1日
内蒙古将建立绿色建筑目标考核体系
内蒙古将绿色建筑建设情况列入地方政府评价考核体系，加快推动绿色建筑规模化发展。针对当前全区绿色建筑发展尚处于起步阶段的实际情况，内蒙古将建立绿色建筑目标考核体系，把绿色建筑规划目标科学分解到各盟市，将目标完成情况和措施落实情况纳入各盟市住房和城乡建设系统目标责任评价考核体系。

2014年
7月18日

2014年
7月23日

2014年
7月25日

2014年
7月29日

2014年
7月30日

2014年
8月3日

2014年
8月6日

2014年
8月11日

2014年
8月22日

2014年
8月27日

2014年
9月1日

2014年
9月2日

2014年
9月3日

2014年
9月4日

2014年
9月5日
-8日

2014年

9月10日

2014年

9月10日

2014年

9月

10日—14日

2014年

9月13日

2014年

9月15日

2014年

9月16日

2014年

9月17日

2014年

9月18日

2014年

10月9日

—11月8日

2014年

11月25日

—12月10日

2014年1月20日
厦门补贴绿色建筑运行标识 强化绿建落实
由厦门市建设管理局、市发改委、市经发局制订的《厦门市绿色建筑行动实施方案》出台，其迈出了探索性的一步：对建设单位、设计单位、购房者均有不同形式的政策鼓励，但这一切的前提是"项目获得绿色建筑运行标识"。

2014年1月1日
厦门：新增地块必须盖绿色建筑
绿色建筑标准，不单适用于住宅类项目，还包含今年新增地块。厦门市新立项的政府投融资项目、安置房、保障性住房，以招拍挂、协议出让等方式新获得建设用地和翻改建的民用建筑，全面执行绿色建筑标准。从土地出让之时，就直接对项目的建设标准进行了约定。

2014年1月24日
智能家居普及领迈三道坎 标准技术价格制约行业发展
尽管智能家居市场在今年有可能爆发，但也有业内人士认为，由于目前市场上并没有统一的标准，各厂商生产的产品在稳定性上仍存在欠缺，因此智能家居的普及还面临着一些困难。目前的智能家居标准兼容性较差，设备互联互通困难。缺乏底层核心技术，产品价格高也是制约智能家居行业发展的原因。

2014年2月14日
智能家居发展迅猛 未来三年市场规模达80亿
国际物联网贸易与应用促进协会(IIPA，简称国际物促会)发布了《2013年度中国智能家居行业研究报告》，该报告显示，未来三年，中国智能家居市场增速不断提升，到2016年预计可达到29.17%，预测2017年中国智能家居行业市场规模将达80亿元。

2014年2月17日
河北全面推行建筑保温新技术 新建楼房不再穿棉衣
河北省全面推行建筑保温与结构一体化技术，以促进全省建设领域节能减排工作，提升建筑节能工程质量和安全性能。保障性住房、绿色建筑项目、政府投资的公共建筑和公共机构办公建筑，率先采用一体化技术。建筑保温与结构一体化技术不仅将能有效解决保温体系与建筑主体同寿命的问题，而且在抗震、安全等性能方面也得到加强，能同时满足建筑安全、防火、节能等要求，是建筑发展的方向。

2014年2月20日
智能水龙头马年看好
一份由加拿大市场研究公司TechSciResearch的最新研究报告预计，未来5年，中国水龙头市场规模将翻倍，其中智能产品份额将显著增长。报告认为，中国不断增长的城市居民和商业领域将刺激水龙头需求，2013年—2018年行业总收入将以16%的复合年增长率扩张。

2014年3月28日
深圳绿色建筑规模全国领先
近年来，深圳以建筑节能和绿色建筑为突破口，在城市建设领域掀起了一场绿色革命，实现"深圳速度"向"深圳质量"转型，走出了一条资源节约和环境保护的可持续发展之路。截至2013年底，全市新建节能建筑面积累计已达8420万平方米，已建和在建绿色建筑总面积超过1500万平方米。深圳已成为目前国内绿色建筑建设规模、建设密度最大和获绿色建筑评价标识项目最多的城市之一。

2014年4月1日
终结"伪绿色"建筑
随着绿色建筑风生水起，有专家指出，目前国内很多绿色建筑空有其名，缺乏内涵，"伪绿色"建筑频现。发展绿色建筑要建立一个健全的、长期的评价系统，要在建筑全生命周期中实现控制和监督。不能仅仅考虑建筑的静态状态，而是要在整个运营、维护过程中实现绿色、可持续发展。

2014年4月25日
绿色建筑究竟离我们还有多远
作为夏热冬冷的典型地区，湖北历来重视绿色建筑发展。然而来自第十届中国国际绿色建筑与建筑节能大会的最新评比显示，湖北省以65个绿色建筑标识项目和640.5万平方米总建筑面积，居2013年全国绿色建筑标识评比累计排名第八，较上年上升了一位;但年度排名却下滑了三位。

2014年5月12日
数字钢构，钢结构的未来
钢结构建筑有着"绿色建筑"的美誉。目前，建筑钢结构产业已全面驶入快速发展期，在超高层建筑、大跨度空间结构、大型工厂、住宅建筑等领域中被大量采用。纵观建筑钢结构行业近30年的发展历史，国内钢结构企业在传统的管理模式下对数字化加工和信息化管理方面的运用步履蹒跚，与国外同行的水平尚存在一定的差距，急需在管理的模式、对先进技术的应用方面进行提升。

2014年5月23日
住宅产业与绿色建筑同行
住宅产业杂志公开发行十周年技术创新交流大会在北京召开，住房和城乡建设部部长仇保兴为大会发来书面贺信，原建设部副部长、中国房地产业协会会长、中国房地产研究会会长刘志峰致词，原建设部副部长、中国建筑学会名誉理事长、中国房地产估价师与房地产经纪人学会名誉会长宋春华做了《既要有住房还要住好房》为主题的报告。

2014年5月26日
广州全面执行建筑节能标准
广州新建项目100%执行建筑节能标准。广州市住房和城乡建设委员会结合本地实际，坚决贯彻执行国家建筑节能政策标准，将建筑节能和发展绿色建筑工作纳入新型城市化发展重点，顺利完成既定目标，通过严格的年度考核成绩斐然。萝岗、荔湾及天河区最终考核得分位列全市前三位。

2014年5月26日
济南：试点全装配式建筑
伴随济南市建筑产业化试点工作推进步伐，经济南市城乡建设委员会批准，先后将西城投资开发集团建设的西客站片区安置三区中小学校项目、济水上苑17号高层住宅列入建筑产业化试点，工程总建筑面积达4.5万平方米。

2014年5月28日—31日
智能卫浴引领厨卫展潮流 个性时尚凸显人文关怀
第19届中国国际厨房、卫浴设施展览会在上海新国际博览中心盛大举行，来自全球各地的上千厨卫品牌闪耀登场，逐鹿亮彩舞台。在历经喧嚣浮躁之后，今年上海厨卫展洗尽铅华，回归本质，产品成为最有力的代言。

2014年6月5日
智能家居发展仍存问题 合作才是发展王道
智能家居注定会成为今年3C领域最热门的一个关键词。今年初的CES上，众多厂商就展示了各自的家居自动化系统和智能家电产品，通过这些产品，用户可随时了解家庭能源、水的使用等情况，智能控制家里的电器设备，极大地方便了用户的生活。

2014年6月6日
"智能家居"概念热炒！ 企业疯狂进入市场
在广阔的市场前景支撑下，国内诸如长虹、海信、TCL、康佳、创维等家电厂商的产品开始紧跟智能家居热点，开始大规模地进入智能家居领域，推出智能家居产品争夺市场份额，而海尔更是推出了成套的智能家庭系统。当下，智能家居成为市场热炒的对象。

2014年6月10日
应构建发展木结构绿色新理念
随着全球经济的持续增长，建筑及其运行的资源消耗和环境负担日益加重，人们对于健康、环境与经济之间关系的认识不断提高，减少建筑能源消耗和污染排放，节约资源、保护环境，实现建筑与自然的和谐共存，是我们面临的深刻课题，生态城市、绿色建筑、绿色建材的概念，尤其是绿色建筑或健康住宅的理念，贯穿于房屋选址、设计、内部装修及景观规划等各个环节。

2014年6月17日
智能家居与人联动
随着信息时代的到来和无线通讯技术的迅速发展，智能家居无线网络未来将有可能深入每个家庭，成为未来网络技术发展的趋势。

2014年6月18日
智能化让绿色建筑越来越"聪明"
中国房地产研究会住宅产业发展和技术委员会秘书长孙克放表示，绿色建筑产业在我国方兴未艾，对于建筑领域节能减排的潜力，政府高度重视。但是，只有"绿色"在今天看来已经远远不够，绿色建筑应充分融合并借助互联网、物联网、云计算等技术变得"聪明"起来，否则，新能源的利用可能会适得其反。

2014年6月28日

光电建筑：国家推广绿色建筑的一大亮点

由中国建筑金属结构协会光电建筑应用委员会、《太阳能发电》杂志、中国兴业太阳能技术控股有限公司等单位联合主办的"兴业太阳能杯中国光电建筑应用主题摄影大赛"颁奖会在北京举行。本次大赛以宣传光电建筑应用为主题，本着践行《绿色建筑行动方案》，集中展现了我国光电建筑多样化的应用形式，如光伏屋顶、光伏幕墙、光伏门窗、光伏长廊等工程项目。

2014年7月

绿色建筑评估方法培训7月开始

BREEAM（英国建筑研究院环境评估方法）标准和认证最近在中国广受关注，通过BREEAM培训后，学员可全面掌握全球领先的绿色建筑评估体系，并可获得BRE颁发的BREEAM绿色建筑咨询师和国际注册评估师培训证书；通过考试后，还可获得BREEAM绿色建筑咨询师和国际注册评估师执业资格，并有资格代表BRE在中国开展绿色建筑项目咨询和评估活动，出具国际绿色建筑评估报告。

2014年7月1日

"绿色建材管理办法"出台 环保建材不再是炒作

工信部原材料司同住建部建筑节能与科技司完成了《绿色建材发展行动计划》《绿色建材评价标识管理办法》的印发。除出台这两部新政外，制定首批推广的绿色建材产品技术要求并开展绿色评价工作、发布绿色建材产品目录也将是今后的工作重点。

2014年7月1日

未来我国建筑设计行业的发展方向

根据前瞻产业研究院发布的《2014年——2018年中国绿色环保建筑设计行业市场前瞻与投资规划分析报告》分析：随着建筑行业的发展，节能建筑越来越受到市场的喜爱，这样使得建筑商不得不考虑绿色建筑设计对持续消费的关注，按照节能建筑建设标准，要求设计院在进行绿色建筑设计时必须要采取节能措施进行设计。

2014年7月1日

武汉:三类新建建筑必须"绿色"

武汉市城建委与武汉市发改委、国土规划局、环保局、住房保障与房屋管理局联合下发通知，要求武汉政府投资的建筑、大型公共建筑以及保障性住房必须达到绿色建筑标准。必须"达绿"的建筑包括武汉市行政区域内新建政府投资的国家机关、学校、医院、博物馆、科技馆、体育馆等建筑，保障性住房及单体建筑面积超过2万平方米的机场、车站、宾馆、饭店、商场、写字楼等大型公共建筑。

2014年7月2日

上海全力推进"绿色建筑"

上海市政府发布《上海市绿色建筑发展三年行动计划（2014—2016）》，《三年计划》明确提出，通过三年的努力，初步形成有效推进本市建筑绿色化的发展体系和技术路线，实现从建筑节能到绿色建筑的跨越式发展。新建建筑绿色、节能、环保水平明显提高，建筑工业化水平取得显著进步，既有建筑节能改造稳步推进，绿色建筑发展水平位于全国领先。

2014年7月8日

中国掀起绿色建筑热

目前中国有超过800个得到世界认证标准的绿色建筑项目，这一数目已经超过了美国，跃居坐上了"世界第一"的宝座。

2014年7月10日

日照试点建"被动式房屋" 能耗仅为普通住宅10%

"被动式房屋"技术源自德国，这种房屋保温隔热性良好，能耗仅为普通住宅的10%左右。下午记者从省住建厅获悉，日照市作为山东省试点，正积极试点建设这种"被动式超低能耗"绿色建筑"，其中山水龙庭住宅项目已被列为山东省首批被动式超低能耗绿色建筑示范项目、山东省首个中德合作"被动式房屋"示范项目，并列入住房和城乡建设部"2014年国际科技合作计划"。

2014年7月22日

智能基因：打造2.0版绿色建筑

将节能环保的技术、理念与建筑融为一体，再加上自动化控制的智能基因，这样的建筑就有了一个更加响亮的名字——绿色智能建筑。得到了"智能基因"的技术支持，绿色建筑可以对气、水、声、光等环境进行有效调控，提高建筑的操作效率和便利性。

2014年7月29日

陕西通报绿色建筑评价标识进展

陕西省住建城乡建设厅通报了第二季度绿色建筑评价标识工作进展情况，并指出仍然存在绿色建筑区域发展不平衡等突出问题，要求各地从全局和战略的角度，切实把这项工作摆到更加突出的位置，采取有效措施，促进绿色建筑健康快速发展。第二季度该省共申报绿色建筑评价标识项目18个，总建筑面积253.08万平方米，申报项目数量同比增长157.14%。其中，一星级13个、二星级3个、三星级两个，设计标识17个、运行标识1个。

2014年8月27日

大数据让绿色建筑更加"直指人心"

绿色建筑虽然已经有8年，但它还算幼儿期的东西。绿色建筑还有一个最核心的问题没有解决，就是欠缺所有的数据，尤其大数据搜集和分析。截至2013年底，全国共评出绿色建筑标识项目1446个，绿色建筑面积达到1.6亿平方米。

2014年8月28日

倾力打造青奥中心 中孚泰开启建筑装饰绿色时代新篇章

首届中国建筑装饰行业绿色发展大会上，中孚泰文化建筑建设股份有限公司谭泽斌提出走"集约、智能、绿色、低碳"的科技发展道路，与大会"绿色、低碳、智能、环保"的主题契合。

2014年8月29日

2014"中国设计年度人物"评选

中国国际空间设计峰会暨中国设计年度人物评选活动由中国建筑装饰协会主办，中华建筑报、中央电视台协办，中国建筑装饰协会设计委员会承办；目的是为推动中国设计发展，树立中国设计典范人物，展示国内外设计师的杰出成就；高规格全媒体宣传的年度评选活动。在纷繁复杂、奖项频立的设计圈，我们不想标新立异，我们想做的只是让设计回归本来的样子，做好自己让设计发声。中国设计年度人物评选活动，将汇聚国内外顶尖设计师共同见证中国设计领域杰出年度人物。

2014年8月28日

保障房"绿色"进行时

解读绿色建筑产业相关法规、政策及评价标准，探讨产业结构发展模式及优化措施，引导保障性安居工程向绿色建筑发展。通过各地建设"绿色"保障房经验交流，从地域生态、政策环境和经济发展等角度，研讨绿色建筑与保障性安居工程的良性结合度。关注资源节约与生态环境保护，推进绿色建筑科技进步及产业发展，促进社会可持续发展。推广能够提供健康、适用和高效的使用空间，有效提升居民生活品质，推进保障房向绿色建筑领域发展。这是在京举办的"绿色建筑与住房保障安居工程研讨会"传递出的声音。

2014年9月2日

内蒙古确定保障房绿色建筑技术标准

内蒙古自治区住房城乡建设厅制订出台绿色保障房技术细则，为推进全区保障房实施绿色建筑行动提供了地方依据和标准。该细则对保障房建设中的绿色建筑策划、规划设计、公用配套设施、室外环境质量、建筑设计、室内环境质量、智能化系统、景观环境、绿色施工、装修及设备标准等都作出了相应的技术要求。

2014年9月5日

绿色建筑装饰迎来快速发展期

作为建筑业三大产业之一，建筑装饰业因其最能贴近百姓、贴近生活，和百姓的关系最为直接、密切，在推进绿色发展过程中最受关注、成绩也最为显著。

2013年9月5日

智能家居发起客厅革命

智能家居将发起一场"客厅革命"，这被认为是下一阶段改变消费观念、提升生活质量的主流产品，比如它可以将互联技术融为一体，通过家庭信息管理平台，将与家居生活有关的各种子系统有机结合起来，为居家提供了一个舒适安全、高品位的生活空间。

2014年9月10日

零能耗建筑如何在中国"修炼"

随着我国城镇化速度的提升，房屋建筑量也在加大，建筑能耗占了社会总能耗的40%之巨，未来我国节能减排工作依然艰巨。开展建筑节能工作乃降低能耗的重中之重，而零能耗建筑由于其独特优势，日益得到政府和行业的重视，将迎来快速发展的契机。但是，我国零能耗建筑技术发展、推广、标识认证、政策等与发达国家还有很大差距，尚处于"修炼"的初级阶段，而加快推广力度与"修炼"内功理应并举发展。

2014年9月17日
智能家居指数发布 行业将迎发展高峰
上海证券交易所和中证指数有限公司将正式发布上证和中证智能家居指数。中证指数公司表示，物质生活水平的提升，使得自动化、智能化成为人们追求的生活方式，未来我国智能家居将迎来发展高峰期。编制上证和中证智能家居指数，不仅可以反映经济结构调整的趋势，更可为投资者提供多样化的投资标的。

2014年9月17日
绿色建筑"由浅入深"
新版《绿色建筑评价标准》（GB/T50378-2014）将于2015年1月1日正式实施，随着普及和推广的逐渐深入，中国的绿色建筑正由"浅绿"走向"深绿"，星级认定门槛也将会越来越高。从节能建筑到绿色建筑、从"浅绿建筑"到"深绿建筑"，在政策的强力推动下，中国的绿色建筑发展即将迎来一场颜色的深化改变。

2014年9月17日
绿色建筑需落实到设计院
"绿色建筑的发展不能仅仅停留在科研单位或者高校之中，而应该落实到设计院。"清华大学建筑学院教授林波荣在最近举办的中国绿色建筑产业专家论坛上表示，在性能导向成为绿色建筑发展趋势时，发展绿色建筑不能仅仅依靠绿色建筑评价体系，而是必须从建筑设计源头抓起，开展新流程、新技术和多专业协同的研究，推进理论与技术创新。

2014年9月18日
建筑节能：绿意渐浓
河南省宣布，从明年开始，全省范围内政府投资的新立项保障性住房项目全面执行绿色建筑标准。此举使河南成为继内蒙古、北京、广西等省(市、自治区)之后宣布推行建筑节能路线图的又一省份，标志着绿色建筑在神州大地的全面开花。

奖项召回

当遇到以下情况时，金堂奖组委会有权收回奖项标志的使用权和已颁发的奖品。

（1）正式确认获奖作品侵犯了其他作品的设计权或其他知识产权。

（2）获奖作品由于功能性缺陷造成了重大人身危害。

免责声明

（1）奖项颁发。所有奖励只针对参评者。

（2）知识产权保护。所有参评者必须保证参评作品的原创性，参评作品不得存在任何知识产权纠纷或争议，参评者自行负责一切关于其参评作品的知识产权保护问题，金堂奖组委会对此不承担任何责任。

（3）保密条款。金堂奖组委会有权使用参评者的信息进行与评奖活动有关的宣传活动，例如发布获奖作品信息、出版年鉴等。参评者要求公开、修改或延期使用其提交的信息时，组委会经过身份核实后给予答复。若日期有变动，将在本奖项官网公布，请参评者及时关注官网消息。

组委会办公室

地址：北京市朝阳区东三环中路建外soho12号楼2206室

邮编：100022　联系电话：010-58691870/ 58696235

图书信息

主编：李有为

执行主编：殷玉梅

策划：金堂奖出版中心

出品：中国林业出版社

定价：798.00元（上下册）

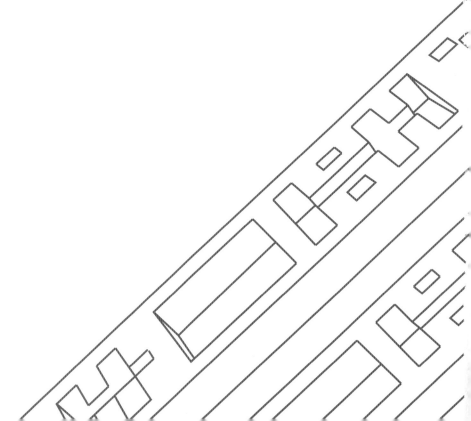